浙江省哲学社会科学重点研究基地（浙江省海洋文化与经济研究中心）
课题成果（编号：09JDHY002Z）
浙江省海洋文化与经济研究中心资助出版

浙江海洋文化资源综合研究

张　伟　苏勇军　著

海洋出版社
2014 年·北京

图书在版编目(CIP)数据

浙江海洋文化资源综合研究/张伟,苏勇军著.
—北京:海洋出版社,2014.10
ISBN 978 – 7 – 5027 – 8961 – 9

Ⅰ.①浙⋯　Ⅱ.①张⋯ ②苏⋯　Ⅲ.①海洋 – 文化 –
研究 – 浙江省　Ⅳ.①P722.6

中国版本图书馆 CIP 数据核字(2014)第 228347 号

责任编辑:赵　武
责任印制:赵麟苏

海洋出版社　出版发行

http://www.oceanpress.com.cn
北京市海淀区大慧寺路 8 号　邮编:100081
北京华正印刷有限公司印刷　新华书店发行所经销
2014 年 10 月第 1 版　2014 年 10 月北京第 1 次印刷
开本:787mm×1092mm　1/16　印张:16.5
字数:280 千字　定价:49.00 元
发行部:62132549　邮购部:68038093　总编室:62114335
海洋版图书印、装错误可随时退换

前　　言

　　海洋文化资源是一种体现海洋文化特征的人文资源，是人类在长期的涉海生产、生活过程中所创造并积淀下来的一种文化遗产资源，具有十分重要的历史研究价值与开发利用价值。浙江省地处中国东南沿海的长江三角洲南翼，海域面积达 26 万平方千米，不仅因岛屿众多、海岸线漫长、深水良港多而拥有得天独厚的海洋经济资源，而且在长达数千年的历史演进过程中，浙江沿海人民与海为伍，在开发海洋、利用海洋为自身生存服务的同时，创造出灿烂的海洋文化，为后人留下了丰富的物质文化遗产资源和非物质文化遗产资源。这是先人留给我们的宝贵财富。

　　自改革开放以来，尤其是进入 21 世纪后，随着人民群众物质生活水平的普遍提高，人们对文化的需求愈加迫切，对文化与经济社会发展关系的认识也更加深刻。对此，中共十七届六中全会通过的《中共中央关于深化文化体制改革 推动社会主义文化大发展大繁荣若干重大问题的决定》明确指出，在全面建设小康社会的关键时期，在深化改革开放、加快转变经济发展方式的攻坚时期，"文化越来越成为民族凝聚力和创造力的重要源泉、越来越成为综合国力竞争的重要因素、越来越成为经济社会发展的重要支撑，丰富精神文化生活越来越成为我国人民的热切愿望"。不难看出，党中央、国务院从提出"文化大国"建设到"文化强国"建设，不仅顺应了人民群众对文化需求的强烈愿望，而且也充分认识到了文化建设在现代化小康社会建设中的引领与支撑作用。

浙江省委早在 1999 年就提出了建设文化大省的目标。2011年，省委十二届十次全会又作出了《关于贯彻十七届六中全会精神推进文化强省建设的决定》，将文化建设提高到前所未有的战略高度。我们认为，浙江海洋文化是浙江文化的重要组成部分，也是浙江的特色文化之一，加强海洋文化研究，以此推动海洋文化资源的开发与保护，不仅有助于推进文化强省建设，为实现海洋强省战略目标提供软实力支撑，而且能够直接带动海洋旅游业、海洋文化产业等相关新兴产业的发展。因此，对浙江海洋文化资源的开发利用与保护现状作一番深入研究，不仅具有学术价值，而且也具有十分重要的现实意义。

本书分十章，三十一节。第一章主要梳理海洋文化、海洋文化资源、海洋文化资源的分类以及特征等基本问题。第二章从浙江的自然环境、人文因素以及经济因素入手，阐析浙江海洋文化资源的生成背景。第三至第九章以专题的形式，就浙江海洋文化资源中较有区域特色的海鲜饮食文化、海洋旅游文化、海洋民俗文化、海洋民间文学艺术、海洋信仰文化、海防文化、港口文化等文化资源的产生、特点、价值及利用现状等展开研究和分析。第十章则针对浙江文化资源如何实施产业化发展进行研究，在分析各种优、劣势条件的基础上，对浙江海洋文化资源的产业化提出政策建议和对策。以上大致构成了本书的基本框架，希冀本书的面世对广大读者了解浙江省海洋文化资源的构成、内涵、特色，以及目前的开发利用现状有所帮助。

目　　次

第一章　海洋文化资源概述

海洋文化资源是一种体现海洋文化特征的人文资源，是人类在涉海活动过程中所创造，并经长期积淀而形成的一种文化遗产。中国是陆域大国，也是海洋大国，拥有18 000多千米大陆海岸线、6 500多个岛屿和300多万平方千米管辖海域，沿海人民在征服海洋、利用海洋的漫长岁月中，创造了一个又一个人类奇迹，为后人留下了丰富的文化遗产，这些文化遗产已成为我国文化资源的重要组成。我国的海洋文化资源积淀深厚、内涵丰富，是人类宝贵的物质文化遗产和精神文化遗产之一。

第一节　海洋文化的界定

海洋文化包罗万象，大凡人类源于海洋，因海洋而生成、创造的文化都属于海洋文化。较之内陆文化，海洋文化中所体现出的崇尚自由、崇尚力量的品格以及强烈的个体自觉意识、竞争意识和开创意识，更富有开拓、开放和进取精神，是人类文化系统中重要的组成部分。

一、文化

"文化"（culture）一词源于欧洲，在拉丁语和中古英语中，含有耕耘、居住、练习诸义。到19世纪初，"文化"词义发生了较大变化，从重物质生产向重精神生产转变。19世纪中叶，人类学家为了区别人类与其他物种，将"文化"界定为学术性概念。自"文化"这一概念被引入中国后，也逐渐成为人类学和社会学等学科中的核心概念，并被历史学、文学等学科的学者广泛使用。

不过，对"文化"概念的理解和界定，不但在人类学家中未形成共识，而且在被其他学科引用过程中，又产生了不同的解说。尽管不同学科对"文化"概念的解释差异较大，但还是有其共同点，即文化是"自然的人化",是人的价值观念在社会实践中对象化的过程与结果。由于文化的内涵极其丰富,为了研究上的方便,人们通常将文化区分为广义文化和狭义文化:广义文化是指人类在社会实践活动中所创造和积累的物质财富和精神财富的总和,包括物质文化、精神文化、制度文化、行为文化等多种类型;狭义文化是指哲学、文学、艺术以及宗教、科学技术、典章制度等人文知识,主要是指精神层面。

二、海洋文化

人类的生命来自海洋,人类的文化起源于海洋。海洋占地球表面积的71%,总面积约为3.6亿平方千米。海洋是地球的生命之源,在孕育了地球上最原始的生命的同时,也为人类提供了丰富的资源和能量。与此同时,人类在长期与海抗争、利用海洋资源为自身服务的同时,又创造出各具特色的海洋文化。

我国是海洋大国,海岸线1.8万千米,"蓝色国土"达300多万平方千米。在数千年的历史发展进程中,中华民族不仅创造了灿烂的大陆文化,而且也创造了辉煌的海洋文化。云谲波诡的汪洋大海,变幻莫测的海上风云,光怪陆离的海底世界,无不吸引着人们不断去探索、探险:从河姆渡人最原始状态的海洋捕捞,到唐宋时期开辟声名远扬的"海上丝绸之路";从郑和下西洋时的庞大船队,到世界第一跨海大桥——杭州湾大桥的全线贯通,都充分展现出中华民族认识、开发、利用海洋的智慧与能力。在历史上,中国先人的足迹曾抵达东亚、东南亚、西亚,极至非洲东海岸,将中华古代文化远播于域外。

然而,由于种种原因,我国辉煌的海洋文化史长期以来基本上处于一种潜文化状态,国内学术界对其鲜有问津。而一些西方学者认为的"尽管中国靠海,并在古代可能有着发达的航海事业,但中国并没有分享海洋所赋予的文明,海洋没有影响于他们的文化"[①],这一观点又长期影响着国际文化学界和文化史学界,从而使我国的海洋文明史在相当长的时期内鲜为人知。

新中国成立后,尤其是我国推行改革开放政策以来,世界开始重新认识中国,我国学界也开始重新审视中国海洋文化体系。1978年,在德国汉

---

① [德] 黑格尔著,王造时译:《历史哲学》,上海:上海书店出版社,1999年,第147页。

堡举行的第四届国际海洋学史会议上，中国科学院自然科学史研究所宋正海研究员向大会提交了《中国传统海洋学史的形成和发展》一文，明确指出中国的海洋学史是在特定的政治、经济、文化等历史环境中形成并发展而成的学科体系，在世界海洋学史上有着重要的历史地位。这一论点在国际学术界引起了强烈反响。1995年，在《东方蓝色文化》一书中，宋正海又提出："世界海洋文化并非只西方的一个模式，中国古代还有另外一种重要模式。并且可以这样说，如果把西方的海洋文化称做海洋商业文化，那么中国古代海洋文化应为海洋农业文化，两者均是世界海洋文化的基本模式。"① 厦门大学杨国桢教授也认为："中华民族的形成，经历过农业部族和海洋部族争胜融合的过程，中华古文明中包含了向海洋发展的传统。在以传统农业文明为基础的王朝体系形成之后，沿海地区仍然继承了海洋发展的地方特色。在汉族中原移民开发南方的过程中，强盛的农业文明，吸收涵化了当地海洋发展的传统，创造了与北方传统社会有所差异的文化形式。中国南方的沿海地区，长期处于中央王朝权力控制的边缘区，民间社会以海为田、经商异域的小传统，孕育了海洋经济和海洋社会的基因。世界历史发展进程证明，古代西方和东方的海洋国家，都有依据自己的航海与贸易传统，发展海洋经济和海洋社会的可能。"② 也就是说，位于欧亚大陆板块和太平洋板块的中国，既有着辽阔的大陆疆土，也有着曲折漫长的海岸线和星罗棋布的海岛，不但创造了农耕文明，也创造了海洋文明。

与此同时，在海洋文化内涵的认知上，我国不少学者提出了自己的观点。徐杰舜从广义的文化定义出发，认为"人类社会历史实践过程中受海洋的影响所创造的物质财富和精神财富的总和就是海洋文化"③。杨国桢认为："海洋文化是海洋成为人类活动舞台，海洋自然力转化为人类生产力因素以后，逐渐形成与发展起来的文化。"同时他指出："海洋文化的前提是直接或间接的海洋活动，海洋文化在不同的海洋沿岸国家或岛屿呈现不同的发展模式，本没有优劣之分，而水平高低，速度之快慢，在于他们是

① 宋正海：《东方蓝色文化——中国海洋文化传统》，广州：广东教育出版社，1995年，第217页。

② 杨国桢：《明清中国沿海社会与海外移民》，北京：高等教育出版社，1997年，第1页。

③ 徐杰舜：《海洋文化理论构架散论》，广东炎黄文化研究会编：《岭峤春秋·海洋文化论集》，北京：海洋出版社，2003年，第65-66页。

否抓住发展的机遇，采取的文化策略是否得当。"① 董玉明认为："海洋文化是人类在认识和利用海洋的漫长岁月里所积淀的物质和精神财富的总和，是人类生活、劳动在大海这个特殊自然环境中所创造和传承的物质文明和精神文明的结晶。它包含着人类对海洋、潮汐、岛礁、风浪、海流等海洋事物的认识以及与海洋密切相关的宗教信仰、精神生活、文化艺术和神话传说。"② 曹忠祥认为："海洋文化是人类文化的重要组成部分，是人们在长期认识、开发利用海洋过程中形成的精神和物质成果的综合。广泛意义上的海洋文化，不仅表现为人类认识海洋过程中所形成的思想、观念、意识、心态，而且包括由此所生成的生产方式、生活习惯、社会制度以及语言文学艺术等多方面的内容，其实质是人类与海洋自然地理环境相互关系的集中反映。"他还提出了海洋文化先进性的观点："在特定历史条件下，海洋文化发展是社会海洋文明进步的标志，它对人类海洋开发利用水平的提高起着决定性作用。顺应历史潮流、反映时代精神、代表社会发展方向、体现人民群众根本利益的海洋文化是先进的人类文化，是推动社会进步的重要力量源泉之一。"③ 曲金良则认为："海洋文化，作为人类文化的一个重要的构成部分和体系，就是人类认识、把握、开发、利用海洋，调整人与海洋的关系，在开发利用海洋的社会实践过程中形成的精神成果和物质成果的总和。"④ 其本质"就是人类与海洋的互动关系及其产物"⑤。

应该说，研究者对海洋文化的各种界定都有其理由和根据，有的从人类历史发展的角度来概括，有的从全球大文化的分类来说明，有的则是从海洋特殊生态环境所创造的文化角度来阐析，只是视角不同而已。其实，科学界定一个新的概念，需要用较长的时间来进行探讨，况且我国的海洋文化研究起步较晚，至今也不过 30 年历史。依据文化的本质特征，即"自然的人化"或"人的本质力量的对象化"，结合目前学术界的研究成果，我们认为，对海洋文化可以作这样的界定：海洋文化是人类文化的组

---

① 杨国桢：《论海洋人文社会科学的概念磨合》，《厦门大学学报》（哲学社会科学版），2000 年第 1 期，第 95 – 100 页。

② 董玉明：《海洋旅游》，青岛：中国海洋大学出版社，2002 年，第 194 页。

③ 曹忠祥：《发展海洋先进文化促进海洋经济和谐发展》，中国海洋报，2005 年 4 月 19 日。

④ 曲金良：《发展海洋事业与加强海洋文化研究》，《青岛海洋大学学报》（社会科学版），1997 年第 2 期，第 1 – 3 页。

⑤ 曲金良：《海洋文化概论》，青岛：中国海洋大学出版社，1999 年，第 8 页。

成部分，是人类在发展过程中有意识地认识、适应、利用海洋中逐渐创造和积累的精神的、行为的、社会的和物质财富的总和。这一概念从广义的角度界定海洋文化，包括人类在认识、开发、利用海洋的社会实践过程中形成的成果，如人们的认识、观念、思想、意识、心态以及由此而生成的生活方式，包括经济结构、法规制度、衣食住行习俗和语言文学艺术等形态，都属于海洋文化的范畴。

从整体来看，随着海洋世纪的到来，对海洋文化领域的研究虽然引起了我国学术界的关注，但与当前海洋经济的快速发展相较，仍显滞后。如对海洋文化的研究还没有构建起完整的学科体系和理论，整体研究水平不高；人们的海洋意识还相对淡薄，对海洋文化研究的重要性尚未引起全社会的重视。在国际上，缺少海洋文化品牌，海洋文化的竞争力、影响力不大。此外，缺乏全国性的统筹规划和有力的保障措施，经费投入不足、研究队伍单薄、研究力量分散等状况在一定程度上也制约了我国海洋文化事业的发展。总之，现阶段我国海洋文化发展水平与全面建设小康社会的目标和进程还不相适应，与实施海洋开发战略、建设海洋强国的宏伟目标还不相适应，海洋文化产品的数量、质量、品种与人民群众日益增长的精神文化需求还不相适应。因此，面对当今世界各种思想文化相互激荡的大潮，面对经济发展和人民生活改善对文化发展的要求，面对社会文化生活多样化的新态势，如何研究、传承和弘扬海洋文化，提高我国海洋文化软实力，已成为摆在我们面前一个重大而紧迫的课题，需要学术界与社会各界共同作出努力。

第二节　海洋文化资源及其分类

海洋文化资源是指可供产业利用，并能产生一定经济效益的那部分海洋文化。海洋文化资源在资源形态上既有物化形态的实在物，也有非物化形态的模式和意境，但无论哪一种形态，都必然是附着于一定的有形实物或无形表现形式之上，以海洋文化载体的方式而呈现。

一、文化资源

文化是人类对外部世界的一种基本态度，这种态度表现在人类生活的各个方面。在千百年的历史发展过程中，人类对待事物积极向上的、肯定的、有效的态度形成了具有强大传承能力的文化资源。如人们追求美好的未来，希望过上富裕和安宁的生活，便把这种希望寄托在一些物品或者活动上，从而形成了流传至今的民间工艺、民俗活动、民居建筑等形形色色的民族文化资源。这些资源的形成和传承具有强大的动力和完善的机制，并随着人类的传承而流传至今，成为引人瞩目的文化资源之一。因此，文化资源是人类为改变和完善赖以生存的环境，在改造利用自然、维系社会规范和塑造人类自身的长期实践过程中所创造的物质文化、社会文化和精神文化的总和。文化资源是一种特殊的资源，它存在于历史文化传统之中，存在于社会文化状态之中，存在于整个物质生产、精神生产的创造过程之中。文化资源的本质是智慧与文明，是人类精神的升华和智慧的凝聚。虽然各种文化资源的形态迥异，但都有着一个共同的特点，即都是知识的凝结，文明的衍生、历史的积淀、智慧的结晶。

二、海洋文化资源及其分类

海洋文化资源是指沿海区域居民在改造利用海洋、维系沿海社会规范和塑造人类自身的长期实践过程中所创造的涉海物质文化、制度文化（社会文化）和精神文化资源。首先，从根本上说，它是一种文化资源，不仅包括自然资源，如地理地貌、自然景观等，也包括社会文化资源和精神文化资源，如人文景观、建筑群以及风俗习惯和传统工艺等。它既可以是一种可被感知的、有形的和物化的形态存在，也可以是以一种思想性、精神性的无形的形式而存在。其次，海洋文化资源也是一种产业资源，从产业的角度来说，它可以进入市场，对其进行生产投资而创造出价值，带来经济效益。在海洋文化产业中，海洋文化资源是主要的生产投入要素，经过创意化的开发和运作，赋予它商品的属性，并以文化产品和文化服务的形式表现出来。因此，海洋文化资源是海洋文化产业发展的源泉。

海洋文化资源的构成十分复杂，目前学术界还没有形成一套完整系统，并被普遍认同的海洋文化资源分类体系。现有的分类体系主要有：

（一）从性质角度划分

海洋文化资源可分为海洋物质文化资源与海洋精神文化资源。海洋物质文化资源包括海洋名胜古迹、历史遗址等有形的海洋文化资源；海洋精神文化资源主要包括一些海洋民俗民风、民族工艺等非物质海洋文化遗产。

（二）从统计评价角度划分

海洋文化资源可分为可度量的海洋文化资源和不可度量的海洋文化资源。可度量的海洋文化资源是指可以建立相应的评价体系来具体估计和测量其特定时间内价值的资源种类，如滨海历史文物、建筑、工艺品等；不可度量的海洋文化资源是指不可用现实价值来衡量的资源种类，如海洋民俗、戏曲等。

（三）从历时性角度划分

海洋文化资源可分为海洋文化历史资源和海洋文化现实资源两大类。海洋文化历史资源按是否有实物性形态又可分为有形海洋文化历史资源和无形海洋文化历史资源，其典型代表是海洋文化遗产。海洋文化遗产按物质形态也分为有形海洋文化遗产和无形海洋文化遗产。有形海洋文化遗产是指已出土及未出土的各种可移动的海洋文物，包括涉海文献典籍、艺术品及其他各类器物；不可迁移的海洋历史遗迹，包括涉海建筑、壁画、居落、石刻等。无形海洋文化遗产是指以人为载体，依赖人的声音、形体动作、表演等行为而表现的文化形式，如非物质文化遗产、岁时节日、信仰等（图1-1）。海洋文化现实资源是指人类劳动创造的物质成果的转化。按物质成果转化的智能含量，又可分为海洋文化（现实）智能资源和海洋文化（现实）非智能资源。

图1-1　象山祭海

图片来源：浙江新闻网（http：//news. zj. com），2010年9月14日。

这里，我们借鉴2003年国家颁布的《旅游资源分类标准》，将种类繁多的海洋文化资源划分为大类、主类、亚类和基本类型四个类型层次。在最高结构层次上，根据可视性将海洋文化资源划分为物质文化资源和非物质文化资源两大类。在第二层次上，海洋文化资源共分为11类，其中物质文化资源6类，非物质文化资源5类。在此基础上，归纳出海洋文化资源的29种亚类和142种基本类型（表1－1）。

表1－1 海洋文化资源分类表

大类	主类	亚类	基本类型
海洋物质文化资源	海洋自然山水文化资源	近海自然山水文化资源	大型沙滩、海面景象（潮汐、海浪）、岩石基岸（岩岸、海蚀穴、海蚀柱、海蚀崖、海蚀台、海蚀拱）、天文气象景观
		远海自然山水文化资源	海岛、岩礁
		海底自然景观资源	海洋生物、海底风貌
	海洋文化遗址遗迹	史前人类海洋活动遗址遗迹	人类海洋活动遗址、贝丘文化遗址、文物散落地、受海洋影响原始聚落
		社会经济文化活动遗址遗迹	海洋历史事件发生地、海防海战军事遗址、海洋宗教信仰寺庙、废弃海洋产品生产地、航海交通遗址、滨海废城与聚落遗址、沉船遗址
	海洋建筑	海洋综合人文场所	海洋教学科研实验场所、滨海康体游乐休闲度假地、海岛康体游乐休闲度假地、海洋宗教与祭祀活动场所、海洋文化活动场所、海洋建设工程与生产地、社会与海洋商贸活动场所、海洋动物与植物展示地、海防军事观光地、海上边境口岸、海洋景物观赏点、海上体育项目设施、海洋文化主题公园
		海洋人文单体场馆	海洋文化陈列博物馆、海洋主题歌剧院
		海洋宗教文化建筑与附属建筑物	海洋宗教塔形建筑物、海洋宗教楼阁、海洋宗教石窟、海洋文化摩崖石刻、海洋文化碑碣（林）、海洋文化建筑小品
		海上交通建筑	海港渡口与码头、跨海大桥、海底隧道
		海滨（上）水利建筑	海堤、海塘
		归葬地	海洋名人归葬建筑、海洋特色归葬建筑

续表

大类	主类	亚类	基本类型
海洋物质文化资源	海洋设施	海洋旅游接待设施	海上酒店、海底酒店、邮轮
		围海造地工程设施	人工海岛、海上农田、海上盐田、海上油气田、海上电站、滨海砂矿、海上工业基地、海上农业基地、海上商贸基地、海上渔业基地
		海洋产业生产设施	海洋渔业生产设施、海洋盐业生产设施、海洋交通运输业生产设施、海洋油气业生产设施、海洋船舶工业生产设施、海洋生物医药业生产设施、海洋工程建筑业生产设施、海洋化工业生产设施、海水综合利用业生产设施、滨海矿砂业生产设施、海洋能利用业生产设施
		海上交通设施	灯塔、船舶、重要航标
	沿海聚落	滨海、海岛居住地与社区	海洋传统与乡土建筑、海洋文化特色街巷、海洋文化特色社区、名人故居与历史纪念建筑、海洋行业会馆、海洋文化特色店铺、海洋文化特色市场
		滨海、海岛居住地与乡村	滨海现代城市、海岛现代城市、沿海渔村、滨海和近海历史文化名城、滨海与近海古集镇
	海洋旅游商品	海洋食品	天然采集海洋食品、初加工海洋食品、深加工海洋食品
		海洋工艺工业品	海洋材质手工产品与工艺品、海洋原料日用工艺品、其他物品
海洋非物质文化资源	海洋人士记录	海洋人物	古代海洋文化名人、近代海洋文化名人、现代海洋文化名人
		海洋事件	古代海洋文化历史事件、近代海洋文化历史事件、现代海洋文化历史事件
	海洋艺术	海洋文艺团体	专业海洋文艺团体、业余海洋文艺团体
		海洋文学艺术作品	口头海洋文学、书面海洋文学、海洋美术作品、海洋舞蹈作品、海洋音乐作品
	海洋民间习俗	海洋经济民俗	海洋生产劳作民俗、民间交易习俗、饮食习俗、特色服饰、居住方式、海洋产业行业特殊节庆仪式
		海洋社会民俗	家族亲族民俗、人生礼仪习俗、民间社交民俗、民间节庆、民间演艺、民间游艺活动与赛事、庙会与民间聚会
		海洋信仰民俗	海洋宗教信仰活动
	海洋节庆	海洋现代节庆	海洋旅游节、海洋文化节、海洋商贸节、海洋生产类节庆、海洋休闲体育节庆

大类	主类	亚类	基本类型
海洋非物质文化资源	海洋产业技能	海洋产业特殊传统技能	海洋渔业传统技能、海洋盐业传统技能、海洋交通运输业传统技能、海洋船舶业传统技能、海洋工程建筑业传统技能、海洋砂矿业传统技能、海洋能利用传统技能
		海洋产业现代科学技术	海洋渔业现代科技、海洋盐业现代科技、海洋交通运输业现代科技、海洋油气业现代科技、海洋船舶业现代科技、海洋生物医药业现代科技、海洋工程建筑业现代科技、海洋化工业现代科技、海水综合利用业现代科技、滨海砂矿业现代科技、海洋能利用现代科技

资料来源：高怡、袁书琪《海洋文化旅游资源特征、涵义及分类体系》，《海洋开发与管理》，2008 年第 4 期，第 61－66 页；马树华《中国海洋无形文化遗产及其保护》，曲金良《中国海洋文化研究》（第 4－5 卷），海洋出版社，2005 年，第 182－191 页；王苧萱《中国海洋人文历史景观的分类》，《海洋开发与管理》，2007 年第 5 期，第 83－88 页。

　　海洋物质文化资源是指海洋文化资源中以物质形态呈现的文化资源，主要包括与海洋相关的公园娱乐设施、自然景观区、文化场馆、文物遗址、宗教及民间信仰活动场所、历史文化名地等。公园娱乐设施是指沿海地区的公园、游乐园、浴场、演示场馆、文化娱乐活动以及海洋文化属性建筑设施等；自然景观区是指自然形成的风景名胜区，包括观光游憩海域、海岛自然风光、潮涌现象、海滩礁岩、峡峰岩洞、日月星辰、天象、观光地、海洋生物栖息地等自然景观现象；文化场馆是指博物馆、纪念馆、文化馆、展览馆、陈列馆、民俗馆、海洋馆、水族馆等设施；文物遗存是指列入国家、省、市、县、乡镇保护，或具有历史文化遗产价值的滨海和海底遗址、遗迹、遗物等，包括早期人类活动遗址、历史事件发生地、海防遗址和古战场、海塘、会馆、名人故居、历史性塔阁、壁画、洞穴、店铺、庭院等；宗教文化及民间信仰活动场所是指沿海地区群众从事各种宗教、各种民间信仰活动、祭祀活动的场所；历史文化名地是指历史上有名的城、镇、村、街巷、市场等。

　　海洋非物质文化资源是指海洋文化资源中以非物质形态存在的海洋文化资源，主要包括与海洋相关的民风民俗、民间传统艺术、现代海洋艺术、沿海宗教文化及民间信仰、民间技能、民间文学、现代节庆会展、沿海历史及文化名人、沿海著名历史事件等。民风民俗是指当地群众在长期社会生活和生产过程中形成的独特生活、劳动习惯和风俗，主要包括民间节庆、民间庙会集市、民间礼仪习俗等；民间传统艺术是指当地传统的戏曲、音乐、舞蹈、曲艺、杂技、美术等表现形式；现代海洋艺术是指当地现代产生的、具有鲜明海洋特色的文学、音乐、戏曲、舞蹈、曲艺、美术、雕刻等表现形式；沿海宗教及民间信仰是指当地群众信仰的佛教、道教、伊斯兰教、天主教、基督教等各种宗教及教派和各种民间信仰；民间技能是指在当地民间产生并广为流传的故事、谚语、掌故、传说、神话以及口述形式作品；现代节庆会展是指当地举办的各种经济、文化、学术性质的节庆、会展、论坛等，如沙雕节、开渔节、海鲜节、文化节等形式；沿海历史及文化名人是指当地或与当地有关系的历史及文化名人；沿海著名历史事件是指当地历史上发生过的有重要影响的事件。

考虑到海洋文化的形态、特征以及与海洋产业和海洋经济的最大关联，本体系不仅将历史的、现在的可供开发的海洋文化资源列入，同时将海洋产业中的传统技能、生产设施、现代的生产技术都视为可供开发和转化的海洋文化资源而划归其中。

需要说明的是，由于资源要素在组合上的相关性，文化资源事实上是自然因素与人文因素的综合统一体，在空间上应视为一个整体。以海洋聚落为例，尽管聚落是文化资源中最显而易见的部分，但它并非孤立存在，而是与资源的其他要素构成一个统一的整体。同时，个别类型的海洋文化资源因其组成部分和涉及面的综合性、影响的广泛性，使其兼具物质与非物质文化资源的特征，两方面相互依存，不可割裂。此类文化资源根据其关键因素的可视性划分①。

第三节 海洋文化资源的一般特征

海洋文化资源作为文化资源的重要构成，除兼备作为文化资源的共性

---

① 王苧萱：《中国海洋人文历史景观的分类》，《海洋开发与管理》，2007 年第 5 期，第 83 – 88 页。

外，也有其自身的特点，集中体现在人海互动性、功能性、再生性、异地开发性和传承性五个方面。

一、海洋文化资源的人海互动性

海洋文化是人类缘于海洋而创造的文化，而海洋对人类文明模式的建构和发展起着一种人海同构的作用，海洋文化资源便是人海互动的产物。如浙江沿海与海岛区域民居选址主要有两种情况：面积较大的岛屿区域，原始先民的住宅大都建在沿海港湾的海涂边或山岬海口边。如定海马岙唐家墩遗址为距今 5 000 年的新石器时期遗迹，有用垫土和贝壳堆积而成的土墩，据考证为海岛先民居住村落群，宅址都建在海边。究其原因，一是为了远离高山以避开野兽的攻击；二是为了开门见海，出门入滩，便于退潮时下滩拾贝，或捕捉浅海鱼蟹。而在偏僻的悬水小岛，情况则恰恰相反。如嵊泗列岛的黄龙岛、花鸟岛，浙南洞头岛，海岛先民多将宅址选择在远离海湾和海口的海岛山坳处。这是因为岛小风大，在海湾边建宅，易受海潮台风的侵袭，且小岛海湾中芦苇丛生，常有海兽和鲨鱼出没其间，十分危险。直到后来海平面下降，芦苇衰败消亡，人们才逐渐迁徙至海滩，形成现在的渔村民居格局。

海洋文化资源既是人类在利用、开发海洋的过程中积淀而成，又是人类能动地适应海洋影响的反映。海洋影响着大部分地区的气候条件和生存环境，由此影响到人类的劳作与消费对象、方式、规律，影响着人类的观念、信仰、思维方式，影响着民间社会的生活方式以及语言、艺术和科技发明。因此，人海互动性是海洋文化资源主要也是本质的特征。

二、海洋文化资源的功能性

海洋文化资源的功能性体现为其可利用性，即经济性，这是海洋文化资源最基本的功能。一方面，海洋文化赋予沿海人们开拓进取、务实创新、兼容并包的精神，为区域经济发展提供动力支持和价值引导；同时海洋文化资源又是沿海及海岛发展旅游业和海洋文化产业的基础，纯朴的渔家风情文化、雄浑的军事遗迹文化、丰富的海洋饮食文化等，都是宝贵的旅游资源和极具开发潜力的文化产业资源，如果得到合理利用，其所能创造的经济价值是无穷的。但另一方面，随着人口的增长，围垦、城市化、工业化也会导致海洋文化资源完全或者部分失去原有的功能属性，进而影响到海洋生态环境、海岸工程安全、海洋旅游产业等。因此，在开发、利用海洋文化资源时，必须坚持可持续发展原则，开发与保护相结合，最大限度地减少因人类活动而带来的破坏。

三、海洋文化资源的再生性

海洋资源中的煤、石油、天然气等都属于不可再生资源，当它们作为能源利用而被燃烧后，尽管能量可以由一种形式转换为另一种形式，但作为原有的物质形态已不复存在，其形式已发生变化。而严格意义上的海洋文化资源则是可再生的，它是沿海民族、地区、国家长期积累和沉淀的成果，可以进行加工和再创造。如电影《潮鼓涛歌》反映舟山海岛的地方风土人情，重点把舟山渔歌、舟山锣鼓及舟山的渔民画、木偶戏等民间艺术和民间故事整合起来，描写民国初年舟山青年渔民的爱情故事。电视连续剧《东极营救》通过东极"里斯本丸"沉船营救事件和当事人的爱情故事，反映淳厚善良的舟山人民不畏强暴、见义勇为的爱国主义和人道主义精神。这些都是对海洋文化资源再创造的典型事例。

在海洋文化资源大体系中，海洋自然景观、海洋人文景观、海洋风俗民情、海洋文艺等资源，在开发和利用的过程中若能遵循可持续发展的原则，不仅可以重复和永久使用，而且随着时间上的推移，这些资源因其稀缺性而更具价值。

四、海洋文化资源的异地开发性

如前所述，海洋文化资源既包含物质文化资源也包含精神文化资源，并以精神文化资源为主要表现形式。对于精神文化资源来说，它的一个重要特点就是异地开发性。物质形态的文化资源是有归属地的，如舟山著名的佛教圣地——普陀山，这种物质文化资源仅属于舟山地区。然而非物质形态文化资源占有主体相对模糊，谁的创新能力强，谁能争取主动，谁就能捷足先登，优先占有资源。因此，对于非物质形态文化的开发利用，一方面，既要充分利用当地已有的文化资源，传承并发展本地域文化；另一方面又要发掘其他地域的文化资源，为我所用，从而创造价值，达到精神物质的双重收益。

五、海洋文化资源的传承性

海洋文化资源具有传承性，经过合理开发，生产出满足人们精神需求的文化产品的同时，其所包含的文化和精神价值便相应地转化到海洋文化产品上，以此为媒介和载体，海洋文化资源也得到了传承。例如：精卫填海等神话故事为大多数国人耳熟能详，这些神话故事通过口头流传、文字记叙延续了数千年。到现代，人们采用新的技术手段又将它整合，如将这些故事拍成电影、电视剧等等，虽然使用了新的载体，但都是对上古文化资源的传承。又如，由著名导演张艺谋任艺术顾问，著名导演王潮歌、樊跃为总导演的印象系列大型实景演出《印象普陀》，结合普陀的地域特性，融场景、声光与表演为一体，便是对沿海区域观音信仰文化的现代传承。目前，沿海地区举办的各类海洋节庆、纪念日等，也是对海洋文化资源的一种有效传承。

第二章　浙江海洋文化资源的生成

浙江是海洋大省，海岸线曲折绵长、海域岛礁众多、海岸类型多样、港口海湾资源丰富、滩涂面积广大、海洋渔业资源丰富。独特的地理区位和复杂的海洋环境使得浙江沿海成为人类文明起源、发展与传承的重要区域。浙江沿海地区的百姓在认识、利用海洋的过程中，创造了无数与海洋有关的物质与精神财富，由此而产生的文化也不断积淀，形成了包括海洋遗址文化资源、海洋军事文化资源、海洋民俗文化资源、海洋信仰文化资源、海洋商业文化资源等在内的类型多样的海洋文化资源。

第一节　浙江海洋文化资源生成的自然环境

浙江大陆海岸线北起平湖市的金丝娘桥（北纬30°41′30.99″、东经121°16′01.36″），南至苍南县的虎头鼻（北纬27°10′10″、东经120°25′54″），共涉及沿海的嘉兴、杭州、绍兴、舟山、宁波、台州、温州7个副省级或地级市，平湖、海盐、海宁、余杭、滨江、萧山、定海、普陀、岱山、嵊泗、绍兴、上虞、余姚、慈溪、镇海、江北、海曙、江东、北仑、鄞州、奉化、宁海、象山、三门、临海、椒江、路桥、温岭、玉环、乐清、鹿城、龙湾、洞头、瑞安、平阳、苍南36个县（市、区）及相关乡镇，陆地面积28 052平方千米，占全省陆地面积10.18万平方千米的27.6%；人口2 125万人，占全省总人口4 980万人的44.7%（表2－1）。

表 2 - 1　浙江区域市区县行政区划统计表

地　名		人口（万人）	面积（平方千米）	地　名		人口（万人）	面积（平方千米）
嘉兴市	平湖市	48	536	舟山市	定海区	37	569
	海宁市	64	681		普陀区	32	459
	海盐县	36	503		岱山县	20	326
杭州市	滨江区	13	73		嵊泗县	8	86
	余杭区	81	1 222	台州市	三门县	56	1 072
	萧山区	118	1 163		临海市	112	2 171
绍兴市	绍兴县	70	1 196		椒江区	48	276
	上虞市	77	1 427		路桥区	43	274
宁波市	余姚市	83	1 346		温岭市	115	836
	慈溪市	102	1 154		玉环县	40	378
	镇海区	22	218	温州市	乐清市	117	1 174
	江北区	23	209		鹿城区	67	294
	海曙区	30	29		龙湾区	32	279
	江东区	25	38		洞头县	12	100
	北仑区	35	585		瑞安县	113	1 278
	鄞州区	78	1 481		平阳县	85	1 042
	奉化市	48	1 253		苍南县	123	1 272
	宁海县	59	1 880	合计		2 044	26 848
	象山县	53	1 172				

资料来源：杨宁主编《浙江省沿海地区海洋文化资源调查与研究》，海洋出版社，2012 年，第 2 页。

一、浙江海洋文化资源生成的自然因素

　　浙江是海洋大省，海域面积 26 万平方千米，相当于陆域面积的 2.56 倍；大陆海岸线和海岛岸线长达 6 500 千米，其中海岛海岸线总长为 4 645.97 千米，占全国海岸线总长的 20.3%；面积大于 500 平方米的海岛有 3 059 个，约占全国岛屿总数的 44%（表 2 - 2）。辽阔的海域，为浙江海洋文化的生成奠定了自然基础。

表 2 - 2　浙江海洋基本数据

海域面积	26 万平方千米
大陆岸线和海岛岸线	6 500 千米
面积大于 500 平方米的海岛	3 059 个
可建万吨级以上港口的岸线	253 千米
海岸滩涂	388 万亩（1 平方米 = 0.001 5 亩）
渔场面积	22.3 万平方千米

注：其中大于 500 平方米的海岛数原文作 3 061 个，现据李加林等《浙江海岛资源开发利用与保护对策研究（2012）》（研究报告）改。

资料来源：叶鸿达《海洋浙江》，杭州出版社，2005 年，第 4 - 5 页。

（一）浙江海域水面

根据 1984 年民政部和国家测绘局下发的 1∶1 000 000 地形图，海域界线的习惯画法自海岸线的起止点至北纬 30°54′、东经 122°39′及北纬 27°03′、东经 120°51′，然后沿纬线向东至中国主张管辖的范围线（冲绳海槽中心线），这一范围内的浙江海域（包括专属经济区和大陆架）总面积约为 26 万平方千米。其中处于领海基线以西的内水（海）面积为 3.09 万平方千米，12 海里领海的面积为 1.15 万平方千米[1]。

浙江海域水深的基本趋势为由西到东、由西北到东南逐步加深，东海陆架的平均水深为 72 米，陆架外缘波折点的水深为 132 ~ 162 米。在浙江近海岸域，水深不足 20 米的浅海面积为 23 503.7 平方千米，其中水深不足 5 米的为 3 029.7 平方千米，水深 5 ~ 10 米的为 8 481.1 平方千米，水深 10 ~ 20 米的为 11 992.9 平方千米。

（二）浙江潮间带

潮间带指涨潮时被海水淹没、退潮时露出海面的滩地，浙江沿海一带习惯称之为海涂或海滩。这些面积大、完整性较好的滩涂，是沿海百姓开发利用的宝贵土地资源。20 世纪 80 年代，全国进行海岸带和海涂资源综合调查时，将潮间带（海涂）统一为海岸线至理论基准面之间的区域。

浙江海岸线外侧的潮间带面积，在海岸带调查中进行了量测，共计

---

[1]　叶鸿达：《海洋浙江》，杭州出版社，第 2 - 3 页。

2 443.8 平方千米。其中分布于大陆沿岸的为2 123.8 平方千米，分布于海岛上的为 320 平方千米。沿海各市的潮间带面积为：嘉兴市 44.9 平方千米，宁波市 936.7 平方千米，台州市 666.5 平方千米，温州市 649.1 平方千米，舟山市 146.7 平方千米[①]。随着浙江沿海围垦工程的开展，浙江潮间带面积呈明显减少趋势。宁波市杭州湾南岸湿地是全省沿海面积最大的潮间带滩涂湿地（表2-3）。

表 2-3 浙江沿海重点湿地名录

湿 地 名 称	总面积（平方千米）	湿地面积（平方千米）	所属县（市、区）
舟山群岛海岸湿地	22 200	356.93	嵊泗、岱山、普陀、定海
杭州湾河口海岸湿地	4 140	585.53	平湖、海盐、慈溪、嵊泗、岱山、镇海
象山港海岸湿地	563	204.19	鄞县（今鄞州区）、奉化、象山、宁海、北仑
三门湾海岸湿地	776	396.12	象山、宁海、三门
乐清湾海岸湿地	464	301.27	乐清、温岭、玉环
温州湾海岸及瓯江河口三角洲湿地	1 527	1 090.66	乐清、龙湾、瓯海、瑞安、平阳、苍南、洞头、玉环
南麂列岛国家级海洋自然保护区	196	1	平阳

资料来源：浙江省森林资源监测中心、浙江省林业调查规划设计院（http://www.zjfr.cn/forestry/wetlands/archives）；《浙江重点湿地名录》，2007 年 11 月 23 日。

浙江沿海潮间带海涂按其冲淤变化，可分为淤涨、稳定、侵蚀等三种类型。淤涨型海涂主要分布在河口、比较开敞的港湾以及部分海岛的西侧，涂地大都比较宽敞，单片面积较大，其面积约占全省海涂的 87.5%。这类海涂尚在逐步堆高并向外延伸；稳定型海涂分布于象山港及乐清湾内，冲淤变化不大，基本处于平衡状态，其面积约占全省海涂的 10.1%；侵蚀型海涂面积较小，主要分布于海岛的迎风侧。

浙江潮间带海涂分布较为成片，且以泥质为主，但因受围涂影响，高

---

① 按浙江沿海的习惯，入海河口的潮间带亦称为海涂，成片分布的为钱塘江河口和瓯江河口，面积分别为 442.0 平方千米和 5.0 平方千米。

程大都较低。据海岸带和海涂资源综合调查，面积 33.3 平方千米 (5 万亩) 以上的成片潮间带面积合计为 1 827.3 平方千米，占全省的 74.77%；泥质的面积 2 387 平方千米，占 97.7%；砂砾质的仅 56.8 平方千米。潮间带的高程，按对大陆沿岸 2 077.3 平方千米潮间带的统计，高程在小潮平均高潮线以上的仅占 8.5%，处于小潮平均低潮线以下的为 43.4%，介于两者之间的为 48.1%。

（三）浙江海岛

浙江是我国海岛最多的省份，据 1988 年高等教育出版社出版的《浙江海岛志》统计，在玉环岛与灵昆岛连陆后，陆域面积大于 500 平方米的海岛有 3059 个。浙江省的海岛在地质构造上属华南褶皱系浙江褶皱带，形成于第三纪晚期，地貌上属雁荡山和天台山余脉向海延伸部分。岛屿多为丘陵山地，在山麓谷地和较大海岛边缘，由于水动力作用及人类围垦，散布有小片平原，且离海岸越远，山体高度越低。从成因上看，浙江沿海岛屿有 99.9% 为大陆岛，原为大陆的一部分，后因地壳沉降或海平面抬升与大陆分离。因此，这些岛屿的地质构造、岩性和地貌特征均与邻近大陆类似。

浙江海岛陆域面积 1 751.32 平方千米，占全省陆域面积的 0.2%。舟山、台州、宁波、温州和嘉兴 5 市的海岛面积分别为 1 256.7 平方千米、101.98 平方千米、254.07 平方千米、137.87 平方千米和 0.7 平方千米（表 2-4）。从行政区划上看，浙江的海岛分别隶属于舟山、台州、宁波、温州和嘉兴 5 市。其中舟山为地级海岛市；县（区）级行政区 6 个，分别为嵊泗县、岱山县、定海区、普陀区、玉环县和洞头县；海岛乡 195 个。浙江全省有 188 个常住人海岛，人口总数约为 125 万，约占全省人口的 3%。

表 2-4　浙江海岛数量、面积及岸线长度

市名	海岛数量（个）	陆域面积（平方千米）			潮间带滩涂面积（平方千米）	海岛岸线长度（千米）				
		总面积	丘陵山地	平原		岸线总长	基岩岸线	人工岸线	砂砾质岸线	淤泥质岸线
舟山	1383	1256.7	786.35	470.35	183.06	2 443.58	1 850.78	529.99	50.06	12.75
嘉兴	29	0.7	0.67	0.03	0.62	15.86	14.92	0	0.94	0

续表

市名	海岛数量（个）	陆域面积（平方千米）			潮间带滩涂面积（平方千米）	海岛岸线长度（千米）				
		总面积	丘陵山地	平原		岸线总长	基岩岸线	人工岸线	砂砾质岸线	淤泥质岸线
宁波	527	254.07	153.47	100.6	77.11	758.6	607.56	140.92	4.94	5.18
台州	686	101.98	80.33	21.65	34.89	791.18	722.53	62.88	4.87	0.903
温州	434	137.87	110.57	27.3	123.38	636.49	585.22	36.28	10.02	4.96
合计	3 059	1 751.32	1 131.39	619.93	419.06	4 645.71	3781.01	770.07	70.83	23.793

资料来源：李加林等《浙江海岛资源开发利用与保护对策研究（2012）》（研究报告）。

浙江海岛数量虽多，但面积大多较小。据调查统计显示，陆域面积在10平方千米以上的仅26个，而小于0.1平方千米的海岛多达2 641个（表2－5）。同时海岛分布相对比较集中，约有四分之三的海岛呈列岛或群岛形态分布；一些较大的海岛，与大陆海岸线的距离大都在10千米以内，开发条件相对较为优越。

表2－5　浙江区域海岛排序（按面积）

排序	名称	面积（平方千米）	所属市县	岛屿介绍
1	舟山岛	487.2	定海区、普陀区	舟山岛是浙江第一大岛，中国第四大岛。位于杭州湾口南侧，岛域中部和西部属定海区，南部为普陀区。古称"海中洲"，又以岛形如大舟浮海，故名舟山
2	岱山岛	109.0	岱山县	岱山县政府驻地，县城高亭镇。岱山素称海上"蓬莱"，有"蓬莱十景"
3	六横岛	97.8	普陀区	舟山群岛中的第三大岛。因为全岛有从东南到西北走向的6条岭横岛屿，其形如蛇，当地百姓称为"横"，故得名"六横"
4	南田岛	86.4	象山县	宁波市和象山县第一大岛。又名牛头山，西邻高塘岛，两岛与大陆岸线构成的天然港池，即为著名的石浦渔港

续表

排序	名称	面积（平方千米）	所属市县	岛屿介绍
5	金塘岛	77.4	定海区	舟山群岛的第四大岛，与舟山本岛仅一水之隔。金塘岛历史上是舟山的产粮区，是舟山附近岛屿中第一个粮食自给岛
6	朱家尖	63.2	普陀区	舟山群岛的第五大岛，有大桥通舟山岛
7	衢山岛	59.9	岱山县	舟山群岛的第六大岛。观音山为岛上风光最好的去处，相传观音菩萨去普陀修道之前，曾在此山驻足3年
8	桃花岛	40.6	普陀区	舟山群岛第七大岛，南部的对峙山为舟山群岛的最高峰
9	高塘岛	39.1	象山县	位于象山县最南端，是以渔业和农业为主要经济支柱的海岛
10	大长涂山	33.6	岱山县	为大、小长涂诸岛中最大的岛屿。大长涂山为不规则长条形，东西走向，全岛以丘陵为主
11	大榭岛	30.8	北仑区	因古时岛上草木繁茂葱郁，远观如水榭，所以谓之大榭。建有国家级宁波大榭开发区，现有公铁两路的跨海大桥连接宁波大陆
12	灵昆岛—霓屿岛	30.4	洞头县	灵昆岛位于瓯江入海口，是浙江两个河口冲击岛之一，该岛具有"沙洲绿树，江海一色"的景观特色。霓屿岛古称倪岙或霓岙山，为洞头列岛人口较密集的岛屿。2006年灵霓大堤（北堤）将两岛相连
13	大门岛	28.7	洞头县	大门岛别名黄大岙，古名青奥，因岛上有两巨礁耸立，状如大门，故名
14	洞头岛	28.0	洞头县	洞头列岛主岛
15	梅山岛	26.9	北仑区	梅山岛分本岛以及东北侧扑蛇、青龙二岛
16	秀山岛	22.9	岱山县	曾名兰秀山，传说中秀山岛乃海上三仙山之一"方丈岛"。岛上建有滑泥主题公园
17	泗礁山	21.8	嵊泗县	嵊泗列岛的主岛，岛上设菜园镇和五龙乡。基湖沙滩和南长涂沙滩，为长三角首屈一指的海滨浴场

续表

排序	名称	面积（平方千米）	所属市县	岛屿介绍
18	虾峙岛	17.0	普陀区	因其形状如虾浮游于海上，加上岙门众多，成犄角对峙之势，故得名虾峙岛。海岸线曲折，呈楔状，是良好的港口锚地
19	登步岛	14.5	普陀区	别名登埠山，1949年曾经发生著名的登步岛战役
20	册子岛	14.2	定海区	因岛上南岙、北岙两平畈中间隔凤凰山，形似翻开平放的书册，故名册子岛
21	花岙岛	13.4	象山县	花岙岛别名大佛岛、大佛头山，北近高塘岛。该岛海湾众多，是抗清名将张苍水聚兵处，素有"海上仙子国、人间瀛洲城"之称
22	小洋山	13.0	嵊泗县	小洋山旧称羊山，与大洋山以及沈家湾岛和唐脑山等均为崎岖列岛主要岛屿
23	普陀山	11.9	普陀区	中国佛教四大名山之一，是观世音菩萨教化众生的道场，素有"海天佛国"、"南海圣境"之称
24	长白岛	11.1	定海区	位于舟山岛和岱山岛间，岛上最高峰海拔244.6米
25	檀头山	11.0	象山县	位石浦镇东，西南近南田岛，岛形如铁锚状，岛以山名
26	小长涂山	10.9	岱山县	西与岱山岛相对。岛上有传灯庵、西鹤嘴灯塔

数据来源：浙江省第一次海岛调查数据（1988—1995年）。

从地区分布看，舟山是浙江省海岛最多的市，计有1 383个，陆域面积为1 256.7平方千米。其后依次为台州市686个，陆域面积为101.9平方千米；宁波市527个，陆域面积为254.1平方千米；温州市434个，陆域面积为137.9平方千米；嘉兴市29个，陆域面积为0.7平方千米。

浙江海岛多为无居民岛，据海岛资源综合调查，共有无居民海岛2 872个，约占海岛总数的94%，居全国第一位。其中舟山市有无居民海岛1 287个，约占全省的45%；台州市654个，占23%；宁波市504个，占17%；温州市398个，占14%；嘉兴市29个，占1%。

（四）浙江主要海湾

受地质影响，浙江海岸分布着不少海湾，其中面积较大的有杭州湾、象山港、三门湾、浦坝港、隘顽湾、漩门湾、乐清湾、大渔湾、沿浦湾。其海域面积及海岸线长度如表2-6所示。

表2-6 浙江区域主要海湾一览表

海湾名称	岸线长度（千米）	海域面积（平方千米）	其中	
			海域水面（平方千米）	潮间带（平方千米）
杭州湾*	192.2	4 140.1	3 639.5	500.6
象山港	280.5	563.3	391.8	171.5
三门湾	303.8	775.0	480.1	294.9
浦坝港	56.0	57.1	17.5	39.6
隘顽湾	93.6	340.4	223.5	116.9
漩门湾	37.6	78.5	35.5	43.0
乐清湾	184.7	463.6	242.8	220.8
大渔湾	47.2	47.0	20.0	27.0
沿浦湾	22.4	21.3	6.7	14.6

*未包括上海市部分。

资料来源：叶鸿达《海洋浙江》，杭州出版社，2005年，第5页。

二、浙江海洋文化资源生成的水文因素

浙江沿海地带属于里亚斯型沉降式海岸，岸线蜿蜒曲折，峡角溺谷相继，多海湾，且深入内陆，海岸曲折率为4.1。沿海地质大部分为基岩，近岸水深；外围岛屿众多，形成天然屏障，一般湾内波高在0.5米以下，水面比较平静；岛屿间的峡道大多为天然深水航道，陆域地区较为开阔，腹地地势比较平坦，适宜建港与旅游开发。杭州湾、象山港、三门湾和乐清湾是浙江四大海湾，面积为5 941平方千米，其中杭州湾面积为4 140平方千米。

浙江沿海有钱塘江、甬江、椒江、瓯江、飞云江和鳌江等主要河流入海，年径流量约900多亿立方米。这些河流不仅为淤涨滩涂提供了大量泥沙，而且也为生物的繁殖提供了丰富养料。沿岸滩涂广而平坦，底质细软，理论基准面以上的滩涂面积约2 888.1平方千米。

（一）海洋水文

近岸低盐水系与外海高盐水系交汇混合，构成了浙江海域水文的主要特征。浙江的海水温度常年平均为17℃，夏季水温在22.9℃左右。海域西部高水温期出现在9月份，水温可达29.8℃。低温期在2月份，水温在5℃左右。海域东北部高水温期出现在8月份，四季水温变幅较西南部小。海水盐度一般在30~34，西侧呈低盐分布，月平均13~23；东侧呈高盐分布，月平均值33~34。海洋水团有江浙沿岸冷水团、黄东海混合水团、外海高温水团，沿岸冷水团与东海暖水团相遇，常形成较强锋面，并在锋面处形成较好的渔场。

浙江的海流受沿岸流和台湾暖流影响。沿岸流受长江、钱塘江等河流冲淡水影响，低盐，年间水温变幅大，透明度小，厚度浅，易受季风影响，流向流速有明显季节变化；台湾暖流高盐、高温，直观水色偏蓝，透明度大，流向终年偏北。浙江的潮汐由太平洋潮波经琉球群岛—台湾水道进入东海，并向浙闽沿海传播而成。境内海域主要行不规则半日潮。潮差外海小，愈近沿岸愈大，海湾内部更大，并由湾口向内递增，西部杭州湾可达8~9米。浙江的潮流有往复流和回转流两种，舟山群岛附近潮流急，为我国沿海强流区，海域西部的衢山岛、黄泽港为往复流，海域东部的嵊山、洋鞍渔场等为回转流。

（二）海洋生态环境

浙江海域面积26万平方千米，大陆海岸线和海岛岸线长达6 500千米，占全国海岸线总长的20.3%。港口、渔业、旅游、油气、滩涂五大主要资源得天独厚，有可建港岸线400多千米，海洋渔业资源蕴藏量在205万吨以上，海洋生物资源1 700多种，东海陆架油气资源理论蕴藏量约200亿吨，潮间带滩涂2 890平方千米。

近年来，随着海洋开发活动的增加，加之浙江地处长江口，陆海联动后治污不到位，长江口和东海近岸海域已成为我国海洋污染最严重地区之一，海域生物链破坏严重，生物多样性下降严重。据浙江省海洋与渔业局2012年4月发布的《2011年浙江省海洋环境统计公报》显示，2011年全省近岸海域水质状况，严重污染海域和中度污染海域面积占全省近岸海域面积的48%，严重污染海域主要分布在杭州湾、甬江口、象山港、椒江口、乐清湾、瓯江口和鳌江口等港湾和河口海域,海水中主要污染物仍是无机氮和磷酸盐①。2012 年,浙江近岸海域共发生赤潮 17 次,累计面积 1502 平方千米,其中有毒赤潮 1 次,面积 80 平方千米,有害赤潮 10 次,累计面积 452 平方千米,受灾面积达 320 平方千米,造成直接经济损失 405 万元。较之 2011 年,赤潮发生次数虽下降 3 次,但赤潮生物种类增加,有害赤潮发生次数和面积大幅上升②。近岸海域水质富营养化、海洋赤潮灾害频发已成为影响浙江省近岸海域环境状况的突出问题。

浙江省现有海涂资源 2 886.8 平方千米,由潮间带海涂面积 2 443.8 平方千米、钱塘江河口江涂 443 平方千米组成。从新中国成立初期到 2004 年,全省已围垦滩涂面积达 1 684.8 平方千米。但由于不合理的围海造地,使沿海自然滩涂湿地面积缩减,不仅破坏了各种鸟类的栖息地,使有重要经济价值鱼、虾、蟹和贝类的生息、繁衍场所消失,而且大大降低了滩涂湿地调节气候、储水分洪、抵御风暴潮、净化地表径流及护岸保田等的能力,同时也改变了海区的水动力方向,加速了航道和港口的淤积。

面对日趋恶化的海洋环境,2011 年 2 月发布的《浙江海洋经济发展示范区规划》第八章中明确提出,未来浙江在大力发展海洋经济过程中,要"科学利用海洋资源,加强陆海污染综合防治和海洋环境保护,推进海洋生态文明建设,切实提高海洋经济可持续发展能力",将加强海洋生态文明建设列入浙江海洋经济发展示范区建设的一项重要任务。

三、浙江海洋文化资源生成的气候因素

浙江地处东南季风剧烈活动的地区,属典型的亚热带季风气候,季风交替规律明显,气温适中,四季分明;光照充足,热量丰富;雨量充沛,空气湿润。同时,因濒临海洋,受海洋气候影响明显,温湿条件比同纬度的内陆季风区优越。

浙江冬季受蒙古冷高压控制,盛行西北风,以晴冷天气为主,是低温少雨季节;夏季受太平洋副热带高压控制,以东南风为主,从海洋带来充

---

① 浙江省海洋与渔业局:《2011 年浙江省海洋环境公报》,浙江省海洋与渔业局网站(http://www. zjoaf. gov. cn),2012 年 6 月 13 日。

② 浙江省海洋与渔业局:《2012 年浙江省海洋灾害公报》,浙江省人民政府网站(http://www. zj. gov. cn),2013 年 8 月 15 日。

沛的水汽，空气湿润，是高温强光照季节；春秋两季为过渡时期，气旋活动频繁，锋面降水丰富，冷暖变化较大。冬夏时间长，春秋时间短，各季之间天气差异明显，四季分明。浙江年均气温自北向南在 15.3～18.3℃ 之间，等温线大致与纬线平行。最热月份为 7 月（海岛为 8 月），最冷月份为 1 月（海岛为 2 月），各地年极端最高气温在 33～43℃ 之间，地区差异较大。各地的年降水量在 980～2 000 毫米之间，分布特点是海岛、平原少，丘陵、山地多。7—9 月沿海热带风暴活动频繁。主要灾害性天气有夏秋的台风、梅季暴雨、伏秋干旱以及冰雹、大风等。其中台风是产生于热带洋面上的一种强烈热带气旋，具有突发性强、破坏力大的特点，是浙江沿海最严重的灾害性天气现象。台风过境时常常带来狂风暴雨天气，引起海面巨浪，严重威胁航海安全，破坏港口码头、堤防及其他各种建筑设施等，引起山体滑坡、崩塌、泥石流等地质灾害，造成人民生命、财产的巨大损失。与此同时，台风登陆时，往往会带来巨大的潮灾，造成海水倒灌，形成洪涝灾害，影响沿海地区的农业、渔业、盐业等生产设施。

浙江太阳年辐射量在每平方米 4 000～4 800 Mj 之间，较我国同纬度的内陆省份为多，全年日照时数在 1 700～2 300 小时之间。雨量充沛，年均降水量在 1 100～2 000 毫米之间，为我国降水量较为丰富的地区之一。全年雨日大约为 140～180 天。一年之中，3—7 月初的春雨和梅雨期降水量最丰富；7—8 月盛夏，干旱少雨，惟沿海有台风雨补充；入秋后，9 月份有一短暂秋雨期；10 月至翌年 2 月降水量较少，多晴冷天气。

浙江沿海区域的气候特点对海洋文化的形成有着重要影响，这种暖季长、无严寒的气候条件，有利于人类的生存和繁衍。

第二节　浙江海洋文化资源生成的人文因素

任何一种文化形态的形成和发展，都与当地的人文背景有着直接或间接的渊源关系，并表现出与所从属文化系统的同一性和差异性。全面了解浙江的人文背景，有助于厘清浙江海洋文化的内涵、外延及其基本特点。

一、浙江历史变迁

浙江是中国古代文明的发祥地之一，其历史可以上溯到 5 万年前的"建德人"。春秋时期，浙江分属吴、越两国，以会稽（今绍兴）为都城的越国，在越王勾践时期曾经相当富强。战国时浙江属楚国。秦统一六国，推行郡县制，今浙江地分属会稽、闽中（秦末并入会稽）、鄣郡，以会稽郡为主。西汉时，今浙江省境隶属扬州刺史部。东汉后期，浙江之地归属于会稽、吴郡、丹阳三郡，仍属扬州。三国时期，浙江为孙权建立的东吴国属地，设有六郡。两晋南朝时期，州郡设置混乱。隋代并省州郡，改郡为州，计 5 州 24 县。唐代分全国为十道，浙江始隶江南道，后隶江南东道。乾元元年（758 年），江南东道分浙江东道、浙江西道两节度使，分辖浙江、浙西诸州。浙江作为军事政区名称始于此。晚唐时，浙江有 10 州 58 县。五代十国时期，吴越国都杭州，辖 13 州 1 军 86 县，其中在浙江境内有 11 州 62 县。北宋初，浙江隶两浙道，后改两浙路，"两浙"简称源于此。南宋王朝建都临安（今杭州），历 150 余年。元代时，全国置 11 个行中书省，今浙江属江浙行省，境内辖 11 路（府、州）54 县，治所杭州。明洪武九年（1376 年），在杭州置浙江承宣布政使司，习惯上简称为省。洪武十四年（1381 年），嘉兴、湖州两府从京师划入浙江，浙江省境格局基本确定。清初沿袭明制，康熙六年（1667 年）改浙江承宣布政使司为浙江省，浙江省的建制至此完成。

唐宋时期，以宁波为中心的浙江已成为全国主要农业经济区和三大贸易区之一。早在唐代，明州已成为日本遣唐使的靠泊和返航地，是"海上丝绸之路"的起点和通道之一（图 2-1）。宋太宗淳化三年（992 年）四月，因贸易需要，两浙市舶司移置明州定海县，旋迁至明州城内，这是有史记载明州设立对外通商管理机构的开始。南宋绍兴二年（1132 年）置浙东福建沿海制置司于明州定海县，辖温州、台州、明州和绍兴府。绍熙五年（1194 年）宁宗即位。翌年，改元庆元，以明州为宁宗潜邸，遂以年号为名，升明州为庆元府。元至元十三年（1276 年）升庆元府为庆元路，次年设庆元市舶司，时为全国四大市舶司之一。至元三十年（1293 年）、大德二年（1298 年），温州、澉浦、上海市舶司相继并入庆元市舶提举司，庆元提举司成为江浙地区对外贸易的唯一港口。

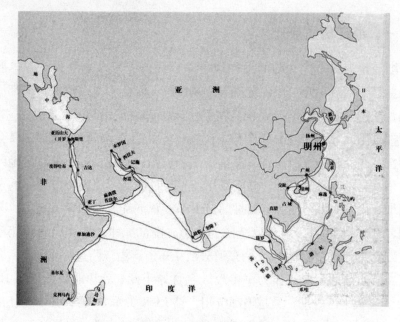

图 2 - 1 海上丝绸之路

图片来源：北仑新闻网（http：//old. blnews. com. cn），2010 年 8 月 27 日。

明太祖洪武十四年（1381 年），为避"明"国号之讳，取"海定则波宁"之意，改明州为宁波府，宁波之名沿用至今。鸦片战争后，宁波被辟为五个沿海通商口岸之一，并划江北岸为外国人居留地，洋人在甬设领事，经营实业。西方资本主义的入侵，刺激了宁波商帮迅速崛起。宁波商人长袖善贾，濡染西方经营作风，趋时求新，相机行事，足迹遍及全国乃至欧美等国。至民国时期，"宁波帮"已声势煊赫，遐迩闻名，称雄工商界。

二、浙江海洋文化资源生成的人文背景

浙江是中华古代文明的发祥地之一。距今 8000 年的跨湖桥遗址是浙江境内已发现的最早的新石器时代文化层，在遗址地层中发现的独木舟，是迄今为止世界上发现的最早的独木舟之一。7000 多年前的河姆渡文化层保存着水稻种子，表明浙江是水稻栽培的发祥地。距今约 5300—4200 年，主要分布在太湖流域和钱塘江两岸的良渚文化，则是继河姆渡文化以后在浙江出现的又一远古文明高峰，丝的发明和玉器雕刻是良渚先民对人类的最主要贡献。传说上古时期的治水英雄大禹，死后就葬在绍兴，大禹陵、禹

王庙成为人们的景仰之地。

在浙江深厚的人文背景中，宗教文化，尤其是佛教文化享有盛名，有"东南佛国"之誉。佛教在东汉时期传入中国，东晋南朝时期，在统治者的扶持下，佛教很快渗透到政治、经济、文化等各个方面，并由上层社会开始向下层民众扩散。南朝时寺院遍布江南各地，"南朝四百八十寺，多少楼台烟雨中"。东吴时，浙江只有9所寺院，两晋时增至56所，至南朝则达到了132所。如当今名刹灵隐寺、天童寺、雪窦寺及大佛寺等均创于两晋时期。到了隋唐时期，佛教进入了鼎盛时期，北方的禅法和南方的义理开始统一，浙江佛教接受了北方的禅法，并在寺院建筑、雕刻等方面吸收了北方禅法的精华。隋唐时期佛教鼎盛的另一个表现就是僧团相继而起，宗派众多，而影响较大的有天台宗、净土宗和禅宗。天台宗的祖庭在浙江天台山，浙江各地的寺院大都受到天台宗的影响。而净土宗倡导易修易行，对下层平民百姓尤其有吸引力，中唐以后得到广泛传播，现存的佛教寺院，大多数与净土宗关系密切。禅宗则是我国流传最久、势力最大、影响最广的佛教宗派，浙江寺院以传播禅宗为多，如余杭的径山寺和宁波的天童寺。浙江佛教在宋代，尤其在南宋更为繁荣。宋室南渡后，杭州的佛教寺院就从360所增至480余所。从浙江佛寺的分布来看，浙北地区建寺早，寺院众多，密集程度大，而浙中和南部地区则稍迟。佛教的广为传播，对浙江的人文活动产生了重大影响[①]。

中国在历史上以出产瓷器著名，浙江更是青瓷的故乡，越窑、婺州窑、瓯窑、龙泉窑，为浙江青瓷的发展撑起了一片璀璨的天空。越窑分布于今浙江上虞、慈溪、余姚一带，唐属越州，故名。晚唐五代是越窑的全盛期，据考证，仅慈溪上林湖周围就有越窑窑址100多处。越窑生产的瓷器精品"秘色"瓷不仅帝王将相视之如瑰宝，作为日常起居与礼佛随葬的必需品，民间百姓与骚客文人也常常为之咏赞吟唱。自东汉至北宋的1000多年间，越窑瓷器生产从未间断，不仅窑业作坊增多，生产技术水平亦有显著提高。基本上摆脱了烧制陶器和原始瓷器的传统工艺，形成了制瓷工艺的自身特点。越窑瓷器造型规整，采用板印、雕、堆等技法制成方壶、桶、谷仓、扁壶、狮形烛台与多种新式器物。胎质细密坚硬，胎色灰白，

---

① 《浙江宗教文化与旅游业的发展》. 豆丁网（http：//www.docin.com），2011年3月31日。

釉层较厚，釉面光滑明亮，釉色淡青，少有青中闪黄者。东晋时以褐色点彩装饰为特色，南朝时盛行莲花纹装饰，反映出佛教艺术对瓷器装饰艺术的影响。六朝时期的越窑瓷器在浙江东北部和江苏的南京、丹阳、金坛、句容、吴县、宜兴，辽宁的辽阳、安徽的马鞍山等六朝墓葬中都有出土，足以说明其产量之大、质量之精、销售之广。入宋后，激烈的产业竞争和当地燃料的匮乏，致使上林湖、上虞、东钱湖一带传统越窑产地的瓷业走向衰微，但部分融合了北方制瓷工艺的青瓷制造业仍然在南宋时期形成了乳浊釉瓷中的低岭头类型①。

除此之外，浙江的丝绸、茶叶和造纸业也很发达，其中所蕴藏的文化气息和独特的东方美学意蕴丰富而神秘。

在历史的长河中，浙江人才荟萃，群星灿烂，在政治、思想、科技、文化、艺术等各个领域都涌现出了一大批杰出人物，如思想家王充、陈亮、刘基、宋濂、王阳明、黄宗羲、龚自珍，诗人贺知章、骆宾王、孟郊、朱淑真、周邦彦、陆游，画家赵孟頫、徐渭、马远、黄公望、陈洪绶、任伯年、吴昌硕，书法家虞世南、褚遂良，科学家沈括，戏剧家李渔、洪升，教育家蔡元培，史学家沈约、胡三省、宋濂、万斯同、全祖望、章学诚以及章太炎、王国维、秋瑾等志士仁人。而文学方面，自东汉至现代，浙江籍文学家载入史册者已逾千人，约占全国文学家的六分之一，特别是"五四"运动以来，出现了鲁迅、茅盾以及柔石、殷夫、郁达夫、冯雪峰、夏衍、邵荃麟、艾青、丰子恺、徐志摩、吴晗等文坛名人。据统计，被列入"二十四史"有籍贯可考的人物中，浙江籍人占了12%。新中国成立后选出的970名中国科学院院士中（不含外籍院士），浙江籍院士有171人；在642名中国工程院院士中，浙江籍院士有107人。在总共1 600多名院士中，浙江籍院士占了约17%②。

浙江区域具有深厚的文化积淀。杭州市是中国七大古都之一，是五代吴越西府和南宋行都所在地，特别是南宋定都临安后，杭州成为中国的政治、经济和文化中心，并成为当时世界上最为繁华的城市之一。浙江现有国家级历史文化名城4处，即杭州、宁波、绍兴、临海。浙江省人民政府还相继公

---

① 《浙江青瓷》，中文百科在线（http：//www. zwbk. org），2011年5月3日。
② 浙江省旅游职业学院：《浙江省人文活动类旅游资源普查报告》（2004年5月18日），第8-10页。百度文库（wenku. baidu. com），2012年11月25日。

布了天台、温州、余姚、舟山、嘉兴等 12 座省级历史文化名城，以及余杭塘栖镇、萧山衙前镇、宁波慈城镇、余姚梁弄镇、象山石浦镇、海宁盐官镇、桐乡乌镇、绍兴东浦镇、绍兴柯桥镇、绍兴安昌镇、诸暨枫桥镇、温岭箬山镇等 43 处省级历史文化保护区。全国 1268 处重点文物保护单位中，浙江区域就有良渚文化、嵊泗花鸟灯塔、天台国清寺、临海桃渚城、绍兴古纤道、温州永昌堡、奉化蒋氏故居、慈溪上林湖越窑遗址、鄞县它山堰、宁波庆安会馆、临安功臣塔、杭州西泠印社、杭州六和塔等名列其中。

第三节　浙江海洋文化资源生成的经济因素

经济是文化发展的基础，是人类从事精神活动的物质保障，不同的经济基础决定着人类活动的方式。因此，作为一种文化资源，浙江海洋文化资源的生成自然与浙江区域经济发展密切相关，浙江的经济形态是浙江海洋文化资源生成的基础。

一、历史经济因素

浙江在历史上素有"鱼米之乡"、"丝茶之府"之称，是综合性的农业高产区域，以多种经营和精耕细作见长，大米、茶叶、蚕丝、柑橘、竹制品、水产品在全国占有重要地位。浙江是全国的重点渔业省，渔业生产方式已由传统的单一生产型，逐步过渡到现在的捕捞、养殖、加工一体化，内外贸易全面发展的产业化经营。舟山渔场是全国最大的海洋渔业基地，海洋捕捞量居全国之首。杭嘉湖平原是全国三大淡水养鱼中心之一。浙江工业基础较好，以轻工业、加工制造业、集体工业为主。

自古以来，浙江种植业即以粮食生产为主。早在 7000 年前的河姆渡文化时期，浙江先民们就已经种植水稻。西汉时，在史学家司马迁笔下，这里"无冻饿之人，亦无千金之家"①。东汉时，浙江虽然已出现了较大规模的水利工程，煮盐业较为发达，制瓷业也已达到相当的水平，但浙江经济在整体上仍较为落后。公元 3 世纪后，由于北方长年战乱，导致人口大量南迁，为南方带来了大量的劳动力和先进的生产技术，浙江经济获得了较

---

① （汉）司马迁：《史记》卷一二九《货殖列传》，北京：中华书局，1973 年。

大发展，开发较早的浙北平原地区，成为田园密布、物产丰饶之地。进入公元6世纪，浙江的社会经济迅速发展，农业产量大幅提高，杭州、嘉兴地区成为江南重要的粮食产地，丝织、瓷器、造纸等手工业生产发达，商品经济活跃，明州（今宁波）成为当时中国东南沿海重要的贸易港口。唐中后期，国家大计仰于东南，而两浙地区是重要的财赋来源，当时的浙东观察使李讷就说浙东七州"茧税鱼盐，衣食半天下"①。吴越国定都杭州，重视兴修水利和开垦荒地，农业生产有了新的发展，官府粮仓中储藏的军粮即可食10年。南宋以后，水稻品种增多，特别是占城稻的推广，使太湖流域成为当时粮食产量最高的地区，民谚"苏湖熟，天下足"就是这一时期开始流传于世。同时，随着政治中心的南移，北方数以万计的官僚士绅云集江浙，手工业者也将各种技艺带到杭州，推动了浙江，特别是杭州丝织、造船、印刷、瓷器业的发展，使杭州成为当时全国最大的国际性贸易中心。此时的浙江进入了封建经济发展的繁荣期，"国家根本，仰给东南"②，成为当时中国富庶的地区之一。明清时期，双季稻种植面积扩大，粮食亩产量增加，番薯以及马铃薯、玉米等旱地高产作物的引进和大面积种植，大大增强了人们的生存能力，同时也促进了浙江山区的开发。

除了粮食生产外，浙江的丝绸、茶叶生产在全国也占有十分重要的地位。钱三漾新石器时期文化遗址出土的4700多年前的丝绸残片，说明当时这里的人们已经从事种桑、养蚕、缫丝和纺织绸绢。春秋时期，越王勾践"身自耕作，夫人自织"③，并使越国女子"织治葛布"④ 以献于吴王，丝织业有了进一步的发展，当时的丝织品主要有罗、纱、帛等。经秦汉六朝的发展，唐代浙江的蚕桑丝绸生产已十分普遍，当时的越州是南方丝绸生产的一大中心，丝绸品种花色多样，列为贡品的就有"异文吴绫及花鼓歇单丝吴绫、吴朱纱等纤丽之物，凡数十品"⑤；杭州也是"机杼之声，比户相闻"⑥，所产绯绫、白编绫被列为贡品。从宋代起，浙江成为全国丝绸生

① （唐）杜牧：《樊川文集》卷一五《李讷除浙东观察使兼监察御史大夫制》，《四库全书》文渊阁本。

② （元）脱脱：《宋史》卷三三七《范祖禹传》，北京：中华书局，1985年。

③ （汉）司马迁：《史记》卷四一《越王勾践世家第十一》，北京：中华书局，1973年。

④ （汉）袁康：《越绝书》卷八《外传记地记》，上海：上海古籍出版社，1992年。

⑤ （唐）李吉甫：《元和郡县图志》卷二六，北京：中华书局，1983年。

⑥ （清）厉鹗：《东城杂记》卷下《织成十景图》，《四库全书》文渊阁本。

产的中心。特别是宋室南渡后，杭州设有绫锦院、文思院、染院等。宋代浙江上调的丝绸数量占全国上调的 1/3 以上，丝绵则超过 2/3。元代以来，杭嘉湖丝绸工业空前繁荣，特别是湖州地区所产的蚕丝闻名天下，有"湖丝遍天下"之说，南浔等古镇就是从这个时期开始发展起来的。明代，不仅国内主要丝织城市仰仗湖丝，而且还出口到日本、朝鲜和东南亚各国。此后虽有曲折，但在全国始终保持领先地位。目前，浙江仍是全国蚕桑重点产区之一，丝绸工业主要在杭嘉湖地区和绍兴等地，丝绸产量居于全国首位，丝绸生产技术在全国也处于领先地位。

浙江也是全国著名的茶叶之乡，产茶历史十分悠久。早在三国时期，浙江就有饮茶的习俗。到南朝，吴兴产的茶叶已成为贡品。唐代，浙江各地普遍种植茶树，生产的茶叶以湖州顾渚山的紫笋茶最为有名，在唐代宗广德年间被定为贡茶。据李肇《唐国史补》载，当时全国 14 个贡茶品目中，浙江就列有湖州顾渚紫笋茶、婺州东白茶、睦州鸠坑茶 3 个品目。世界上第一部茶叶专著《茶经》就诞生在这里，作者陆羽被人们尊为"茶圣"。宋代以后，浙江湖州的茶叶生产发展迅速，名茶品种繁多，出现了一批固定的茶叶交易市场。近代以来，茶叶和丝绸是我国两大出口商品，而浙江是重要的生产基地。近年来，浙江常年茶叶产量占全国的 1/5，出口量占全国的 1/4，是我国重点外销茶产区。

二、现实经济因素

改革开放以来，浙江在发展社会主义市场经济的过程中走出了一条富有浙江特色、符合浙江实际的道路。全省经济社会发展取得显著成绩，主要经济指标在全国保持领先地位。

初步核算，2010 年，全省生产总值为 27 227 亿元，比上年增长 11.8%。其中第一产业增加值 1 361 亿元，第二产业增加值 14 121 亿元，第三产业增加值 11 745 亿元，分别增长 3.2%、12.3% 和 12.1%。三次产业增加值结构由 2005 年的 6.7:53.4:39.9 调整为 2010 年的 5.0:51.9:43.1[①]。

浙江海洋经济的发展更是令人瞩目。经过多年的发展，浙江的海洋经

---

① 《2010 年浙江省国民经济和社会发展统计公报》，中国经济网（http://www.ce.cn），2011 年 2 月 23 日。

济已成为支撑浙江发展的一个重要增长极。2010 年，全省海洋及相关产业总产出 12 350 亿元，海洋及相关产业增加值 3 775 亿元，按现价计算（下同），海洋及相关产业增加值比上年增长 25.8%，是 2004 年的 2.6 倍，年均增长 17.0%，高于同期国内生产总值总量增长速度。海洋经济占国内生产总值的比重由 2004 年的 12.6% 提高到 2010 年的 13.6%，比全国平均水平高 3.9 个百分点，海洋经济在浙江省国民经济中已经占据重要地位，发挥着重要作用。而且，海洋经济附加值高于经济发展平均水平，2010 年，浙江省海洋经济增加值率（增加值占总产出的比重）为 30.6%，比全省国内生产总值增加值率高 1.7 个百分点。

2010 年，浙江省海洋经济第一、第二、第三产业增加值分别为 287 亿元、1 599 亿元和 1 889 亿元，三次产业结构为 7.6∶42.4∶50.0。与 2004 年海洋经济三次产业结构对比，海洋第一产业增加值所占比重下降 4.8 个百分点；第二产业增加值比重上升 0.1 个百分点；第三产业增加值比重上升 4.7 个百分点。2005—2010 年，海洋经济第一、二、三产业增加值年均分别增长 7.8%、17.0% 和 18.9%，第三产业增加值年均增速比全部海洋经济年均增速高 1.9 个百分点，比重上升较快。2010 年，海洋经济二、三产业增加值所占比重合计达 92.4%，地位日趋突出，在海洋经济中占据主导地位。但其中传统劳动密集型产业依然是海洋经济中的主要门类，这给海洋资源、环境、生态带来了较大压力，因此，资金密集型、技术密集型和资源节约型的现代化产业是海洋经济今后发展的方向。

按照产业关联程度进行划分，海洋经济还可分为海洋产业和海洋相关产业。2010 年，作为海洋经济核心层和支持层的海洋产业增加值为 2130 亿元，占国内生产总值的比重为 7.7%，其中海洋主要产业增加值 1 836 亿元，占国内生产总值的 6.6%。2005—2010 年，海洋主要产业年均增长 19%，比整个海洋经济平均增速高 2 个百分点，2010 年发展尤为迅速，比上年增长 37.3%，比海洋经济平均增速高 11.5 个百分点。与 2004 年海洋经济构成情况相比，海洋主要产业占国内生产总值的比重提高 1 个百分点，是推动浙江省海洋经济比重上升的主要动力；占全省海洋经济的比重为 48.6%，在整个海洋经济中处于核心地位。2010 年，作为海洋经济外围层的海洋相关产业实现增加值 1 644 亿元，占国内生产总值的比重为 5.9%。近年来，海洋相关产业发展比较稳定，2005—2010 年海洋相关产业增加值年均增长 15%，占国内生产总值的比重基本稳定在 5.9% ~ 6.2% 之间①。

2011 年 2 月，国务院正式批复《浙江海洋经济发展示范区规划》，标志着浙江海洋经济发展示范区建设上升为国家战略。根据《浙江海洋经济发展示范区规划》，浙江将充分挖掘浙江丰富的"海洋生产力"，并把海洋经济作为经济转型升级的突破口。到 2015 年，浙江的海洋生产总值将接近 7 000 亿元。同时，浙江将打造"一核两翼三圈九区多岛"为空间布局的海洋经济大平台，宁波—舟山港海域、海岛及其依托城市是核心区；在产业布局上以环杭州湾产业带及其近岸海域为北翼，成为带动长三角地区海洋经济发展的重要平台，以温州、台州沿海产业带及其近岸海域为南翼，与福建海西经济区对接；杭州、宁波、温州三大沿海都市圈通过增强现代都市服务功能和科技支撑功能，为产业升级服务。在此基础上形成九大沿海产业集聚区，并推进舟山、温州、台州等地诸多岛屿的开发和保护。

同年 3 月 18 日，国家发改委批复《浙江海洋经济发展试点工作方案》（发改地区〔2011〕567 号），这是建设浙江海洋经济发展示范区，开展海洋经济发展试点工作的行动纲领。6 月 30 日，国务院批复同意设立浙江舟山群岛新区，明确提出舟山群岛新区建设要以深化改革为动力，以先行先试为契机，坚持高起点规划、高标准建设、高水平管理，在推动浙江经济社会发展、加快东部地区发展方式转变、促进全国区域协调发展中发挥更大作用。这是我国继上海浦东、天津滨海、重庆两江新区之后又一个国家级新区，也是全国唯一一个以海洋经济为主题的群岛型新区。

如果说古代浙江经济的发展为浙江海洋文化的生成奠定了坚实基础，那么，当代浙江的海洋经济强省建设，必将推进浙江海洋文化向现代转型，浙江的海洋文化建设又迎来了具有历史性的战略发展机遇。

---

① 浙江省统计局：《浙江海洋经济发展研究》，百度文库（http://wenku.baidu.com），2012 年 2 月 6 日。

第三章 浙江海鲜饮食文化资源

饮食文化是各民族文化中一个极为重要的组成部分，中华民族的传统烹饪以其美味和技艺精湛而素享盛誉，它既是一种文化，更是一门艺术，具有极高的文化价值和艺术审美价值。作为中华饮食文化的重要构成，浙江的海鲜饮食文化源远流长，它不但满足了人们的物质生活需求，也丰富了人们的精神生活，是商品文化和商品美学大观中一道独特而绚丽多姿的文化风景线。

第一节 浙江海鲜饮食文化产生背景

"民以食为天"，饮食水平是反映百姓生活水平的一项重要指标，也是反映社会发展程度的一个重要标志。饮食具有鲜明的区域性、民族性和历史文化性，是一种独特的文化资源。就海鲜饮食文化的内涵而言，它是指与海洋文化有关的饮食习惯，包括食品选择、烹饪技术选择、进餐方式选择等具有集体倾向性的区别性行为特征。海鲜饮食文化是浙江饮食文化的重要组成。

一、浙江海鲜饮食文化产生的自然环境因素

浙江沿海地带属于里亚斯型沉降式海岸，岸线蜿蜒曲折，多海湾，杭州湾、象山港、三门湾和乐清湾是浙江四大海湾，面积为 5 941 平方千米。钱塘江、甬江、椒江、瓯江、飞云江和鳌江等主要河流的入海，为淤涨滩涂带来了大量泥沙，并为鱼类的生存提供了丰富养料。沿岸滩涂广而平坦，底质细软，理论基准面以上的滩涂面积约有 28.87 公顷（433 万亩）。近岸低盐水系与外海高盐水系交汇混合，是浙江海域水文的主要特征。浙江海水温度常年平均17℃，夏季水温在 22.9℃左右，海域西部高水温期出现在 9 月份，水温可达 29.8℃。低温期在 2 月份，水温在 5℃上下。海域

东北部四季水温变幅较西南部小。浙江沿岸冷水团与东海暖水团相遇，不仅调节了沿海的气候，而且带来了丰富的营养盐类，是海洋生物赖以生长繁殖的物质基础，有利于浮游生物、鱼虾类互相依存这种生物链的形成；同时沿岸港湾深入内陆，湾内一般海底平坦，底质细软，环境稳定，既有利于鱼类洄游产卵，也适宜于水产养殖。

浙江的舟山嵊山渔场与黄海石岛渔场、南海万山渔场被誉为中国三大渔场。嵊山渔场地处长江、钱塘江、甬江入海口，三江年入海径流量超过8亿多立方米，这为嵊山海区带来了大量营养物质，它们与海水营养盐类结合，为浮游生物繁殖生长提供了有利条件。据测量分析鉴定，嵊山海区内有浮游植物120种、浮游动物123种、底栖生物112种，浮游动物平均生物量451.5毫克/立方米。江河流水夹带着大量泥沙和沉积物，有利于各种鱼类栖息、生存、繁育。另外，台湾暖流常年保持高温（水温15℃以上）、高盐（盐分34左右），春、夏自南而北切入，夏、秋盘踞在渔场东侧，逐渐向西沿岸靠拢，冬季则向南退缩。黄海冷水团冬季在西北风吹送下，以舌状伸向东海中部。春季，随着暖流势力的增强及西北风的减弱逐渐向北退缩，加上长江淡水水源不断流入大海，形成南、北带状逶迤的水系混合区。嵊山渔场水温3—9月为增温过程，10月至翌年2月为降温过程，为各种鱼、虾、蟹类的生殖、索饵、越冬等提供了适宜环境①。优越的自然环境，使浙江海域拥有丰富的海产品资源。

二、浙江海鲜饮食文化资源的历史考察

浙江海洋饮食文化起源于新石器时代的河姆渡文化，中经越国先民的开拓，汉唐、宋元时期的发展，至明清时期，浙江海洋饮食文化的风格基本定型。

《黄帝内经·素问·导法方宜论》载："东方之城，天地所始生也，渔盐之地，海滨傍水，其民食盐嗜咸，皆安其处，美其食。"《史记·货殖列传》载："楚越之地，地广人稀，饭稻羹鱼，或火耕而水耨。"据此可知浙江海洋饮食文化历史之久远。

---

① 陈桂珍：《百年嵊山渔场：走过世纪的繁华》，普陀新闻网（http://ptnews.zjol.com.cn），2010年10月14日。

1973 年 5 月，位于姚江之滨的河姆渡遗址发掘出大量文物，这是一个新石器时代母系氏族时期的原始村落，距今约 7000 - 5000 年（见图 3 - 1）。河姆渡遗址共出土骨器、石器、陶器等生产工具与生活用具 6 700 余件。在遗址中，发现木船桨 6 支，其中一支木桨残长 63 厘米，叶长 51 厘米，宽 12.2 厘米，厚 2.1 厘米，被认为是迄今为止发现的最为古老的木船桨①。从出土的动物遗骸数量上看，河姆渡的肉食来源主要是水生动物，其中海洋生物有鲨鱼、鲸以及在滨海口岸附近生活的鲻鱼、裸顶鲷等，反映了鱼类在当时食物结构中的重要地位。同时，在遗址中还发掘出一批釜、罐、盆、盘、钵等生活用陶器，许多陶釜内存留有龟、鳖、蚌、鱼等水生动物的遗骸。这说明，浙江先民早在新石器时代已经使用骨镞、骨鱼镖、木矛等从事近海渔猎活动，并将捕获物进行加工，从而开浙江海鲜烹饪饮食之端。

图 3 - 1　河姆渡人生活复原图②

继河姆渡文化之后，在浙江玉环三合潭、三门亭旁村等近海新石器文化遗址中也发现了距今五六千年前的渔猎和原始锄耕所用的石镰、石斧、石镞等，特别是在三合潭遗址黑带层上层的春秋战国时期遗址中陆续出土了鱼钩、鱼刺等捕鱼工具。学者普遍认为，1970 年在浙江温岭发现的长

---

① 林华东：《浙江通史》第 1 卷 "史前卷"，浙江人民出版社 2005 年，第 177 页。
② 图片来源：宁波旅游网（http：//www.gotoningbo.com），2012 年 9 月 20 日。

7.1 米，中宽 1.1 米，舱深 0.5 米，舟体有用刀斧、火烧加工的独木舟是春秋战国以前的遗物。独木舟的出土表明，早在新石器时代，浙江沿海地区的原始锄耕、渔猎，尤其是捕捞业已相当发达，这为浙江海洋饮食文化的发展奠定了基础。

春秋战国时期，浙江沿海捕捞业迅速发展，推进了海洋饮食文化的兴盛。《管子·禁藏篇》载："渔人之入海，海深万仞，就彼逆流，乘危百里，宿夜不出者，利在海也。"《荀子·王制篇》载："东海则在紫紶、鱼盐焉，然而中国得而衣食之。西海则有皮革、文旄焉，然而中国得而食之。故泽人足乎木，山人足乎鱼。"说明当时鱼产品可能是沿海与内地进行交换的商品。《史记·货殖列传》载："楚越之地，地广人稀，饭稻羹鱼，或火耕而水耨，果随嬴蛤，不待贾而足，地势饶食，无饥馑之患。是故江、淮以南，无冻饿之人，亦无千金之家。"表明楚越沿海鱼贝资源丰富，沿海人民善于利用海洋资源。据史料记载，吴王在海上作战时曾令兵士大量捕捉石首鱼充军食，吃剩剖晒后带回。"吴王回军，会群臣，思海中所食鱼，问所余何在，所司奏云：'并曝干。'王索之，其味美，因书美下著鱼，是为鲞字"①。

秦汉以来，浙江沿海人口增多，捕捞业也相应得到发展。史称当时浙东沿海一带居民"喜游贩鱼盐"②，渔产品大量进入流通领域。西晋末年，黄河流域一带混战不已，生产遭到极大破坏，而南方则相对安定，于是中原百姓纷纷南迁，其中一部分人迁居到浙江沿海，以海洋捕捞为业。隋唐开通京杭大运河，宁波、温州等地海运业拓展，对外经济贸易交往频繁，尤其是五代吴越钱镠建都杭州，经济文化益显发达，商业繁荣，因而有"东南名郡，……势雄江海，……骈樯二十里，开肆三万室"③ 之载。经济的发展，人口的增多，推动了海洋捕捞业的发展。自宋代开始，浙江沿海渔场不仅是"楼橹万艘"、"鱼盐得苏"，而且是"海东时序好"、"千家食大鱼"，海洋饮食文化呈现出多样化发展趋势。如北宋慈溪人舒亶的《和

---

① （宋）范成大：《吴郡志》卷五〇《杂志》，《宋元方志丛刊》本，北京：中华书局，1990 年。

② （宋）胡榘修、方万里、罗濬纂：《宝庆四明志》卷一《风俗》，《宋元方志丛刊》本，北京：中华书局，1990 年。

③ （唐）李华：《李遐叔文集》卷四《杭州刺史厅壁记》，《四库全书》文渊阁本。

马粹老四明杂诗聊记里俗耳十首》（其七）描述宁波黄鱼菜："稻饭雪翻白，鱼羹金斗黄。鲒埼千蚌熟，花屿一村香。海近春蒸湿，湖灵夜放光。北窗休寄傲，大隐即吾乡。"①"金斗黄"道出了黄鱼羹的诱人色泽，可见当时海鲜的制作已经相当成熟。宋室南渡，北方名流、达官贵人和百姓大批迁入浙江，其烹饪文化也传入浙江，使南北烹饪技艺得以广泛交流，推动了以杭州为中心的南方饮食文化的创新与发展。据《梦粱录》卷十六"分茶酒店"记载，当时杭州城内酒楼林立，"遍布街巷，触目皆是"，烹调风味南北皆具，诸色菜肴有 280 多种，各种烹饪技法达 15 种以上，以蒸、煮、煎、炸、烹、生、脍、糟、腌、酱、醉等方法制作的海鲜菜肴及鲞、鲊等上百种，且多以宁波等地所产的海鲜制作。

明清时期是浙江海洋饮食文化迅速发展的时期。明代梦觉道人在《三刻拍案惊奇》一书中对此曾有形象描述："浙江一省，杭、嘉、宁、绍、台、温都边着海。这海里出的是珊瑚、玛瑙、夜明珠、砗磲、玳瑁、鲛绡。这还是不容易得的对象，有两件极大利，人常得的，乃是鱼盐。每日大小鱼船出海，管什大鲸、小鲵，一罟打来货卖。还又有石首、鲳鱼、鲫鱼、呼鱼、鳗鲡各样，可以做鲞；乌贼、海菜、海参，可以做干；其余虾子、虾干、紫菜、石花、燕窝、鱼翅、蛤蜊、龟甲、吐蚨、风馔、蟳涂、江鳐、鱼螵，哪件不出海中，供人食用、货贩。至于沿海一带，沙上各定了场，分拨灶户刮沙沥卤，熬卤成盐，卖与商人。这两项，鱼有鱼课，盐有盐课，不惟足国，还养活滨海人户与客商，岂不是个大利之薮"②。浙江沿海丰富的渔业资源不仅是沿海百姓世代赖以生存的物质基础，而且直接影响着他们的生活与生产方式。如明代定海、奉化、象山一带的沿海贫民，视大海为谋生之道，史载："向来定海、奉、象一带贫民，以海为生，荡小舟至陈钱下八山，取壳肉紫菜者，不啻万计。"③ 每到汛期，"宁、台、温人相率以巨舰捕之，其鱼发于苏州之洋山，以下子故浮水面，每岁三水，每水有期，每期鱼如山排列而至，皆有声"④。每年四月左右，各地渔

---

① （宋）张津：《乾道四明图经》卷八，《宋元方志丛刊》本，北京：中华书局，1990 年。

② （明）梦觉道人：《三刻拍案惊奇》第二十五回《缘投波浪里 恩向小窗亲》，北京：北京燕山出版社，1987 年，第 342 页。

③ （明）陈子龙等：《皇明经世文编》卷二七〇《御倭杂著·倭寇论》，上海：上海古籍出版社，1996 年。

④ （明）王士性：《广志绎》卷四《江南诸省》，北京：中华书局，1981 年。

船汇集于定海岱山和衢山两岛，其船舶数量超过千艘，渔民达万人以上。对舟山渔汛期渔业生产的壮观场面，明末清初镇海著名学者谢泰定的《蛟川形胜赋》有生动描写："时维四月，则有蛎水春来，黄花石首绵若山排，声若雷吼。千舟鳞集，万橹云流。登之如蚁，积之成邱。已而罨鼓震天，金锣骇谷。渔舟泊岸，多于风叶之临流；网罟张崖，列若飞凫之晒羽。金鳞玉骨，万斛盈舟；白肪银胶，千门布席。……浙闽则渔利之普遍，又岂得穷而尽者乎?"①

民国时期，浙江海鲜饮食业的发展十分迅速，仅在宁波三江口闹市区，当时规模较大的酒楼饭店就有40多家。面对激烈的竞争，各店纷纷聘请名厨掌勺，推出各自的风味特色菜，久而久之形成了"六帮三馆"的格局。"六帮"中有甬帮菜馆状元楼、中央楼、晋江楼、太华楼等6家；徽帮菜馆有知味馆、老长兴、天香楼、杭州饭店等4家；绍帮菜馆有泰性楼、三阳楼、元和楼、真绍兴等5家；京沪帮菜馆有梅龙镇、新三泰、好莱坞、大中华、大鸿运等7家；天津帮菜馆有天津味一家。所谓"三馆"，是指野味馆、清真馆、素食馆。较有名气的小吃店有缸鸭狗汤团店、陈万兴点心店、大丰仁羊肉粥店等。宁波菜随着宁波商业的外向发展而饮誉上海、江苏，甬帮菜馆也纷纷走出宁波，向外拓展。特别是由于宁波与上海地域相近，人缘相亲，宁波人在上海开店也最多。如宁波人经营的"甬江状元楼"、"四明状元楼"、"鸿运楼"等，在上海颇有名气，受到消费者的赞誉，生意十分兴隆。

第二节　浙江海鲜饮食文化特点

丰富的海鲜资源，独特的地域条件和人文环境，使浙江海鲜饮食文化在中华饮食文化体系中自成一体。其特色主要体现在以下几个方面。

一、海鲜资源得天独厚，品种多样

浙江沿海区域独特的地理位置，辽阔的港湾浅海及滩涂，优越的水文条件、生物资源，为形成独特的海洋饮食文化提供了基础。

---

① （清）于万川修：《光绪镇海县志》卷二《形胜》，上海：上海古籍出版社，1995 年。

浙江沿海在历史上就以盛产海鲜而闻名。据温州市图书馆古籍部现存明弘治《温州府志》记载，温州辖区自宋元以来内土贡水族：永嘉有石首鱼、水母线、虾米、鲻鱼、壳菜（贻贝）、龟脚；瑞安有石首鱼、鳘鱼、鲈鱼、虾米、鳗鱼、鲻鱼、水母线、黄鲫鱼；乐清有水母线、石首鱼、鳘鱼、鲈鱼、鲻鱼、黄鱼、脊鱼、石发菜、虾米、龟脚；平阳有龙头鱼、石首鱼、虾米、鳗鱼、鳘鱼。明万历《温州府志》也载温州土贡石首鱼、龙头鱼、黄鲫鱼、鳘鱼、鲈鱼、鲻鱼、鳗鱼、虾米、龟脚、壳菜、石菜、水母线等。以上土贡，至明世宗嘉靖年间因华盖殿大学士张孚敬奏罢之。据《舟山市志》统计，舟山渔场水产资源丰富，共有鱼类 365 种。其中属暖水性鱼类 49.3%，暖温性鱼类占 47.5%，冷温性鱼类占 3.2%。虾类 60种，蟹类 11 种，海栖哺乳动物 20 余种，贝类 134 种，海藻类 154 种。舟山渔场水产品种类极为丰富，尤其是食用价值、经济价值高的鱼虾蟹贝藻类，其品种之多、产量之高，不仅在国内渔场，甚至在世界渔场中也是屈指可数。舟山渔场主要的捕捞对象，鱼类有大黄鱼、小黄鱼、带鱼、鳓鱼（鲞鱼）、银鲳（鲳扁鱼）、海鳗（鳗鱼）、蓝点马鲛（马鲛鱼）、鲵鱼、黄姑鱼（黄婆鸡）、棘头梅童（大头梅童）、石斑鱼、鲐鱼（青鲇）、沙丁鱼、龙头鱼（虾潺）、白斑星鲨、双髻鱼、扁鲨、犁头鳐、黄魟、弹涂鱼等；甲壳类有三疣梭子蟹、哈氏仿对虾（滑皮虾）、鹰爪虾（厚壳虾）、葛氏长臂虾（红虾）、中华管鞭虾（大脚黄蜂）、中国毛虾（糯米饭虾、小白虾）、日本对虾（竹节虾）、细螯虾（麦杆虾）、鲜明鼓虾（强盗虾）等；头足类有曼氏无针乌贼（墨鱼）、中国枪乌贼（踞贡）、太平洋褶柔鱼（鱿鱼）等；腔肠类有海蜇；爬行类有海龟、棱皮龟；哺乳类有海豚（拜港猪）。除此之外，还有多种藻类、软体动物栖息生长于此。藻类如浒苔、江蓠、紫菜、石花菜、羊栖菜、海萝、裙带菜等；软体动物主要有厚壳贻贝、泥螺、缢蛏、毛蚶、牡蛎、彩虹明樱蛤、蛸，以及近年发现的典型暖水性珍珠贝、斑节对虾等[1]。宁波沿海是中国盛产海鲜的主要区域之一，黄鱼、带鱼、墨鱼、石斑鱼、香鱼、弹涂鱼、海鳗、梭子蟹、海虾、蚶子、蛏子、牡蛎、泥螺、贡干、海蜇、海带、苔菜等各类海鲜一应俱全。

① 翁源昌：《论舟山海鲜饮食文化形成发展之因素》，《浙江国际海运职业技术学院学报》，2007 年第 3 期，第 35—39 页。

据不完全统计，仅象山县，海水鱼类就约有440种，蟹虾80余种，贝类100余种，海藻类及其他海产品数十种。其中大小黄鱼、带鱼、鲳鱼、梭子蟹、对虾、石斑鱼以及墨鱼、鲍鱼、贻贝等，更是声名远扬①。

得天独厚的海鲜资源，为浙江海鲜饮食文化的发展奠定了坚实的基础。

二、烹调方法多种多样，擅长炒、炸、烩、熘、蒸、烧

清代袁枚《随园食单·火候须知》曰："熟物之法，最重火候。"火候对菜品具有决定性作用。浙菜常用的烹调方法有30余种，因料施技，注重主配料味的配合，口味富有变化。其所擅长的六种技法各有千秋：炒以滑炒见长，要求快速成菜，成品质地滑嫩，薄油轻芡，清爽鲜美不腻；炸的菜品外松而内嫩，火候恰到好处，以包裹炸、卷炸见长；烩的技法所制作的菜肴，汤菜融合，原料鲜嫩，汤汁浓醇；熘的技法所制作的菜品脆（滑）嫩滋润，卤汁醇香，风味独特；蒸的技法所创作的菜品讲究火候，注重配料，主料多需鲜嫩腴美之品，突出原料的鲜美纯真之味；烧的技法所烹制的菜品，更以火工见长，原料要求焖酥入味，浓香适口。另外，浙江人有喜食清淡鲜嫩的习惯，以品尝海鲜本味。如烹制鱼类时，多以过水为熟处理程序，约有三分之二的鱼菜是以水为传热介质烹制而成，突出了鱼类鲜嫩味美的特点。同时，由于浙江沿海及海岛居民常年生活在海上，养成了生吃盐腌制海产品的习惯。他们喜将新鲜的梭子蟹、虾、泥螺腌制，做成蟹酱、呛蟹、蟹股、咸泥螺等。渔民也爱吃糟鱼，他们将新鲜的带鱼、黄鱼、鳗鱼、鲳鱼、墨鱼洗净、晾干，放入盛有酒糟及盐卤水的容器中浸腌，然后蒸而食之，其味香醇，也便于贮存。也有用白酒醉海鲜，俗称"醉鱼"、"醉泥螺"。

宁波制作海鲜十分讲究原料的"细、特、鲜、嫩"，烹调方法多样，常用的有30多种，其中最擅长的是炒、炸、烩、熘、蒸、烧、腌、燠8种。"燠"是指依靠文火焖烧的一种烹调方法，是宁波人首创且富有特色的一种烹饪方法，代表菜肴有雪菜大黄鱼、黄鱼羹等。温州地处浙南沿

---

① 《象山海鲜餐饮：缘何饮誉"长三角"（上篇）》，中国宁波网·象山支站（http://www.nbxs.gov.cn），2004年9月7日。

海，古称"瓯"。"瓯"菜多以海鲜入馔，口味清鲜、淡而不薄，烹制方法上以爆、炒见长，轻油、轻芡，注重原料的刀工成形，具有自成一体的饮食风格。其代表菜有三丝敲鱼、爆乌鱼花、锦绣鱼皮、马铃黄鱼、网油黄鱼等。

三、海鲜饮食文化内涵丰厚

浙江海鲜饮食不仅品种多，色香味形俱全，而且其中还往往伴有优美动人的传说与典故，是我国饮食文化中一道靓丽的奇葩。如象山"海鲜十六碗"，每道菜均配有一首诗、一个传说，生动而形象。象山的龙头烤无骨无刺，肉鲜味美，驰名遐迩，而龙头烤作为贡品进京的故事，充分表现了渔民的机智勇敢，统治者的昏庸无能。关于黄鱼，传说海龙王有一次搞游泳比赛，鱼儿们都说黄鱼会稳拿第一名，它不但有金子般的鳞，游泳时也最快。黄鱼听了夸奖后飘飘然，以为自己肯定能拿冠军，但万万没想到软弱的虾屏最终不但击败了黄鱼，还使黄鱼的脑门嵌入了两粒小石子，留下了后遗症。关于箬鳎鱼，传说它为毛常鱼与七星鱼撮合婚姻大事，由于草率从事，结果吃了毛常鱼一巴掌，结果嘴巴被打歪，双眼也被打到了一边。跳鱼（弹涂鱼）更有一段富有传奇色彩的故事。据说南宋末年，皇帝赵昺和群臣被元兵追杀，逃到象山一个小渔村想讨口饭吃。但由于连年战乱，田园荒芜，主人拿不出粮食招待客人，情急之下，只好将刚捕到的弹涂鱼连同集市上买来的豆腐块一起放在冷水锅里烧煮。水温渐高，弹涂鱼便使劲往豆腐块里钻。待煮熟后，主人掀开锅盖，惟见豆腐在清汤中间，却不见弹涂鱼踪影。直到进餐时，才发现弹涂鱼钻藏在豆腐块内。赵昺吃后，觉得此菜鲜美异常，便问主人，主人只好道出实情。赵昺听后一时兴起，便赐名"御膳白玉羹"[①]。

辣螺，尤其是腌制的"辣螺酱"，味道鲜美，它的故事也颇耐人寻味。传说南宋末年，石浦沙滩附近有一个美丽善良的渔家姑娘，以拾辣螺为生，人称"辣螺姑娘"。一次，"辣螺姑娘"在沙滩拾螺时救起一外地受伤男子，并带回家中悉心照料，那男子就是南宋大臣陆秀夫。在疗伤期间，陆秀夫和"辣螺姑娘"渐渐地互生爱慕之心。不幸的是，陆秀夫走后，

---

① 《文化味浓浓的鱼美食》，中国象山港（http://www.cnxsg.cn），2011年5月23日。

"辣螺姑娘"被当地渔霸看中，并强迫成亲。娶亲当日，"辣螺姑娘"以死抗争，投海身亡，这一日恰为农历三月初三。然而，以身殉情的"辣螺姑娘"冤魂不散，变成辣螺，每年此日都会爬上沙滩，翘首北望，等候情人归来践约。后陆秀夫在广东崖山投海殉难，也许是不忘当年与姑娘之约，其尸体也漂至此地。从此后，每逢三月初三日，村民们便齐聚到沙滩，纪念这对忠贞不渝的恋人，"三月三，踏沙滩"遂衍化成为象山民间的传统活动①。

海鲜饮食丰富的文化内涵，折射出一方人的情怀，它使人们在享受海鲜之美味的同时，感受到当地独特的文化。

第三节　浙江海鲜饮食文化资源的开发

浙江沿海海域广阔，海洋资源丰富，在沿海居民数千年的生产和生活中，形成了悠久而灿烂的海鲜饮食文化，其间凝结着人们的情感和愿望，具有浓郁的地域特色。在当代，随着人们生活水平的提高，浙江海鲜饮食文化资源得到了普遍开发，向世人展现出其独特的魅力。

一、海鲜饮食文化品牌

浙江海鲜资源丰富，海之风，鱼之韵，是大海的骄傲，也是浙江的骄傲。浙江沿海人民在享受美味海鲜的同时，又不断赋予其新的文化内涵，从而初步形成了自身的海鲜饮食文化品牌。

（一）象山（石浦）海鲜十六碗

象山（石浦）海鲜"十六碗"包括生泡银蚶、鲜呛咸蟹、五香熏鱼、大烤目鱼4道冷菜，三鲜鱼胶、芹椒汤鳗、脆皮虾孱、双色鱼丸、渔家白蟹、盐水白虾、清炖鲻鱼、葱油鲳鱼、红烧望潮、雪菜黄鱼、菜干鳓鱼、滑炒鱼片12道热菜，主要具有以下几大特色（图3-2）：

1."鲜"名

海鲜十六碗，出自十八里港湾的象山石浦。这座拥有600多年历史的

---

① 徐颖峰、肖康焕：《三月三，踏沙滩》，浙江在线新闻网站（http://www.zjol.com.cn），2007年2月27日。

渔港古城，其灶头上的美味，依然鲜溜诱人。当地仍流传着这样的民谣："来到丈母家，丈母端出十六碗。"随着时光流转，"十六碗"虽经几度创新，但"透骨新鲜"依旧是其精髓之所在。

2. "鲜"历

浙江饮食文化源远流长，过去讲究"筵席菜"的礼仪化，宴请是根据客人身份等级来定菜谱的，如十大碗、八盆八碗等，而"十六碗"在当时就已经成为招待贵宾的上等菜谱。如今虽摒除了旧制，但"十六碗"海鲜菜肴还是流传了下来。十六碗的菜谱因年代时有变动，现在的"十六碗"是通过群众评选、专家评审，从26道代表象山海鲜的菜肴中评选出来并"定名"的。

3. "鲜"味

海鲜"十六碗"一如象山的其他海鲜，食材上追求绿色、地道、鲜活；烹制上以炒、炸、蒸等技法见长，做到因材施技，使口味多变而鲜味不失。如生泡银蚶是"十六碗"中的第一道冷菜。银蚶，个大壳薄肉厚，肉质极嫩，为保其生鲜，当地人取用粗铅丝篓，把银蚶置于其中，放入沸水锅中清煮，通过反复摇动篓子，将其烫熟。品尝时，按个人口味蘸上拌入葱、姜、蒜、麻油、酱油的佐料，或清蘸醋。关于银蚶的吃法，袁枚《随园食单·水族无鳞单》中记载："蚶有三吃法：用热水喷之半熟，去盖、加酒、秋油醉之；或用鸡汤滚熟，去盖入汤；或全去其盖作羹亦可，但宜速起，迟则肉枯。"如今象山银蚶仍然保持着这些烹调方法，技法多变、口味多样而鲜味不变。

4. "鲜"闻

海鲜"十六碗"不仅色香味俱全，赏心悦目，当你坐在海鲜街观海听风、品尝美味时，眼前诱人的菜色不仅中"看"、中"吃"，还中"听"。"轻舞软肢逐浪游，海边夜夜望潮头；飞来海马擒将去，八足捧头作珍馐。"[①]描述的就是"十六碗"中的"红烧望潮"。"八足捧头作珍馐"，是对烹熟后望潮球形身躯配上卷曲触角的形象刻画。望潮，又名短腿蛸、短脚章、短爪章，较章鱼、墨鱼触角短。传说望潮曾和墨鱼

---

① 转引自宁波旅游网（http://www.gotoningbo.com/zx/sznb），2012年4月23日。

一样有八条长足，由于贪懒贪睡而被困于海滩泥洞中，未能及时和墨鱼游往温暖的南方。因饥饿难捱，望潮吃了自己的八足，仅剩下光溜溜的体腔。所以沿海渔民中间流传着"九月九，望潮吃脚手"的谚语。这样的诗话、传说几乎每道菜中都有。如今"十六碗"不但配有一诗一传说，而且还把歌舞融入其中，发展成为一菜一诗一歌一舞一传说。人们在享受海鲜大餐的同时，又享受了一次别样的文化盛宴。这些经过重新发掘创新的民俗，不仅把象山石浦的海鲜送出了象山港，而且也把渔文化一并传向外界。

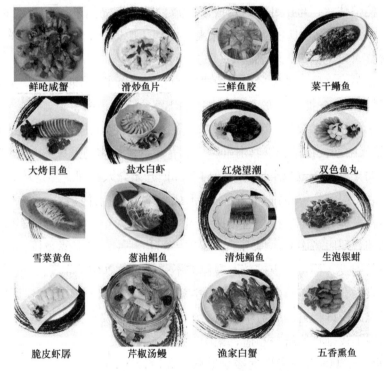

鲜呛咸蟹	滑炒鱼片	三鲜鱼胶	菜干鳓鱼
大烤目鱼	盐水白虾	红烧望潮	双色鱼丸
雪菜黄鱼	葱油鲳鱼	清炖鲻鱼	生泡银蚶
脆皮虾屑	芹椒汤鳗	渔家白蟹	五香熏鱼

图 3 - 2　象山（石浦）海鲜十六碗①

（二）沈家门海鲜夜排档

沈家门夜排档依山傍海，坐落在号称"世界三大群众性渔港"之一的沈家门渔港边，以观海景、尝海鲜、购海货为特色。每当夜幕降临，近处

①　图片来源：乡村旅游网·浙江（http：//tour. zj. com），2013 年 2 月 19 日。

的灯火和远处的渔火交相辉映，滨港路上，夜排档摊位呈"一"字排开，摆满了海鲜的水台，有大黄鱼、石斑鱼、比目鱼、带鱼、鲳鱼、鱿鱼等鱼类，虾、蟹、鲎等甲壳类，淡菜、蛏子、海螺等贝类，各类海鲜应有尽有。沈家门夜排档全长约 1 000 米，每年吸引着大批中外游客，是舟山旅游业中的一张王牌，浙江省首条"中华美食名街"。

沈家门夜排档有着悠久的历史。早在清朝中期，沈家门便形成了热闹的街市，曾有"市肆骈列，海物错杂，贩客麇至"的记载，素有"小上海"、"活水码头"的美誉。每逢渔汛，沿海十几个省市的几十万渔民云集港内，桅樯林立，鱼山虾海，形成了一道独特的海岛渔港景观。当地人也喜欢把小饭桌往家门口一摆，在凉爽的海风下吃晚饭，过着"南风吹吹，烧酒醉醉，鱼鲞扒扒，老酒喝喝"的休闲生活。

新中国成立后，沈家门海鲜夜排档的发展经历了四个阶段：一是20世纪80年代末，一批下岗职工为谋求生活出路，自发设摊，主要服务对象是劳作归来的渔民和夜晚休闲纳凉的本地居民，未纳入政府管理。二是20世纪90年代中期，夜排档以其海鲜特色和普陀渔民好客的民风逐渐吸引了外地游客的光顾，摊位越来越多，政府各部门开始介入管理。三是从2003年开始，为了提升海鲜夜排档的档次，形成有地方特色并具备一定知名度的海鲜美食品牌，海鲜夜排档曾委托给当地一家餐饮企业进行管理，同时成立夜排档管理服务中心。但由于企业行为的趋利性，对海鲜夜排档的卫生及服务设施投入不足，夜排档发展停滞不前。四是2005年以后，政府把夜排档个人拥有的设施设备由国资公司统一收购，财产设备所有权属国有，监督管理由夜排档管理服务中心负责，保管使用权按有关规定属于相关摊位，实现了夜排档的统一打造，集中管理。

2008至2009年，普陀区委、区政府先后投入3 000余万元，对夜排档进行提升改造。如邀请英国著名的设计师对夜排档的外形进行整体设计，采用超轻钢结构、橙色为主的铝板包装，顶内外装饰卡通式鱼类造型，南北玻璃门窗通透视觉，并辅以现代灯光照明，使外形更加美观，整体可抗14级台风，实现了全天候营业。同时，统一配置设施，重视夜排档的卫生安全，所用设备设施由夜排档管理中心统一配置，如炉灶、样品台、煤气、海鲜展示台、餐桌、餐具、台布、椅子等，定时进行更新更换，并配置餐具炊具消毒设备，实行粮油定点采购，确保洁净卫生，让游客放心享用海鲜美食。改造后的夜排档，既是游客凭海临风把酒执箸的休闲场所，又是十里渔港一道靓丽的风景线（图3－3）。2009年，海鲜夜排档共接待游客97万人次，营业额达7 800万元①。

图3－3　沈家门海鲜夜排档②

（三）洞头海鲜药膳

药膳在中国已有数千年历史，然而作为海鲜药膳，它具有很鲜明的地域性。洞头县由103个岛屿组成，千百年来，岛与岛之间互不相连，大部分属无植被无人居岛，但渔民却不得不在这些岛上进行生产与生活。由于海岛特殊的自然环境，渔民出海时间长，劳动强度大，饮食单一，又要经受风浪吹打，烈日暴晒，因而常常患上各种疾病。为了生存及救死扶伤，海岛人通过千百年的探索及生活经验的积累，不少民间单方应运而生。而这些民间单方又都是以海洋生物作为药材，并以药膳的形式，通过千百年的口头传承流传至今。洞头列岛著名海鲜药膳有陈墨鱼干炖清汤、清炖安康鱼、清蒸凤尾鱼（刀鱼）、清炖黄鱼、鲨煮清汤等。

1. 陈墨鱼干炖清汤

陈墨鱼干，俗称陈乌贼干，有治疗虚火、咳嗽、口腔溃疡、牙龈疼

---

① 《沈家门海鲜夜排档转型升级　促普陀旅游服务业品牌提升》，王朝网络（http：//www. wangchao. net. cn），2010年8月12日。

② 图片来源：中国·普陀网（http：//www. zjputuo. gov. cn），2010年2月11日。

痛、视力下降的功效，人称"动物人参"。洞头岛渔民千百年来沿袭着一种存放陈墨鱼干的习俗，长辈健在时就要做一对"寿方"，也就是棺材。根据当地民俗，"寿方"加上盖后就不可随意开启，因为"寿方"在老人健在时意味着老人健康长寿，如果随意开启，寿方的主人就会不吉利。因此，渔家存放在"寿方"中的墨鱼干长则几十年，短则十几年。由于"寿方"材料上乘，做工精细、密封，又放置在楼阁，因此在正常情况下，墨鱼干数十年不会变质。当老人过世，家人开启"寿方"时，同时取出墨鱼干。这一药膳的主要材料是陈墨鱼干、咸蛋、黄花菜干。做法：取陈墨鱼干 50 克，切成薄片，咸蛋一个，少许黄花菜干，放入适量水，用文火炖30 分钟即可食用。

2. 清炖安康鱼

安康鱼，洞头人俗称哈巴鱼，此鱼头大口大尾短，形如哈巴，鱼身无鳞，皮上能分泌出一种黏蛋白，全身软骨。此药膳的主要材料是安康鱼、姜片、食盐。做法：取 1 000 克重的安康鱼一条，去皮与内脏，留子及鱼肚，切成若干块，放入适量清水，用文火炖 20 分钟即可。有治疗虚火上升、牙龈疼痛的功效。

3. 清蒸凤尾鱼（刀鱼）

主要材料是凤尾鱼、姜片、食盐。做法：取若干条 50 克重的凤尾鱼，留鱼鳞，去内脏，放少许盐、姜片，清蒸 20 分钟即可。有美容、补血、暖胃及提高免疫力的功效。

4. 清炖黄鱼

主要材料是黄鱼、食盐、葱末。做法：取 500～600 克重黄鱼一条，去鳞及内脏，留胶，切若干段，加少许食盐，用文火炖 30 分钟，食用时加少许葱末。有治疗虚火上升及明目的功效。

5. 鲎煮清汤

主要材料是鲎、食盐。做法：取 1 000 克重鲎一只，去内脏。锅放清水烧开后，将鲎肉、卵、蛋青（鲎体内一种物质）放入，并要边放边用锅铲铲之，以防沉淀烧糊。煮烧熟立即起锅，放少许食盐即可。有美容、提高免疫力的功效。

除此之外，还有蒸鲨鱼鲞、海马泡酒、古呆鱼炖老酒等多种海鲜药膳。据统计，洞头县有近百道海鲜药膳配方。现在洞头人宴席的菜肴中，都会保持2～3道海鲜药膳宴请客人，平常家中也经常烧制一些海鲜药膳菜肴让家人食用。

海鲜药膳取材方便，做法简单，美味可口，有很好的食疗食养保健作用，具有较高的科学研究价值，是浙江重要的海洋非物质文化遗产之一①。

二、海鲜美食节庆

近年来，浙江沿海各地在充分挖掘海鲜资源、打造饮食文化品牌的同时，还通过举办各种海鲜节庆活动，以带动饮食业与旅游业的发展。

（一）中国舟山海鲜美食文化节

中国舟山海鲜美食文化节是舟山市三大旅游节庆之一，首届创办于2003年7月，由舟山市人民政府主办，舟山市旅游局等承办。中国舟山海鲜美食文化节的宗旨以"中国海鲜，吃在舟山"为理念，挖掘和弘扬具有浓郁海洋海岛特色的海鲜美食文化，系统地宣传推介舟山的特色海鲜美食，推动舟山旅游业和餐饮业的发展。

海鲜美食旅游是舟山海洋旅游的特色之一，也是舟山旅游的主打产品。舟山群岛地处东海渔场的中心区域，素有"海天佛国"、"中国渔都"、"中国海鲜之都"之美誉。舟山海鲜美食文化节至今已成功举办10余届，每届都有不同的主题。节日期间，主要有美食文化周、家庭烹饪大奖赛、舟山名菜评选、舟山海鲜火锅品鉴会、华东海鲜烹饪大奖赛等活动，并举办海鲜美食文化论坛。

（二）象山海鲜节

象山县位于浙江东部、宁波市南翼，三面环海，境内陆多秀峰，海多岛礁，气候适宜，风光旖旎，素有"海山仙子国，万象画图里"之美誉。象山海域广阔，滩涂遍布，海鲜资源极为丰富，是全国海水水产的重要基地之一。象山的海水鱼类有440多种，蟹、虾类80余种，贝类100余种。象山海鲜品质佳、风味独特，在十大名菜中，"丰收螺号"、"海中花"、"群龙绣球"、"开渔之喜"等菜肴制作精美，犹如精美的工艺品；在十大

---

① 《海鲜药膳资料》，百度文库（http://wenku.baidu.com），2012年1月31日。

家乡菜中，"象山咸包蟹"、"泗洲头蟹土豆羹"、"墙头红烧望潮"等充满了乡土气息；在十大特色小吃中，"米馒头"、"红头团"、"萝卜团"等各色点心玲珑精致，令人垂涎欲滴。

以"品尝象山海鲜，领略海洋风情"为特色的象山海鲜节始于 2003 年 7 月，至今已举办 10 届，内容有沙滩民间民俗活动、渔家服饰展示、帆板表演、捕鱼捉蟹等活动。"象山海鲜美食节"以不同的表现形式展示象山风情和海鲜美食，通过象山海鲜产品展销展示、象山海鲜美食品尝、象山海鲜美食风情游等项目，挖掘、创新象山海鲜餐饮特色，弘扬地方饮食文化，以进一步打响象山海鲜餐饮品牌，推进象山餐饮业更快发展（图 3 －4）。除了在象山本地举行各种节庆外，分布在沪杭甬的象山海鲜酒店也联手行动，推出特色海鲜美味，进一步扩大象山海鲜的对外知名度。

图 3－4 以"品尝象山海鲜，领略海洋风情"为特色的海鲜节①

① 图片来源：新浪新闻（http：//news.sina.com.cn），2008 年 12 月 21 日。

第四章　浙江海洋旅游文化资源

从世界范围来看，海洋旅游不仅历史悠久，而且在现代旅游业中更是扮演着重要角色，有着巨大的发展潜力。海洋旅游的魅力，一则来自于大海雄奇的自然景观，二则来自于海洋文化所孕育的建筑、聚落、文学艺术、科技、民俗、宗教等人文因素。浙江在自然条件方面具备阳光、沙滩、海水、海鲜四种发展海洋旅游的基本要素，同时拥有极为丰富的海洋历史遗存遗址和海洋信俗等人文资源，这是浙江发展海洋旅游业的基础。浙江海洋旅游业要持续发展，必须在保护的基础上，大力开发海洋文化资源。

第一节　浙江海洋旅游与海洋文化

海洋旅游是指在一定的社会经济条件下，依托海洋，以满足人们精神和物质需求为目的而进行的海洋游览、娱乐和度假等。21 世纪是海洋世纪，是人类大规模开发与利用海洋资源、发展海洋经济的重要时期，海洋旅游作为新兴朝阳产业，在海洋经济和旅游产业体系中的地位日益突出。诚然，海洋旅游离不开海洋自然景观，但旅游的灵魂是文化，海洋旅游只有依托文化，充分挖掘文化内涵，才具有吸引力和生命力。

一、浙江海洋旅游发展概况

海洋旅游突出海洋的特征与个性，彰显大海的风情与魅力，相较于其他旅游产品形式，更能迎合现代社会背景下人们的精神需求。当前，海洋旅游已发展成为主流旅游类型之一，海洋旅游产业也因此而显示出强劲的增长态势。从世界范围来看，国际最著名的旅游度假胜地几乎都位于海滨和海岛地区，尤其是海岛地区，更是海洋旅游的黄金地域。自 20 世纪 60 年代美国开发建设夏威夷群岛，成为世界注目的焦点。印度尼西亚的巴厘岛、泰国的普吉岛、马尔代夫群岛已成为蜚声世界的海洋旅游休闲度假基地。马来西亚政府把蓝卡威划为免税港，使蓝卡威成为吸引世界游客和投资商的新选择。

浙江是海洋大省，海洋资源是浙江最大的优势资源之一，是实现浙江经济社会可持续发展的重要战略资源依托，也是浙江未来发展的重要战略空间所在。改革开放以来，浙江省海洋经济先后经历了"开发蓝色国土"、"建设海洋经济大省"和"建设海洋经济强省"等发展阶段，取得了令人瞩目的成就，海洋经济综合实力明显增强，海洋产业结构不断优化，沿海与海岛基础设施日趋改善。浙江拥有丰富的旅游资源（表4-1），海洋旅游业起步较早。但自20世纪90年代以来，由于过度捕捞，浙江沿海渔业资源呈现衰退趋势，休闲渔业等三产开发被提上了议事日程。如舟山在1999年充分利用海洋资源，举办全国独一无二的沙雕节，当时有15万游客拥入朱家尖南沙海滨。几届沙雕节办下来，舟山不仅打响了旅游品牌，而且为旅游相关产业带来了2亿元的社会联动效益。2006年，该市的旅游总收入达到91.52亿元。至2012年，旅游总收入增至266.76亿元①。象山县早在1998年就提出了"开发海洋旅游"的口号，海上风情园、红岩景区、金沙湾度假村等一批新景点吸引了众多游客。近年来，游泳、烧烤、张网、垂钓、观海听潮、野外求助等各种参与性、实践性和超前性的旅游内容进一步充实到当地海洋旅游中，深受游客欢迎②。2013年象山县接待游客1 300万人次，旅游经济收入121亿元，同比分别增长约40%和30%③。

表4-1　浙江沿海城市旅游资源单体等级表　　　　单位：个

地区	五级	四级	三级	二级	一级	优良级	合计
全省	252	678	2 987	6 708	9 645	3 917	20 270
杭州	41	83	351	824	1 407	475	2 706
宁波	27	63	298	470	1 042	388	1 900

---

① 《舟山市2012年国民经济和社会发展统计公报》，上海统计（www.stats-sh.gov.cn），2013年4月11日。

② 《海洋旅游经济》，互动百科（http://www.baike.com），2010年4月10日。

③ 《2013年我县接待游客1300万人次》，象山旅游网（www.xstour.com），2014年1月2日。

地区	五级	四级	三级	二级	一级	优良级	合计
温州	25	96	528	1 015	1 615	649	3 279
嘉兴	16	56	246	510	328	318	1 156
绍兴	26	73	258	485	1 019	357	1 861
台州	16	48	228	747	743	292	1 782
舟山	17	49	155	369	271	221	861

注：五级、四级、三级旅游资源为优良级旅游资源。

资料来源：《浙江海洋旅游发展报告（征求意见稿）》。转引自周世锋《海洋开发战略研究》，浙江大学出版社，2009年，第157页。

目前，浙江依托海域面积广阔、海洋资源丰富、海岸线长、海岛沙滩众多的优势，已逐步形成了以嵊泗列岛、普陀山、朱家尖组成的国家级海洋旅游风景区，以钱江观潮为特色的旅游项目，基本奠定了"游海水、观海景、买海货、住海滨"的滨海型旅游格局，海洋旅游在全省旅游经济总量中占有近半壁江山。2009年，沿海地区接待国内游客约1.42亿人次，比上年增长13%；海洋旅游总收入约1 346.4亿元，比上年增长12%。海洋旅游业已成为浙江省海洋经济的支柱产业之一（表4－2）。随着舟山大陆连岛工程、杭州湾跨海大桥、温州洞头半岛工程等交通设施，以及凤凰岛度假村等高星级饭店的建设，海洋旅游的进入性和接待能力已大为增强。同时，沿海和海岛地区初步形成了以城市为核心，以国家级和省级旅游功能区为支撑的海洋旅游体系，高等级旅游区包括1个世界地质公园、2个国家地质公园、5个国家级风景名胜区、5个国家级海洋自然保护区（特别保护区）、10个国家森林公园，另有6个省级旅游度假区、18个省级旅游区、17个省级森林公园；初步形成了普陀山"金三角"、舟山沙雕节、象山开渔节等一批知名海洋旅游品牌。

同时，浙江省正积极地在沿海和海岛地区规划布局一批游艇泊位。宁波、温州分别提出建设国际邮轮母港中心，以发展游艇和邮轮经济；平湖九龙山旅游度假区等一批海洋重大旅游项目正在建设中。这些建设项目的落实，将进一步丰富浙江中高端海洋旅游产品。

表4-2 2009年浙江沿海城市主要旅游经济指标情况表

城市	入境旅游人数		外汇收入		国内旅游人数		国内旅游收入		旅游总收入		
	人数(人次)	增减(%)	收入(万美元)	增减(%)	人数(万人次)	增减(%)	收入(亿元)	增减(%)	收入(亿元)	增减(%)	占国内生产总值比重(%)
杭州	2 304 045	4.1	137 995	6.5	5 094	11.9	709	14.8	803	13.6	15.8
宁波	800 548	5.8	48 650	3.8	3 962	14.3	497	19.1	531	17.8	12.6
温州	329 734	3.6	17 797	10.5	2 931	15.1	254	14.3	266	14.1	10.5
嘉兴	556 708	5.1	19 182	1.4	2 492	16.5	216	19.9	229	18.6	11.9
绍兴	431 713	8.3	14 818	8.6	2 851	17.1	242	18.7	252	18.1	10.6
台州	86 514	-16.7	4 964	-29.6	2 887	11.3	227	11.3	230	10.3	11.4
舟山	223 482	5.4	11 379	1.5	1 731	15.7	109	15.5	117	14.3	21.8
全省	5 706 385	5.7	322 358	6.6	24 410	16.8	2 424	18.8	2 644	17.5	11.6

资料来源:《2009浙江省旅游概览》（备注：美元与人民币按照1:6.831换算；国内旅游人数、国内旅游收入不是各市数据简单叠加）。

二、海洋文化与海洋旅游

在滨海地区旅游业迅速发展的同时，我们必须清醒地认识到，与海洋旅游业发达的国家和地区相比，我国海洋旅游在开发规模、层次和服务水平上都有较大差距，丰富的海洋旅游资源尚未创造出与之相适应的社会经济效益。究其原因，文化内涵不足、开发利用水平较低是一个重要因素。

海洋旅游业是一个文化含量较高的经济产业，海洋旅游文化资源是发展海洋旅游业的灵魂。基于寻求享受和发展是旅游者的基本动因所在，因此，只有提高海洋旅游产品、海洋旅游环境的文化含量，才能使海洋旅游业始终处于时代的前列，适应海洋旅游市场不断发展的要求。目前，最具市场影响力的世界级海洋旅游目的地主要在地中海地区、加勒比海地区和东南亚地区，南太平洋地区和南亚地区也迅速崛起，成为海洋旅游的新热点。这些世界级海洋旅游目的地，尽管其开发时间和发展背景各不相同，但共同的特点都是很好地把握和利用了各自的内部条件和外部机遇。大多数世界级海洋旅游目的地都具有优越的自然条件和独特的文化背景。从地中海、加勒比海、东南亚、南太平洋到美国夏威夷和南亚的马尔代夫、斯里兰卡，土著民族的生活方式、多民族交融的文化背景、传统文化积淀与现代时尚元素的结合，不仅成为最有魅力的旅游吸引物，而且成为旅游目的地的独特形象。国外游客到巴厘岛度假休闲的主要目的之一，就是领略其浓郁的地方特色文化；墨西哥坎昆大型海滨度假区则以玛雅文化为中心；而以草裙舞等为代表的土著文化更是夏威夷海滨度假地的主要吸引物之一。

热带、亚热带滨海旅游地区的海滨、海岛风光，其自然特点都是相似的，由纬度不同导致的气候和生物的差异极小；同处温带的滨海旅游区，其海洋自然景观的差异也不明显。这就是所谓的海洋旅游的可替代性。随着世界一体化进程的加快，城市建设和旅游开发的国际化、普遍化、共性化的程度愈来愈高。你有黄金海岸，我有银色沙滩；你有水族馆，我有海底世界；你有国家公园，我有自然保护区；你有海上游乐场，我有滨海游艺园。在旅游业竞争日益激烈的今天，如何使我国滨海地区的海洋旅游产品具有个性特色，已成为提升旅游业的关键。

海岛、海湾、港口的开发不仅仅是个技术利用问题，还有一个文化内涵的挖掘问题。文化是人类社会发展的重要推动力，在旅游开发过程中如果忽视文化内涵，旅游景观就会失去灵魂，旅游业的发展只能处于低层次。文化是旅游业发展水平的标志，我国滨海旅游区只有在海洋文化开发方面有大的突破，才能提升海洋旅游的文化品位。我国的海洋旅游产品只有在国际旅游市场上形成鲜明的中国特色，在国内旅游市场上形成浓郁的地方特色，海洋旅游业才有可能快速、持续发展。

海洋旅游是以海洋文化旅游资源为对象，通过观察、感受、体验海洋文化，满足海洋文化介入与需求冲动的过程。因此，大力开发与海洋密切联系的海滩文化、海岛文化、渔家文化等，将极大地提升浙江海洋旅游产品的文化内涵，增加产品的趣味性和游客的体验感，同时，对普及海洋文化知识、提高全民的海洋意识也具有重要意义。

第二节　浙江海洋旅游文化资源内涵

古往今来，海洋文化资源强烈吸引着渴望了解海洋、认识海洋的人们投入大海的怀抱，分享大海给人类带来的乐趣和恩赐。浙江滨海区域，无论是滨海城市还是海岛、渔村，由于海洋文化历史悠久、丰富多彩，加之内陆文化的辐射和影响，保留了大量的历史文化遗迹；而美丽的海面风光、海岛风光、海滨海岸风光、岩礁风光、海湾风光和海底风光，又为海洋旅游业的发展提供了丰富的自然资源。

一、海洋景观文化资源

滨海旅游胜地不仅气候条件良好，而且往往拥有景观独特的旅游资源和良好的生态环境。一般来说，地学因素是构成风景资源和环境的主体，由于地学形态的多样性，往往使旅游区的环境更加多姿多彩。海洋旅游景观中的海岸景观（海岸景观最有表征意义）、岛屿景观、奇特景观（"海角景观"、"涌潮景观"、"震迹景观"等）、海底景观和山岳景观等，本身是自然现象而不是文化，但当它成为人们欣赏的对象时，就打上了文化的印记。

自然景观的文化内涵属于两大范畴。首先，自然景观属于生境文化范畴。生境文化中的自然美，是人类生活于自然世界，因长期生存而创造，并在相互依赖关系中积淀的美学认知结晶，其文化内涵是人类自然审美移情活动的总结和升华。钱塘潮本是海水的一种周期性运动。古往今来，钱塘江潮作为天文大潮，蔚为奇观，曾激发无数文人墨客的诗兴。李白《横江词六首·其四》有"浙江八月何如此，涛似连山喷雪来"，杜甫《美陂行》有"天地黯惨忽异色，波涛万顷堆琉璃"，苏东坡《观浙江涛》有"八月十八潮，壮观天下无"，刘禹锡《浪淘沙》有"八月涛声吼地来，头高数丈触山回"。大海之美要靠人去领略，但由于审美主体存在的差异，审美活动自然见仁见智。因此，自然美既然因人生成，就不能没有文化的性质。其次，自然景观的附会文化。自然景观附会文化是指那些非自然固有，而将人的主观意志或情感赋予自然的一种文化现象，即人类将自然事物作为某种精神理念的象征物，将自然事物人格化、理性化或神化。附会文化的产生是人类领会自然的一种境域形态，如以自然景物为对象而附会衍生的各种传说或故事，使自然景物在人的情感投射之下充满了灵性。自然景物的人化，或人化的自然景观，拉近了旅游主体（旅游者）与旅游客体（自然景观）之间的距离，增加了旅游活动的文化意味和审美情趣。

浙江沿海地区受地质构造运动的影响，海岸线曲折、沿岸岛屿星罗棋布，拥有诸多海山壮丽、风景宜人的景观，其中不少景观因被添加了人为因素而成为海洋文化资源的一部分，如"海天佛国"普陀山（图4-1）、"晴沙列岛"嵊泗、"东海蓬莱"岱山岛、"金庸笔下"桃花岛、"东海第一滩"檀头山、象山花岙"海上石林"、"东方大港"宁波港等等。

图4-1 普陀山全景①

二、海洋宗教旅游文化资源

"天下名山僧占多"。作为一种社会意识形态，宗教不仅影响人们的思想意识、生活习俗，并渗透到文学、艺术、音乐、美术、园林、建筑等领域，是人类文化的重要组成部分。海洋宗教文化是浙江重要的海洋旅游文化资源之一，深入开发与利用海洋宗教文化，对提高浙江海洋城市文化品位和发展海洋旅游业有重要意义。

浙江宗教的历史源远流长，普陀山是我国四大佛教名山之一，也是以"海天佛国"著称的佛教圣地。以普陀山为代表的舟山佛教文化带有明显的海洋佛教文化特征，其主供的观音菩萨与南海有不解之缘，周围胜景如莲花潭、潮音洞、南海圣境等无不与浩瀚的大海连在一起，为陆上佛教名胜所不及，而其建山历史、佛教传说更使其佛教文化带上了海洋旅游文化的色彩。天台山是佛教五百罗汉道场，中国佛教天台宗的发祥地。南朝陈

---

① 图片来源：普陀山风景名胜区管委会（http://www.putuoshan.gov.cn），2013年9月8日。

时，智颉入天台，在台州各地兴建道场，播传佛经大义，创建了天台宗。南朝时章安为郡治所在地，智颉曾从天台由水路到章安，一路上看到渔网户梁满布，以为杀业深重，于是，他在章安官民的帮助下，买了59处水域作为放生处所。此事为陈宣帝所闻，诏以整个椒江、灵江水系作为放生池，成为中国佛教的最早放生池。徐孝克为此撰写了《天台山修禅寺智颉禅师放生池碑文》。唐宋时期，天台宗陆续传播到日本列岛、朝鲜半岛和东南亚一带。这些地区的天台宗佛教寺院，直到现在仍以天台为祖庭。台州现存的著名寺院有：天台国清寺、万年寺、石梁方广寺、华顶寺、高明寺、智者塔院等；临海龙兴寺、法轮寺、三峰寺、延恩寺等；黄岩瑞岩寺、灵石寺、广化寺等；路桥普泽寺、善法寺、香严寺等；椒江清修寺、摄静寺、崇梵寺等；温岭流庆寺、小明因寺等；仙居南峰寺等。

浙江沿海地区也是除福建、广东外，妈祖信仰较为盛行的地区，妈祖庙、天妃宫、天后宫、娘娘宫等遍布沿海各地。昌国、石浦、东门、南田、晓塘、定塘、大塘、涂茨一带历史上均有祭拜天妃的庙宇，其中石浦镇东门岛上的天后宫是目前宁波地区保存最为完好的一座（图4-2）。

图4-2 东门天后宫妈祖塑像①

海洋宗教是富有特色的人文旅游资源，对开发宗教旅游产品、开拓新的旅游市场和促进旅游业的发展具有重要的意义。因此，浙江应在保护的前提下合理开发利用宗教文化，如定期举办国际宗教文化节、宗教研讨

① 图片来源：中国宁波网（http://epaper.cnnb.com.cn），2013年1月24日。

会、大型国际法会、友好寺院交流等活动，充分发挥其特有的旅游功能。

三、海洋历史旅游文化资源

从远古到春秋战国时期，浙江先民在生产生活中就已经与海洋有了紧密的联系。秦汉至隋唐，这种涉海活动有了更大拓展。宋元时期，随着海外贸易的发展，浙江的海洋文化发展进入鼎盛期。明清时期，由于种种原因，浙江海洋文化发展的步伐趋缓。晚清至抗战前夕，虽一度兴盛，但此后因战争而转缓。改革开放以后，特别是随着"海洋世纪"的到来，浙江人民又向海洋进军，并创造了一个又一个奇迹。可以说，浙江的历史是一部不断走向海洋的历史。

自20世纪以来，世界范围内出现了开发海洋文化的热潮，这是历史文化在现实生活中经济价值的现代性体现。事实上，我国旅游业的飞速发展，也主要依赖历史文化的吸引力。欧美游客对东方，特别是中国的历史文化非常感兴趣，他们来华旅游，一个重要原因是为了感受异域风情民俗和中华历史文化。这要求我们在发展旅游业时，不能忽视历史文化资源的旅游效应。

海洋历史文化资源指人类在历史活动过程中创造的与海洋有关的物质财富和精神财富。从旅游角度讲，它必须具备一定的物质文化形式或习俗氛围才能满足人们观赏、感受和体验的需求。如宁波是"海上丝绸之路"的起点和通道，文化源远流长，地域特色鲜明，个性突出，为东亚地区乃至整个人类文明做出了不朽的贡献。宁波的"海上丝绸之路"具有以下显著特征：第一，时空跨度大。自汉至近现代，其跨度约2 000年。建于咸丰三年（1853年）的庆安会馆（图4-3），既是我国著名会馆和天后宫，又是一处闻名遐迩、宫馆合一的近现代宁波海事舶商行业议事聚会场所。第二，内涵丰富。"海上丝绸之路"涵盖了社会的政治外交、经济贸易、港口交通、宗教文化、思想学说、教育卫生、民间习俗、工艺美术等诸多领域。第三，双向交流，远播海外。宁波因独特的地域优势和深厚的历史文化底蕴，使其在对外交流中，既能将本区域文化远播海外，又能广泛吸取外来文化。挖掘宁波"海上丝绸之路"历史文化资源，开发"海上丝绸之路"旅游线路，是浙江在利用海洋旅游资源中所必须重视的。

图 4-3　庆安会馆①

四、海洋饮食旅游文化资源

民以食为天，人类的生存与发展离不开衣食住行，而饮食尤为重要，因而饮食在食、住、行、游、购、娱，旅游活动六大要素中位居第一。饮食文化作为一种文化现象，可分为物质文化形态和精神文化形态两大部分。它是人类文明的重要标尺，反映了不同时代、不同民族的饮食行为、饮食风尚等文化特征。海洋饮食文化是重要的旅游文化资源之一，它能够对旅游者产生其他文化形态难以取代的吸引力，是推进旅游业发展的一大动力。

浙江多港湾浅海，滩涂面积辽阔，这为牡蛎、毛蚶等众多特色小海鲜的繁衍生长提供了良好的场所，同时，黄鱼、鲳鱼、梭子蟹等更是声名远扬，加之许多有关海鲜馔食的动人传说，从而形成了别具一格的海鲜美食文化。以宁波为例，宁波港湾浅海及滩涂出产望潮、弹涂鱼、牡蛎、毛蚶、泥螺等众多特色海鲜。得天独厚的海鲜资源，使宁波的海鲜美食文化丰富多彩。宁波海鲜的烹饪以原色原形、原汁原味为主要特色风格，选料上务求绿色、精细、鲜活；烹制上炒、炸、烩、熘、蒸、烧等手法多样，做到因料施技、口味多变而独具一格；在菜肴的装盘和取名上也十分讲究。如象山十大名菜中，"丰收螺号"、"海中花"、"群龙绣球"、"开渔之

① 图片来源：百度图片（http://image.baidu.com），2013 年 2 月 26 日。

喜"等菜肴，不但色香味形俱全，而且简直就是一件寓意鲜明的精美工艺品。

丰富的饮食文化资源，为浙江海洋旅游业的发展提供了广阔的前景。当前，浙江利用海洋饮食文化资源的主要途径是建立海鲜美食街，形成海鲜美食、海产购买、滨海观光旅游一条龙服务，同时通过定期举办国际海鲜美食节，营造品牌，以扩大影响。

五、海洋军事旅游文化资源

海洋和中华民族的命运息息相关。在 1840—1940 年的 100 年中，西方列强从海上入侵我国达 479 次，规模较大的 84 次，入侵舰船 1 860 多艘，兵力达 47 万多人，迫使清朝政府签订了不平等条约 50 多个①。

浙江海岸线漫长，岛屿星罗棋布，战略地位十分重要，历来是兵家必争之地。自公元 14 世纪，特别是近 400 年来，先后经历了抗倭、抗英、抗法、抗日等重大战争。浙江军民在历次战争中所表现的爱国主义精神，可歌可泣，是宝贵的历史文化遗产。

宁波的海防遗存以明代海防为主，类型比较齐全，卫、所、巡检司、兵寨、关、瞭望台、烽火台等各类建筑均有。象山县拥有 800 多千米长的海岸线，是宁波海防遗址分布最为密集的地区，自象山港口至南堡一线，卫、所、烽堠、炮台等军事设施遗址随处可见，大约占浙江省海防遗存总量的 2/3。目前尚存的主要遗址有丹城赵岙巡检司、赤坎村游仙寨、爵溪周家山堠和东门岛昌国卫旧址等。镇海地处东海之滨，素有"浙江门户"、"海天雄镇"之称，是东南沿海抗击外敌入侵的军事战略要地，历经抗倭、抗英、抗法、抗日等战争，留存的海防遗迹包括甬江两岸的威远城（图 4 - 4）、月城、安运炮台、吴杰故居、吴公纪功碑亭、裕廉殉难处、俞大猷生祠碑记、明清碑刻、金鸡山炮台、靖远炮台、平远炮台、镇远炮台、宏远炮台、戚家山营垒等，是宁波海防遗址价值最高的地区之一。

---

① 《走强权之路，捍卫国家海洋安全》，百度文库（http：//wenku.baidu.com/view），2012 年 12 月 25 日。

图 4-4　威远城①

舟山是明代的抗倭前线。嘉靖四十一年（1562 年），由于倭寇猖獗，朝廷任命俞大猷、戚继光为剿倭总兵。经过戚继光、张四维、俞大猷、卢镗等奋力围剿，与倭寇作战数 10 次，最终端掉了倭寇在舟山的老巢，基本肃清了舟山境内的寇患。抗倭战争在舟山经历了长达近 20 年，人们为纪念舟山抗倭斗争的胜利，在定海沥港竖"平倭港碑"，这一遗迹至今仍存留。在第一次鸦片战争中，保卫定海的葛云飞、王锡朋、郑国鸿三总兵率 6000 部众奋勇抗击英国侵略军，以身殉职，使舟山坚贞不屈的人文精神彪炳汗青。新中国成立后，舟山长期作为海疆要塞，驻军来自五湖四海，又创造了多姿多彩的海疆军旅文化。

六、海洋节庆旅游文化资源

海洋节庆是指依托沿海特有的民俗风情、历史文化等资源，并加以整合包装，在相对固定的时间、地点举办，使其产生具有独特形象和吸引力的一种涉海文化活动。

海洋文化是浙江最为重要的文化资源之一，充分挖掘海洋文化资源，

---

　　① 位于招宝山山顶的威远城是明嘉靖三十九年（1560 年）为抵御倭寇扰攘，都督卢镗与海道副使谭纶率军民用条石筑建的城堡。威远城周长 600 余米，高 7.4 米，设雉堞 73 个，气势壮观。城内曾建有报功祠，祭祀明代抗倭名将戚继光、俞大猷等神像。图片来源：建筑文化艺术网（http://www.jzwhys.com/news/1638154.html）。

是突出浙江海洋节庆活动特色，体现浙江海洋节庆个性的关键所在，同时又有利于丰富文化内涵，提高节庆的品位，增强节庆的知识性、趣味性，从而吸引更多的旅游者，提高旅游经济效益。近年来，浙江沿海地区充分利用地理区位优势、文化资源优势、产业基础优势和政策机制优势，深入挖掘海洋文化内涵，整合海洋文化资源，使海洋节庆数量不断增加，规模日益扩大，档次逐渐提高。据不完全统计，浙江现有大大小小的涉海类节庆活动近 50 个，呈现出内容丰富、类型多样、个性鲜明、周期稳定等特点。如舟山现有国际沙雕节、南海观音文化节、海鲜美食节、国际海钓节、普陀民间民俗大会、岱山海洋文化节、嵊泗贻贝文化节、舟山渔民画艺术节、桃花岛金庸武侠文化节、虾峙渔民文化节、东港佛茶文化节、黄龙开捕节等；宁波有海上丝绸之路文化节、外滩文化艺术节、国际港口文化节、"三月三，踏沙滩"旅游节、象山国际海钓节、中国开渔节；杭州有中国国际（萧山）钱江观潮节；嘉兴有中国国际钱江观潮节；台州有抗倭文化节等。

在浙江滨海节庆数量快速发展的同时，质量也获得了持续的提升，涌现出一大批在国内享有盛誉的品牌节庆，成为浙江展示地域旅游形象的文化平台和最重要载体。如中国（象山）开渔节，2005 年荣膺"IFEA（国际节庆协会）中国最具影响力节庆活动百强"和"中国节庆 50 强"称号，2006 年荣膺"中国十大最具潜力节庆"、"中国十大自然生态类节庆"称号，2007 年荣膺"中国十大品牌节庆"和"宁波市十佳节庆"称号，在 2008 年首届"节庆中华奖"评选中获得"最佳节庆组织奖"。同时，在 2007 年人民网举办的最受欢迎节庆排行榜上名列首位，入围 2008 年人民网的"改革开放 30 周年 30 强节庆"，并在"2008 年最受关注节庆"评选中名列第一。2009 年，又荣获第二届"节庆中华奖"最佳文化传承奖（图 4 - 5）。又如舟山沙雕节，2006 年被全国节庆协会评为"全国节庆五十强"，2007 年又被中国节庆协会评为"中国十大魅力节庆"，舟山国际沙雕公司因此获"十大节庆企业"称号。

当前，节庆活动已被视为一种经济、一种产业而为人们所共识和广泛运用，成为拉动内需、刺激消费、带动就业的重要新兴产业。浙江丰富多样的海洋文化资源是海洋节庆产业发展的基础。作为一项文化旅游项目，海洋节庆已经成为浙江旅游产品体系的重要组成部分。

图 4 - 5　中国开渔节海报①

七、海洋商业旅游文化资源

濒临东海的地理环境和丰富的海洋资源，使相当一部分浙江沿海居民过着"十五习渔业，七十犹江中，历年试风涛，危险无西东"②的生活。祖祖辈辈与大海搏击，养成了浙江人机智、果敢、刚毅的性格和进取、开拓、冒险的精神，而这种气质极有利于从事变幻莫测的商业活动，使浙江的商业文化折射出一种具有强烈进取和敢冒风险的海洋文化特色。

早在 7000 多年前的河姆渡时代，浙江先民就已经由陆地向海洋迈进。在唐宋时期，宁波已成为著名的"海上丝绸之路"的始发港之一。宁波在"海上丝绸之路"中兼容并蓄，使宁波在世界各地的遗迹、遗物众多，影响广泛。如在日本故都奈良市的正仓院藏有经明州港（今宁波）运去的丝绸织物、青瓷等文物。留存于宁波地域内的文物史迹几乎涵盖外交、贸易、宗教等诸多领域，如有建于东汉"海上陶瓷之路"发祥地的上林湖越窑遗址，建于西晋并在中日关系史中地位显著的天童禅寺和阿育王寺，唐代作为航标的天封塔与海运码头遗址，北宋的高丽使馆遗址，清代的天主教堂和庆安会馆等遗存和遗址。

---

① 图片来源：浙江文化厅（http：//www.zjwh.gov.cn），2007 年 10 月 13 日。
② （明）宗谊：《愚囊汇编》卷一《渔父词》，《四明丛书》本。

　　宁波历来以商著称于世，以商为业，以商致富，代有传人。在近代中国，"宁波帮"与广东帮、山西帮、安徽帮并称为中国四大商帮。由于地域和文化的关系，当其他商帮逐渐衰落之际，"宁波帮"却日益壮大，在众多的商帮中脱颖而出，成为中国近代最大、最有代表性的商帮。上海开埠后，宁波人即如潮水般的涌到上海，从最低微卑贱的行业做起，从零做起，白手起家。宁波镇海庄市是宁波商帮的发祥地，"五金大王"叶澄衷，汉口头号富商、"水电巨子"宋炜臣、"禽蛋大王"阮雯衷、"世界船王"包玉刚、"影视巨擘"邵逸夫、香港建筑巨子叶庚年、台湾针织巨子楼志章等鸿商巨贾的祖籍都在庄市。庄市的"包氏故居"、"邵氏故居"、"叶氏义庄"等建筑目前已修缮一新，宁波商帮文化公园、宁波帮博物馆等一批反映宁波商帮文化的现代纪念地已陆续建成。

第三节　浙江海洋旅游文化资源价值

　　海洋旅游业是方兴未艾的朝阳产业，沿海国家均十分重视海洋旅游资源的开发和利用。如地中海沿岸的西班牙，以"空气、阳光、海水"为资本，向世界出售阳光和海滩，它的四大旅游区都位于海滨，并同其他风景区组成了纵横全国的旅游网络，使其成为旅游超级大国。另一个旅游大国意大利也在滨海开辟了数千个海滨浴场、多个旅游港口和数百个海滨旅游中心。近年来，我国海洋旅游业也取得了不俗的成绩，渤海湾沿岸的秦皇岛，黄海沿岸的大连、烟台、青岛和连云港，东海沿岸的普陀、厦门，南海沿岸的深圳、北海和三亚等重点开发的滨海旅游区，已有较高的知名度，每年接待大批的海内外游客。但作为海洋旅游资源的重要组成，海洋文化资源具有非常独特的旅游价值，在开发方面仍大有可为。

一、浙江海洋旅游文化资源的开发价值

　　当代旅游业发展的一个突出特点是旅游文化性的竞争日益激烈，开发文化来发展旅游，繁荣经济，已成为世界旅游业发展的大趋势。浙江海洋旅游文化资源丰富，开发海洋旅游文化资源有着多方面的意义，大致可以归纳为以下几方面。

（一）提升旅游的文化内涵，提高旅游产品的文化品位

旅游活动从本质上讲是一种文化活动，无论是旅游消费活动还是旅游经营活动都具有很强的文化性。正如我国已故著名经济学家孙尚清所指出的："旅游在发展的一定阶段是经济——文化产业，在发展的成熟期是文化——经济产业。"① 深度挖掘浙江海洋文化资源，可加快浙江省旅游文化的建设步伐，丰富旅游景点的文化内涵，提高旅游产品的文化品位，改变人们的文化观念，改善社会文化环境。

（二）促进海洋文化遗产保护，推动海洋旅游的持续发展

开发浙江海洋文化资源，将有助于海洋文化遗产的保护和民间艺术的挖掘整理，建立海洋文化景点、建设海洋文化博物馆等也有利于文化的保护与传承。同时，随着旅游开发的深入，可建立海洋民俗文化研究机构，对各类海洋文化进行系统研究，为旅游发展提供源源不断的文化资源，推动海洋旅游的持续发展。

（三）增加文化交流，拓展客源市场

目前，海洋文化旅游已成为全球性旅游业发展的主流，据世界旅游组织估计，海洋文化旅游在所有旅游活动中所占的比例为37%，近几年更以15%的年增长率向前发展②。通过对海洋文化资源的开发，促进异地、异域的游客更加全面认识和了解浙江源远流长的海洋渔业文化、宗教信仰文化、港口文化以及民俗文化等，让更多的人关注和向往浙江，从而吸引更多游客，不断扩大浙江旅游的客源市场。

（四）满足游客旅游需求，丰富人民生活

现代社会工业化程度的日益提高，在给人们生活带来便利的同时，也带来各种压力和不和谐因素。紧张的工作节奏、激烈的生存竞争，使人们渴望回归自然、返璞归真，寻找人与人之间的朴素与真诚，寻找生活的闲适温馨和丰富多彩。而海洋文化旅游一般以具有美学价值的海岸为依托，以辽阔壮观的海洋为主景，与清澈透明的海水、洁白平缓的沙滩、风和日

---

① 转引自姚宏：《论现代区域旅游发展中构建旅游文化品牌的重要性》，《集团经济研究》，2006 年第 2 期，第 226 - 227 页。

② 隋潇：《浅析海洋文化与区域发展》，《理论学习》，2010 年第 5 期，第 19 - 21 页。

丽的气候相结合，组成了独特的海滨景观地，从而对旅游者产生难以抵御的吸引力，使游客在领略自然风光、获得人文知识的同时，让紧张的心情得到放松。

二、浙江海洋旅游文化资源价值定量评价

目前，评价海洋文化资源旅游价值的方法以定性的描述为多，而对价值量化评价研究则相对滞后。我们认为，综合评价海洋文化资源的旅游价值，应以可度量的标准为基础，正确、客观地判定海洋文化旅游资源的品位、丰度、开发条件和发展潜力，为海洋文化的开发与保护提供可靠依据。

（一）海洋旅游文化资源价值评价模型的构建

文化旅游资源作为旅游资源的组成部分，其评价既要考虑一般旅游资源评价的各种指标，如资源要素价值和资源影响力等，又要考虑其保护、传承和开发效益等问题，因而资源承载力指标也应在评价指标体系之列。在市场经济背景下，发展文化旅游离不开市场要素的支撑，海洋旅游文化资源价值评价还要考虑市场开发条件和市场需求条件。在参考旅游资源评价国家标准和相关研究的基础上，遵循综合性、科学性、代表性和层次性的原则，选择对海洋旅游文化资源价值的整体重要程度有突出影响的因素，作为评价体系的指标。图4-6为海洋旅游文化资源价值评价模型。

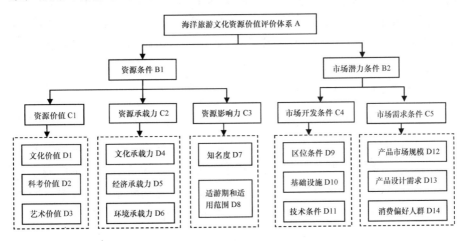

图4-6　海洋旅游文化资源价值评价模型

（二）评价指标权重的确定

确定指标权重值的方法有层次分析法、两两比较法、层次熵分析法、结构熵权法、集值统计法、信息权重法等。为了获得相对准确的指标权重，本研究采用层次熵分析法，即用层次分析法（AHP）决定指标的权重，利用决策矩阵提供的信息，进一步用熵技术修正决策者先前决定的优先权重，以获得相对准确的指标权重。层次熵分析法曾被用于测算可持续发展能力、风景名胜区规划方案评价、土地利用规划环境影响评价、城市生态绿化综合评价、旅游社区参与度评价、旅游循环经济评价、旅游竞争力评价等。

1. 构造判断矩阵

将海洋旅游文化资源开发潜力评价模型同一层中各因素相对于上一层的影响力或重要性而言两两进行比较，构造判断矩阵 $M = (a_{ij})_{m \times m}$，其形式如下：

$$M = \begin{vmatrix} a_{11} & a_{12} & a_{13} & a_{1m} \\ a_{21} & a_{22} & \cdots & a_{2m} \\ \cdots & \cdots & \cdots & \cdots \\ a_{m1} & a_{m2} & \cdots & a_{mm} \end{vmatrix}$$

其中每个指标 a_{ij} 在评价中的重要性不同，采用 T. L. Saaty 提出的 1 – 9 标度法，即 1、3、5、7、9 标度，分别表示两指标前者较后者同等重要、稍重要、明显重要、强烈重要、极端重要；2、4、6、8 则表示上述相邻判断的中间值；后者较前者的重要性标度值用前者较后者的重要性标度值的倒数表示。

2. 确定指标权重

运用方根法计算指标的权值，对判断矩阵 $M = (a_{ij})_{m \times m}$ 的各列向量进行归一化，即可得出某层指标相对于上层指标的权重。为了保证构建的海洋旅游文化资源评价指标权重值的相对客观、公正和科学性，我们邀请了地理、旅游、文化、经济等领域的专家和学者填写判断矩阵，并对其赋值取众数，将结果整理后输入计算机即可得出各个指标的权重值。

3. 权重向量 W 的修正

通过熵技术对由层次分析法得到的权重向量进行修正，其具体步骤为：

（1）根据矩阵 $M = (a_{ij})_{m \times m}$，计算第 j 个指标 x_j 的输出熵：

$$E_j = -K \sum_{i=1}^{m} a_{ij} \ln a_{ij} \quad (j = 1, 2, \cdots, m)$$

其中常数 $K = (\ln m)^{-1}$；可证明：$0 \leqslant E_j \leqslant 1$；

（2）求指标 x_j 的偏差度 d_j：

$$d_j = 1 - E_j \quad (j = 1, 2, \cdots, m)$$

（3）计算指标 x_j 的信息权重

$$\mu_j : \mu_j = d_j / \sum_{j=1}^{m} d_j \quad (j = 1, 2, \cdots, m)$$

（4）利用信息权重 μ_j 修正由 AHP 法得到的权重向量 W，得：

$$\lambda_j = \frac{\mu_j w_j}{\sum\limits_{j=1}^{m} \mu_j w} \quad (j = 1, 2, \cdots, m)$$

通过上述步骤得到各指标较为合理的权重向量

$$\lambda = (\lambda_1, \lambda_2, \cdots, \lambda_m)^{\mathrm{T}}$$

通过熵技术对由层次分析法得到的权重向量进行修正，其结果为：

$$F(A_1) = [\ 0.6667 \quad 0.3333\ ]$$

$$F(B_1) = [\ 0.3304 \quad 0.0653 \quad 0.2710\ ]$$

$$F(B_2) = [\ 0.0833 \quad 0.2500\ ]$$

$$F(C_1) = [\ 0.1637 \quad 0.0323 \quad 0.1343\ ]$$

$$F(C_2) = [\ 0.0248 \quad 0.0342 \quad 0.0063\ ]$$

$$F(C_3) = [\ 0.1355 \quad 0.1355\ ]$$

$$F(C_4) = [\ 0.0339 \quad 0.0484 \quad 0.0010\ ]$$

$$F(C_5) = [\ 0.1109 \quad 0.0504 \quad 0.0888\ ]$$

4. 一致性检验

为了保证构建的矩阵符合要求，需要对其进行一致性检验。即计算出一致性指标 CI 和随机一致性比例 CR，其中 $CI = (\lambda - m)/(m - 1)$，$CR = CI/RI$，其中 RI 为平均一致性指标，可通过查表获得。当 $CR < 0.10$ 时，判断矩阵具有满意的一致性，否则还要对其进行适当调整。结果显示，所有判断矩阵均通过一致性检验（表 4 - 3）。

表4-3 一致性检验参数

类别	A～B	B_1～C	B_2～C	C_1～D	C_2～D	C_3～D	C_4～D	C_5～D
C. R.	0	0.046 2	0	0.046 2	0.007 9	0	0.046 2	0.015 8

（三）海洋旅游文化资源开发潜力值的计算

为了全面反映海洋旅游文化资源价值状况，还需在建立评价指标体系和相应指标权重向量的基础上，计算旅游资源开发潜力值。由于评价指标体系中的每一项指标均需从不同层次与侧面反映资源开发潜力的状况，因此，海洋旅游文化资源开发潜力评价是一项综合性评价，本研究采用线性加权函数法即综合评分法对海洋旅游文化资源进行综合评价，其函数表达式为：

$$E = \sum_{i=1}^{n} \lambda_i P_i$$

式中：E 为海洋旅游文化资源价值综合评价值；λ_i 为第 i 个评价因子的权重；P_i 为第 i 个评价因子的评分；n 为评价因子的数目。采用 10 分制对旅游景区打分，评价因子评分的获取是通过向有关专家、学者和旅游部门工作人员征询的方式进行。

（四）评价结果

周彬运用上述方法，以浙江海洋文化与海洋旅游的典型区域象山为例，对象山松兰山海滨度假区、中国渔村、石浦渔港古城和象山民俗文化村四个典型的海洋旅游文化资源价值进行了评价（表4-4）①。最后将各评价因子的得分及其权重值代入上述数学模型，得出四个旅游景区的综合评价值。为反映象山海洋文化旅游资源开发潜力的差别，根据各景区的评分结果将其划分为五个潜力等级：五级：≥8.0；四级：7.0～8.0；三级：5.0～7.0；二级：3.0～5.0；一级：≤3.0。

---

① 周彬等：《渔文化旅游资源开发潜力评价研究——以浙江省象山县为例》，《长江流域资源与环境》，2011 年第 12 期，第 1140－1145 页。

表4-4　象山四大海洋文化旅游资源价值评价结果

评价指标	松兰山海滨度假区	中国渔村	石浦渔港古城	象山民俗文化村
文化价值	4	7	9	9
科考价值	4	6	8	6
艺术价值	4	6	8	8
文化承载力	5	6	7	8
经济承载力	7	7	8	7
环境承载力	6	6	8	7
知名度	7	7	8	6
适游期和适用范围	5	6	9	8
区位条件	7	8	8	5
技术条件	8	8	7	7
基础设施	8	8	8	6
产品市场规模	8	8	8	6
产品设计需求	7	8	7	6
消费偏好人群	7	8	8	6
总分	5.842 4	7.006 5	8.223 2	7.135 6
等级	三	四	五	四

　　数据分析显示，象山石浦渔港古城以总评分8.223 2领先于其他三个景区，其渔文化旅游资源开发潜力等级划为五级。象山民俗文化村和中国渔村得分分别为7.135 6分和7.006 5分，开发潜力统一划为四级，而松兰山海滨度假区得分仅为5.842 4，开发潜力定为三级。

　　1. 象山石浦渔港古城

　　中国历史文化名镇（图4-7），东南沿海渔业重镇，也是国家4A级景区。自唐宋以来，这里商贾云集、市肆繁荣，被称为"海上通衢、浙洋重镇、海鲜王国"。石浦镇至今仍保留着古城墙、古城门、古街巷、古店铺、古民宅，散发出浓厚的渔文化气息。其中石浦渔港是我国著名的中心渔港，每年9月中旬，中国十大民俗节庆活动之一的"中国开渔节"主会场便设在这里。悠久的历史、深厚的渔文化底蕴、优美的自然环境、淳朴的古城老街、繁华的港域码头、独特的渔俗风情，使这里成为象山渔文化旅游资源中开发潜力最大的景区。

图4-7 象山石浦古镇①

2. 中国渔村

中国渔村为国家4A级景区，是一个融阳光、沙滩、海岸和渔村为一体的休闲度假、海上运动和渔家风情滨海旅游区，内有海洋博物馆、开渔节陈列馆、祭海平台、阳光海岸、渔风情度假村等景点，是浙江沿海地区著名节庆活动"三月三·踩沙滩"所在地，同时也是"中国开渔节"分会场。但是该景区资源价值、资源承载力、资源影响力与石浦渔港古城相比略微逊色，但市场条件是其优势所在。

3. 象山民俗文化村

象山民俗文化村由我国著名根雕艺术家郑振本创建，内设有较高艺术价值的根雕艺术馆、书画馆、古家具馆、石器长廊和陶艺馆等，均从不同侧面展示象山渔文化深厚的艺术底蕴。但是其资源影响力、市场开发条件和市场需求条件在四个景区中排名靠后，这是制约其旅游开发的瓶颈。

4. 松兰山海滨度假区

松兰山海滨度假区为国家4A景区，景区内有省级文物保护单位明代抗倭古城游仙寨、烽火台，始建于宋代的弥陀寺，东汉千里寻夫赵五娘庙

---

① 图片来源：中国象山港（http：//www.nbxs.gov.cn），2011年1月28日。

（殿），以及基础设施齐全的海滨度假酒店。但是从开发潜力的角度来看，渔文化资源价值、资源影响力和资源承载力均是其劣势所在，而其市场条件则相对较好。

第四节　浙江海洋文化旅游资源的开发

21 世纪是海洋世纪，海洋世纪标志着海洋将以其丰富的资源为人类社会的持续发展做出更大贡献，而海洋文化旅游业将有可能成为最有希望的海洋经济领域之一。作为海洋大省的浙江，应转变观念，把握趋势，立足长远，努力实现浙江海洋文化旅游的新突破。

一、整合资源，构建浙江海洋文化旅游"一体两翼多品牌"新格局

就目前而言，浙江应整合资源，重点规划海洋文化旅游的空间布局，形成"一体两翼多品牌"新格局。

（一）一体：舟山群岛海洋文化旅游核

以佛教文化为主线，实现串联整合，形成以普陀山"海天佛国"品牌为依托，将各类海洋文化资源串联组合成系列精品旅游产品，提升浙东区域海洋文化旅游产品的核心竞争力。

1. 普陀山"海天佛国"旅游

普陀山以"海天佛国"闻名海内外，经过 20 多年的开发建设，旅游服务配套设施基本完善，客流量稳定，抗市场风险能力强。尤其是观音三大节日、祈祷和平法会、方丈升座仪式、普陀山南海观音节等一系列大型佛教文化活动使普陀山知名度日益提高。

2. 武侠文化游

桃花岛是金庸名著《射雕英雄传》和《神雕侠侣》所描绘的神奇小岛。近年来利用《射雕英雄传》、《天龙八部》等电视剧的拍摄筹建了一批武侠文化景观，形成了桃花岛武侠文化品牌。

3. 历史文化名城寻古游

定海是全国唯一的海岛历史文化名城，名胜古迹众多，旅游资源丰

富。现存有马岙土墩和白泉十字路等古文化遗址，明末抗清古迹同归城、舟山宫井、都神殿等古建筑群，鸦片战争古战场遗址、三忠祠、姚公殉难处、李义士碑、震远炮台。

4. 海岛文化休闲度假游

在继续深入开发沙雕节的基础上，开发海滨休闲度假游、海岛渔业休闲和海上沙滩各项体育竞技运动游。

（二）两翼：环杭州湾休闲文化旅游带和甬台温海洋文化旅游带

1. 环杭州湾休闲文化旅游带

杭州湾跨海大桥建成后，以杭州湾大桥为中心，包括杭州湾新城、工业新区及海滨一带的广阔水域和滩涂区域，将形成杭州湾大桥旅游区，以世界第一跨海大桥为主要吸引物，重点开发大桥观光、杭州湾海滨游乐园、滩涂游乐休闲项目等，形成以滨海风光为生态背景，集观光、休闲、度假、商务等为一体的综合性滨海旅游带。

2. 甬台温海洋文化旅游带

以宁波为起点，以宁波"东方大港"为依托，强调海上丝绸之路与现代化港口城市文化的传承关系，组织串联、优化整合北仑港、镇海港、甬江口、象山港、三门湾、台州湾、温州湾等东部海岸海洋景观和陆域景观，形成展示浙东海洋文化向海外开放的窗口。

（三）多品牌

旅游品牌是旅游产品的整体价值表现。当前，浙江可整合鲜明的渔、佛、城、岛、商、山等旅游资源，将海洋佛教文化旅游、海上丝绸之路旅游、中国渔都文化旅游、东方大港旅游等培育成国内外知名品牌，并通过强势品牌的延伸，全面拉动浙江海洋文化旅游市场。

二、建立协调机制，发挥政府的主导作用

通过政府间的磋商协调机制，完善政策法规体系，从宏观层面上消除行政边界的障碍与壁垒；通过民间组织的制度化谈判博弈机制，建立行业监管体系，从中观层面上走向理性的区域交融和产业整合；通过企业间的市场化调节机制，构建产业结构体系，从微观层面上提升资源配置的区域

一体化优势。

就浙江海洋文化旅游资源整合发展而言，应该重点发挥政府的作用。我们认为，可制定浙江区域统一的旅游管理法规和旅游产业发展政策，确定浙江海洋旅游业的发展战略，进一步加大政策支持力度，重点研究市场开放政策、旅游交通准入政策、旅游企业开放政策、旅游汽车异地租赁政策、旅游资源重组配置共享政策、旅游产品开发鼓励政策，用制度和政策保障浙江海洋文化旅游一体化的进程，为区域旅游经济发展营造一个良好的体制环境和政策环境。同时组建区域旅游行业协会，充分发挥协会的各项功能和作用，实行浙江区域旅游协会联合例会制度，加强联系和协调，促进浙江海洋旅游业共同发展。

三、加大开发力度，挖掘发展潜力

增加海洋文化产品的种类与数量，提高海洋文化产品品质，是发展浙江海洋文化旅游的前提。随着社会经济的发展，文化需求的增加，人们对海洋文化的认识也会逐步深化。我们应该把海洋文化资源开发成为海洋文化产品，以满足人们日益扩大的精神需求，增强海洋文化旅游的竞争力。

（一）深度挖掘海洋文化内涵

把挖掘海洋文化内涵作为经济发展的重要载体，通过整合、提炼、融入，提升文化的商品属性和价值，将文化优势转化为经济优势，创造新的经济增长点。近年来，象山县集中力量，保护发掘了塔山文化遗址、海防遗址、古陶窑、古沉船等文物点，整理重现了象山锣鼓、龙灯、鱼灯、竹根雕、渔歌号子、剪纸等民间文化和赵五娘、陶宏景等民间传说，既大大丰富了象山海洋文化的内涵，也为海洋文化旅游发展奠定了基础。

（二）强化旅游的文化意识

旅游业是文化性很强的经济产业，未来浙江旅游业能否具有竞争力、生命力，取决于文化含量的提升。要树立以文化取特色，以文化论品位，以文化定效益的理念和意识，努力将海洋文化这一具有感召力和亲和力的文化符号，作为经营资本、精神产品保护好、管理好、经营好、销售好，并运用各种生动、形象、艺术的手段和形式，通过各种事和物注入旅游中去，把浙江海洋文化打造成名副其实的著名文化品牌。

四、加强区域内外联合、海陆联动，推动浙江海洋文化旅游业持续发展

（一）海洋经济是陆海联动经济

海洋旅游的发展和布局必须实现陆海联动。海上旅游和沿海陆域旅游必须进行资源整合，包括自然景观和人文景观的整合、旅游功能和环境建设的整合，从而"有利于在资源开发中对资源进行全面规划，使资源在广度上和深度上得到更加充分的开发，并有利于对外进行统一宣传、统一促销，有效地避免由于政策侵害所带来的内耗，满足旅游消费者的要求"①。浙江在海陆联动方面作出了有益探索，如以舟山本岛为依托，以普陀山、朱家尖、沈家门"金三角"为核心，成功打造了"海山佛国、海岛风光、海港渔都"为特色的舟山海洋旅游基地；以嵊泗列岛为主体，加上部分岱山岛屿，建成了以海上运动、度假休闲、现代化大海港为特色的浙东北海上旅游板块；以嘉兴九龙山国家森林公园为主体，建成了历史文化和海滨浴场的浙北岸旅游板块；以宁波松兰山和韭山列岛自然保护区为主体，建成了海上垂钓和生态旅游为特色的浙东海旅游板块。此外，还有以台州大陈岛为核心的浙中海上旅游板块，以温州南麂列岛国家级海洋自然保护区和洞头列岛为主体的浙南海上旅游板块。下一步的重点，应是以滨海城市为龙头，有序推进海洋旅游接待服务设施建设、交通设施建设、旅游区点建设，逐步实现海陆旅游的规划共绘、设施共建、市场共拓、服务共享、品牌共创②。

（二）加强区域内外资源整合，协同开发旅游精品

浙江海洋文化旅游业发展需要加强与沿海各县、市、区之间的合作，对一些跨区域的旅游景区、景点统一规划设计，合作开发旅游线路，优势互补，形成产品集群优势。另外，浙江的人文渊源与港澳旅游区有着合作的潜力，厦门的闽台通道和宁波、舟山都与台湾旅游市场有着联动的优势，浙江与其他滨海旅游城市均可建立合作关系。通过内外合作，浙江可

---

① 王莹：《旅游市场旅游消费的不断变化对区域旅游产生的影响》，《地域研究与开发》，1995 年第 2 期，第 75－77 页。
② 纪根立：《把握趋势 立足长远 实现浙江海洋旅游新突破》，浙江旅游局网（http：//www.tourzj.gov.cn），2006 年 11 月 20 日。

重点开辟和包装以下海洋旅游线路（产品）：

（1）观音文化观光环线：沈家门—普陀山—桃花岛—沈家门。

（2）岛际环线：普陀山—嵊泗列岛—岱山岛—定海—桃花岛—普陀山、南麂岛—洞头岛——江山岛—南麂岛。

（3）陆岛环线：普陀山—上海—杭州—宁波—普陀山；温州—南麂岛—台州—宁波—舟山—温州。

（4）东海、南海魅力游；滨海名城游等①。

五、突出海洋文化特色，实现区域旅游形象的协同

特色是旅游业的灵魂，没有特色就没有旅游的生命力。浙江海洋旅游业特色鲜明，主要表现在"渔、佛、城、岛、商、山"六方面。"渔、佛、城、岛、商、山"旅游资源优势互补，山海一色，城海相连，文商互补，六个特色相映成趣，相得益彰。如果将这些资源综合开发，整体包装，有机结合，组合成不同的旅游线路，形成不同的旅游产品，就会产生倍增的效益。

同时，通过对浙东海洋文化旅游资源的梳理和分析，结合海内外客源市场对浙东区域海洋旅游已有的感知形象，如观音道场普陀山，东方大港北仑港，千岛之城舟山，东方不老岛、海山仙子国象山等，我们认为，浙东海洋旅游的整体形象可以定位为"山海经中的游乐天堂"。这一形象定位，既涵盖了浙东区域独特海洋自然资源的特色，即山、海特色，又体现了丰厚的海洋人文魅力，即有关山海的文化内涵"山海经"，同时"游乐天堂"更凸现了现代旅游者注重参与、体验的个性需求。区域整体旅游形象的确立，为设计旅游形象主题词以及分类旅游形象主题词提供了准绳，也为对外宣传、塑造浙东区域海洋旅游整体形象奠定了基础。

六、结合海洋旅游发展趋势，大力发展高端海洋旅游

海洋旅游业以其"3S"，即阳光（Sun）、大海（Sea）和沙滩（Sand）为特色，成为旅游者休闲度假的主要追求。随着参与式、体验化旅游形态

---

① 周国忠：《基于协同论、"点—轴系统"理论的浙江海洋旅游发展研究》，《生态经济》，2006年第7期，第114－118页。

的兴起，"3N"，即去大自然（Nature），让自己处于大自然和谐完美的怀恋（Nostalgia）中，从而使自己的精神融入人间天堂（Nirvana），正成为海洋旅游新的热点。而"3N"多为中高端旅游产品，这就要求当前浙江海洋旅游业的发展必须坚持高起点，着重于中高端产品的建设。

综合浙江海洋旅游资源特色优势及其现有基础，重点规划建设"1+2+3"高端海洋旅游目的地，即以"舟山群岛"为整体品牌的长三角中高端海洋旅游中心，并力争逐步成为洲际亚热带海洋旅游中心；宁波、温州两个城市型中高端海洋旅游目的地；杭州湾北岸、象山港、三门湾三个特色中高端海洋旅游目的地（表4-5）。重点培育"3+5"高端海洋旅游精品体系，即海洋休闲度假、海洋文化、海洋节庆会展3个大类，海洋游艇、海钓休闲、滨海高尔夫、私人度假岛、海洋主题公园5个专项海洋旅游产品。

表4-5　浙江"1+2+3"高端海洋旅游目的地

序号	名称	战略定位	特色产品	主要景区
1	舟山群岛	长三角中高端海洋旅游中心、亚热带海洋旅游中心	海天佛国、海鲜美食、金沙碧海、海岛休闲度假、海鲜购物、海洋文化	普陀山"金三角"、"朱家尖国际旅游岛"
2	宁波	城市型中高端海洋旅游目的地	邮轮、海上丝绸之路文化演艺、多元宗教文化展示、海鲜美食	外滩（三江口）、溪口—雪窦山、天一阁、阿育王寺
	温州	城市型中高端海洋旅游目的地	邮轮、民营经济发展史展示以及丝绸、青瓷文化	雁荡山、南麂列岛、江心屿、五马街
3	杭州湾北岸	中高端海洋旅游目的地	滨海度假休闲、滨海高尔夫、钱江观潮、商务会议、购物旅游	平湖九龙山、盐官古镇、尖山休闲度假区、海宁中国皮革城、乌镇
	象山港	中高端海洋旅游目的地	港湾休闲度假、海岛疗养、海鲜美食、休闲渔业	奉化莼湖、宁海强蛟、大佳何镇
	三门湾	中高端海洋旅游目的地	海岸观光、海滨古城、渔村休闲、情景度假	石浦渔港、松兰山、中国渔村、花岙岛、蛇蟠岛、满山岛、健跳古城、伍山石窟

资料来源：周世锋《海洋开发战略研究》，浙江大学出版社，2009年，第89页。

七、加强资源保护，促进海洋文化旅游可持续发展

发展海洋旅游，会给生态环境带来一定的影响，因此为促进浙江海洋文化旅游的可持续发展，在进行旅游开发的同时也要加强对海洋文化资源的保护，正确处理保护与开发之间的关系。在开发过程中不能只注重近期经济效益，而忽视长远的环境效益；要维持海洋生态系统中各要素协调和有序发展，做到海洋旅游开发与经济、社会、生态效益的统一，保持其可持续发展。在这方面，我们可借鉴印度尼西亚巴厘岛、墨西哥坎昆、土耳其南安塔利亚等地的成功经验，采取"充分考虑本地区环境、经济和社会文化的平衡发展，严谨规划、认真实施"的综合开发模式，实现海洋旅游业的可持续发展。

第五章 浙江海洋民俗文化资源

海洋民俗文化是沿海百姓在长期的生产实践和社会生活中逐渐形成并世代相传的一种较为稳定的文化事象。由于特定的生成环境，浙江海洋民俗文化除了具有一般海洋民俗文化所具有的共同特征外，又体现出鲜明的区域性特征，是浙江海洋文化资源的重要组成。

第一节 海洋民俗文化资源概述

任何一种民俗文化都有一个漫长的演化历程，并在其特有的发展轨迹中逐渐形成其特色，浙江的海洋民俗文化自然也不例外。浙江沿海人民长期与海相伴、倚海而生，特定的生产方式、生活形式影响着他们的生活观念和心理特征，从而积淀成为一种具有地域人文特色的风俗习惯。浙江海洋民俗文化历史悠久，内容丰富，是当代浙江发展海洋产业的宝贵文化资源。

一、民俗与民俗文化

"民俗"一词古已有之，在古代文献中有"风俗"、"习俗"、"民风"、"民情"等不同称谓。在《礼记》、《史记》、《汉书》等著中，已经多次出现过"民俗"这个词语，如《周礼》中说："俗者习也，上所化曰风，下所习曰俗。"《礼记·缁衣》说："故君民者，章好以示民俗。"《史记·孙叔敖传》云："楚民俗，好痹车。"《汉书·董仲舒传》曰："变民风，化风俗。"《管子·正世》也说："料事务，查民俗。"这说明，作为民俗事象的"民俗"概念很早已经出现。

民俗学作为近代独立的人文社会科学专有名词，首先出现于英国。清末"西学东渐"后，民俗学开始传入我国，中经"五四"新文化运动时期的发展，奠定了我国民俗学的基础。钟敬文指出："民俗是我们的先民创造的文化，而且一部分还是相当有价值的文化，这对于我们后代来讲，有特殊的意义。""民俗的作用是多方面、多层次的，它对人类精神生活起作用，对社会政治起作用，对工艺生产也起作用。"① 陈勤建则认为："民俗不能简单归结为旧时代乡下人的土特产，它是与人俱来，与族相连，与人类共存的特殊的伴物。一般而言，民俗是指那些在民众群体中自行传承或流传的程式化的不成文的规矩，一种流行的模式化的活世态生活相。社会中的每一个心智健全的人，都无法脱离一定的民俗而生活，在他们身上，都烙有这样那样民俗的烙印。"② "民俗学是一门焕发了青春的国际性人文学科，当今国外，它被一些学者誉为与文化学、语言学并列的三大'显学'之一。民俗学国际通用术语，原本是局限于研究文明社会古文化残存物的一门古代学和历史学。近半个世纪以来，随着学科建设的深化和绵密，在一个学科中增生新的层次，因而民俗学科发生了相应的变化，研究对象扩展到民俗生活的各个领域。凡属民众群体中反复出现并相互流传的程式化规范化的行为、观念、言语、器物等都纳入它的研究范围。它所要解决的问题，不仅是对过去的探源，而且是对当今和将来民众文化生活形态的透视和预测，因而，它既崇'古'，又崇'今'和'未来'，成为现代学、未来学，以及新兴边缘交叉学科的策源地。"③ 简言之，民俗即民间风俗，是广大民众所创造、享用和传承的生活文化。

民俗文化是民间民众风俗生活文化的统称。民俗文化并非是落后地区的奇风异俗，它既不是穷乡僻壤的"专利品"，也不是古老部落的"土特产"，而是遍布于任何地区、任何人群、任何形式的社区文化现象。这种民族的、时代的文化，既有物质的标识、制度的规范，又有具体的社会行为、风尚习俗。民俗的范围也并不是宽泛无边的，诚如钟敬文所说："民俗都属于民间文化，但并非一切民间文化都是民俗。民俗是民间文化中带有集体性、传承性、模式性的现象，它主要以口耳相传、行为示范和心理影响的方式扩布和传承。民俗是一种民间传承文化，它的主体部分形成于过去，属于民族的传统文化，但它的根脉一直延伸到当今社会生活的各个

① 钟敬文：《民间文化讲演集》，南宁：广西民族出版社，1998 年，第 35 页。
② 陈勤建：《文艺民俗学导论》，上海：上海文艺出版社，1991 年，第 2 页。
③ 陈勤建：《文艺民俗学导论》，上海：上海文艺出版社，1991 年，第 1 页。

领域，伴随着一个国家或民族民众的生活继续向前发展和变化。"① 因此，民俗文化是由民众所创造，并世代相承的一种生活文化，它联系着传统与现实。

二、海洋民俗文化与海洋民俗文化资源

自有海洋文明以来，与海洋打交道的人们就不再仅仅是自然人，人人都生活在一定的涉海社会群体和社区之中，从而使个人的生活成为人类海洋社会生活的有机部分。而人类海洋社会生活最基本的成分和最主要的内容是人类的海洋民俗生活，因此人类的海洋民俗文化就成为海洋文化的重要构成部分。海洋民俗文化是指在沿海地区和海岛等特定区域范围内流行的一种生活文化，它的产生、传承和变异，与海洋有着密切的关系。

在人类与海洋的互动关系史上，人类涉海社会中的每一个人都在一定的涉海民俗圈中生活，每一个人都是涉海民俗的创造者、承载者和传播者。他们从祖辈们那里承传一些约定俗成的东西，同时又根据自身的涉海生活对旧的风俗进行扬弃，形成某些新的内涵，并使之成为一种被普遍认可、接受的新的民俗。不仅如此，他们将自身所承载和创造的民俗留传给后代的同时，又通过海上交流，包括迁徙等方式传播到异域，并逐渐融入其中，成为异域地区民俗发生变革的催生剂和新的基因；与此相应，异域的民俗生活方式及其文化也会通过海路传入，与本地民俗生活及其文化相交织、渗透并逐渐融合，从而也成为其民俗发生变革和发展的有机因素和内容②。

海洋民俗文化资源是指海洋民俗文化体系中可供综合开发和利用的资源类型，它可以通过建立海洋民俗博物馆、民俗村等形式来进行开发与利用，也可以通过举办海洋民俗节庆活动的形式进行开发与利用。如泰国著名海滩旅游圣地芭堤雅的东芭文化村，全景展现了泰国的风俗民情和日常生活，并设有民俗表演、舞蹈演出、婚礼表演、民间技艺表演等形式多样的民俗项目。目前，我国沿海许多地区开发"渔家乐"特色旅游项目，以此让人们亲身体验渔家的民俗生活，这也是一种开发与利用。

---

① 钟敬文：《民俗学概论》，上海：上海文艺出版社，2002年，第2页。
② 曲金良：《海洋文化概论》，青岛：中国海洋大学出版社，1999年，第42–43页。

第二节 浙江海洋民俗文化资源内涵

出门见海、以海为家的浙江沿海居民在利用海洋过程中，形成了自己独特的渔家民俗，其中有神秘的船饰文化，别具一格的服饰文化，奇特的婚嫁礼俗，以及庙会、锣鼓、灯会等习俗，可以说浙江沿海居民的衣食住行、生老病死，都有约定俗成的独特习俗。

一、生产习俗

生产习俗是一种泛文化现象，属于民俗文化范畴。"在人类社会中，物质生产和生活，是人们赖以生存的最重要的条件。无论社会如何发展，民俗事象如何变迁，有关衣、食、住、行等的传统，总是以相对稳定的形式，一代代传承下来。"① 沿海居民生产习俗的形成，并非一朝一夕，而是有一个长期积累的过程。沿海居民的生产活动，就地域而言，大致可分为三大类：一类是在海域上进行，如海上渔业捕捞、海上海水养殖等。一类是在岛岸上进行，如岛上农地耕作、盐田制盐、海塘养殖等。一类是介于两者之间，即在滩涂和礁岩上进行。因为涨潮时，滩涂和礁岩被潮水所淹没或半淹没，属于海域范围；退潮时，礁岩和滩涂大部分裸露出水面，与岛岸陆地相连接，又属于陆地区域。

浙江漫长的海岸线和辽阔的海域，丰富的渔业与盐业资源，是浙江沿海民众世代赖以生存的物质基础，直接影响着浙江滨海民众的生产方式。而独特的生产方式，同时也形成了许多独特的生产习俗。

（一）渔业习俗

浙江沿海与海岛地区居民长期以海为田，以鱼为利，以舟楫网罟为生，在生产过程中，形成了许多独特的渔业习俗。

1. 造船习俗

渔民的生产与生活都离不开船，因此，打造渔船是非常隆重而讲究的。每逢打造渔船，大木师傅在破木选料时要请阴阳先生选择吉日，用三

---

① 陶立璠：《民俗学》，北京：学苑出版社，2003 年，第 127 页。

牲福礼敬请天地众神，而亲朋送礼，礼物需有酒肉、馒头、鞭炮等。上平底板（即船底骨）时犹如造屋之上梁，尤为隆重，要燃放鞭炮。船头称"船龙头"，一定要藏金银，或用银钉，两只船眼须各藏两枚银角儿或银元。船眼有眼白、眼珠，眼珠不能朝天，要朝下，意即看海上之鱼。钉船眼规定用三枚钉子，先在左右上角钉两枚，第三枚定好位置而不钉上，待良辰到，再把穿着红布条的铁钉一次敲入。选择好吉日后，按金、木、水、火、土五行用五色彩条扎于"银钉"，并用红布蒙住船眼，俗称"封眼"。待到新船下水出海时，再由造船的大木师傅恭恭敬敬揭去封在"船眼睛"上的大红布，俗称"启眼"。下水前，渔民将渔船打扮一番，船头涂上红、黑、白三色，船头、船尾插上红旗，旗长一丈二尺，上书"天上圣母娘娘"，并用红、黄、蓝、白、黑布披挂船身（船上后舱设有一间专供船关菩萨的圣堂舱）。前后上下都有对联：船头书"虎牙出银牙"，桅杆顶书"大将军八面威风"，船舵书"万军主帅"，船尾书"顺风得利"。新船下水这一天，先用全猪全鸭和馒头隆重供奉船关老爷，然后以福礼酬谢帮忙推船的壮男力士，俗称"散福"。下海的新船要披红带彩，渔民敲锣打鼓焚香放爆竹欢送，船主则要站在船头上抛馒头，抛得越高越吉利。渔民俗称此举为"赴水"。有的船主在新船下水前，还请司公（道士）来"安船"。司公边歌边舞，祈求新船下水后顺风得利。

2. **出海习俗**

渔汛期一年分"起水"、"头水"、"二水"、"三水"四期。每次渔汛期到，渔民出海捕捞，俗称"开洋"。渔船出海日逢双不逢单（农历）。宁波地区的渔民在出海前要敬神，由船老大对神许愿，如能"柯第一对"，即产量最高，就许诺以请戏班演戏还愿；逢大对船出海，则先在"龙王堂"演戏敬龙王，后请菩萨下船。是日，渔民更衣沐浴，手捧香袋，袋面书"天上圣母娘娘"，敲锣伴行，锣声共13响后到船上，将香袋放入舱内，再邀亲友上船吃酒。有的渔船供木雕娘娘菩萨（天妃）或关羽。出海时鞭炮齐鸣，下网前要烧金箔，用黄糖水遍洒船身和渔民身体，并用盐掺米，洒在网上和海面上，以示干净。若捕捞不顺利，再撒盐、米于海上，并点燃稻草把，挥舞于船四周以驱邪。柯上第一条大黄鱼，先供船菩萨。供毕，老大吃黄鱼头，众人分吃鱼身。

旧时每汛第一次"开洋"时，渔民先要在船上祭祀神祇，然后把杯中酒与少许碎肉抛入海中称"行文书",又称"酬游魂",以祈祷渔船出海顺风、顺水,一路平安。一汛结束,还要用猪头等祭品谢龙王,俗称"谢洋"。舟山地区一些岛上的渔民每季第一次出海要避开农历初八和廿三日,这是因为他们深信"初八、廿三,神仙出门背空篮"的说法。

旧时,洞头的渔民出海前要将一尊泥菩萨供奉在船舱的"官厅"(又称"睡舱")。每年第一次下海捕鱼时,渔民要请司公(道士)到海滩送行,俗称"跳筒"。同时还要放鞭炮、烧染纸金币,俗称"烧金"。此举目的也是祈求鬼神保平安,保出海顺风,保汛汛丰收。渔汛结束时要评出产量最高的渔船(又称"迎头鬃"),然后选定吉日举行"迎头鬃"仪式(图5-1)。届时,当地的渔行主和乡绅们率领众人给"扛头鬃"的渔船送去"头鬃旗"和"红包",且端上用红布披盖着的大猪头,一路上敲锣打鼓,燃放鞭炮,十分热闹。船老大领着船伙接过"鬃头旗"和猪头后,在自家大厅神龛前祭拜,并操办酒席宴请渔行主、乡绅以及渔伙等。宴席结束后,船老大和船员又一路敲锣打鼓,把头鬃旗送上渔船,祭拜船上供奉的妈祖神位,再把旗升到桅上。年成好的时候,举为头鬃的渔船和渔行还会出资请外地戏班来渔港演出,既祭拜神祖,又同祝丰收、共享欢乐。

图5-1 迎头鬃①

现今,朱家尖岛上的漳州渔村在年终渔汛结束时,也要评出产量最高

① 2012年9月16日,浙江省温州市,2012渔船"迎头鬃"暨开捕期首航仪式在洞头东屏码头举行。仪式现场,获得头鬃船的船长和渔民兄弟举起大碗酒,高呼敬酒词,感恩海洋。参见《中国大批渔船将赴钓鱼岛海域作业》(http://www.njnews.cn),2012年9月17日。

的渔船。当地渔村的领导不但要给产量最高的船老大发奖金，还要奖上一面镶着金黄丝穗的大红锦旗。锦旗高挂在桅杆上，俗称"帅旗"。

3. 海祭习俗

渔民们在出海打鱼及捕鱼归来，都要举行"开洋"、"谢洋"祭海仪式。开洋、谢洋仪式是浙江渔民在独特的生存环境和历史文化背景中，在长期耕海牧鱼的生产、生活中形成的别具特色的一种传统民俗活动形式，包括渔民祭祀活动和传统民间文艺表演等内容。对此，民国《鄞县通志·文献志·礼俗》中记载："居民习于风涛，自耕读外，多出洋捕鱼。其俗当出洋时，择吉飨神。方舟为台，置牲醴于其中，船主到庙迎神，鸣锣前导；返则船上复鸣锣以接之，乃率船伙罗拜焉。曾入产房者，摈不得与。即置神位于船中，遇风暴则祷告乞灵。平日渔船，妇女相戒不敢登，其诚敬如此。"

旧时，舟山嵊泗枸杞一带有"七月半祭海神"的习俗。这一天，渔民们用三牲福礼和香烛、金箔到海边礁岩上供祭海神爷，并请念伴（又叫"道士"）念经打醮，极为隆重。传说海神爷是一位斩海蛇的安姓知县，渔民祭他是为祈求其斩尽海蛇，保佑出海打鱼平安无事。

舟山本岛及附近小岛上的渔民常在海船后舱设神龛专供"船关菩萨"，又叫"圣堂舱"。大对船、背对船一般供奉男菩萨，一说指三国时的关云长，所以又叫"船关老爷"；一说为鲁班师傅，因鲁班是造船的祖师爷；一说是杨甫老大，因传说杨甫老大是定海岑港老白龙的化身①。而金塘溜网船与枸杞一带小对船上习惯供奉女菩萨——"圣姑娘娘"。一说"圣姑娘娘"是指宋朝的寇承御；一说"圣姑娘娘"是指顺风娘娘，祭她可保海上平安；一说"圣姑娘娘"是指"九天玄女娘娘"。

在"船关老爷"、"船菩萨"神龛旁，供有用木头雕刻的小神像两尊，一为顺风耳，一为千里眼，祭之以祈耳聪目明，保佑海上安全，丰收而归。大对、背对船的渔民出海捕捞前，要酬祈"船关老爷"。近洋张网的渔船在立夏、端午、重阳三个节日中，要到张网桁地祭祈。每次要用全猪头、全鸭、全鱼供奉"船关老爷"。供过后，由船老大首先割猪鼻尖上一块肉，抛入海中，敬奉海神，然后大家才能分食。

---

① 金涛：《舟山渔民风俗初探》，《民俗研究》，1986 年第 2 期，第 33－37 页。

旧时渔民出海打鱼前习惯点烛、烧香。这既可祈求海神爷保佑，又可借此测试风力、风向。如若烛火被风吹熄灭，就说明风大，不可开船；如若烛火未被风吹熄，表明可以出航。渔船出航后，船老大即在船舱中点起三支清香，以此辨别风向变化，计算航程时辰。

在传统祭海仪式中，最重要的是祭龙王。每年的立夏，渔民们先在龙王宫（殿），后移至海边临时选定的祭坛或渔船甲板上进行祭祀，以祷求东海龙王或四海龙王保护渔船及渔民一帆风顺、满载而归。祭海仪式是浙江乃至中国沿海渔民崇拜和信仰海龙王及海上诸神的一种民间祭祀行为，其悠久的历史和广泛的参与性在浙江沿海诸多习俗中独具特色，在我国东部沿海民俗中也具有明显的共通性。2007 年 6 月 18 日浙江舟山市"岱山祭海"正式入选浙江省非物质文化遗产保护名录，并在第三届中国海洋文化节开幕式上表演展示，将"祭海"由单纯的祭神仪式演绎成人与自然的和谐对话，以祭海为载体，倡导让大海休养生息，呼吁全人类关爱海洋、呵护海洋，抒发人类对大海的感恩之情。近年来，岱山县政府成立了非物质文化遗产保护领导小组及祭海工作小组，投入 2 300 多万元在古祭坛遗址上建造了我国首个大型祭海坛，并于每年东海区伏季休渔期间举行规模盛大的"休渔谢洋"大典，力争将"岱山祭海"打造成为中国海洋文化的知名品牌。

4. 海上救难习俗

旧时因科学不发达，生产工具落后，渔船抵抗自然灾害能力弱，在海上遇险是常事，诚如嵊山渔谣所云："小对船，啊呀船，'啊呀'一声翻了船。""三寸板内是娘房，三寸板外见阎王。"正因如此，浙江渔民中间流行着抢险救灾、互帮互助的良好风气。如若渔船在海上遇触礁、漏水等海损事故，白天，遇难渔民首先在船头显眼处倒挂一把扫帚，然后在桅杆顶端挂一件破衣；黑夜，则点起火把，敲打脸盆、铁锅，以声音、灯光吸引过往渔船注意。凡见此信号，过往船只往往全力救援。当救护船靠近遇险船只时，先抛缆绳救人，后再拖船。遇险船上的人员在跳上救护船只前，先得把鞋子、柴爿丢过去，然后人才能跳过去，以示避邪。

如若有人遇难落水，亦当竭力相救，但遇浮尸是仰面女尸或伏面男尸时，均不能马上捞起，一定要等海浪将其翻身后才能打捞。捞尸时，要用镶边篷布蒙住船眼睛，以避邪气。为了图吉利避晦气，不可说"捞尸"，而叫"捞元宝"。无主尸体运到陆地后，要送到专门埋葬无主尸的坟地（又称"义冢地"）埋葬。

5. 渔区称谓

渔船上的人员，按其作业船型号、捕捞特点、生产习惯有不同的称谓。不同称谓的人属不同等级，分工也十分明确。各种作业船上的船老大均是一船之长。船上的事，无论巨细均由船老大主管。船老大往往都是一些在渔民中有威信，熟悉、掌握鱼群洄游规律的人。有的船老大本人就是船主，有的则是被雇佣的。大捕船上的人员有老大、头手、扳桨等职称。对网船上有老大、多人、出网、出袋、拖下网、扳二桨、扳三桨、拔头片等职称。张网船有头舱人（老大）、二舱人之分。渔区有船有网之人，自己不下海，全靠雇佣渔工者叫"长元"，雇佣的渔工叫"伙计"，也叫"吃包袱饭"。自己既是船主又下海参加劳动的叫"老大"。有些船主还雇佣一些 10 岁左右的男孩，干些下海扳桨、洗舱、上岸加工鱼货等杂活，俗称"包团"。

6. 渔具俗称

渔船上各种设施和工具都有俗称。一般称帆为"篷"。大船上根据篷的大小、用处分"头篷"、"二篷"、"三篷"。小船仅有一篷。三角形镶犬齿边的篷为"镶边"。用来扯篷的大木柱叫"桅杆"。大船上那根最大最粗的用来扯头篷的称"大桅"，其余扯二篷、三篷的为"二桅"。小船仅有一"桅"。当渔船遇到大风暴时，就立即放倒桅杆，以减少危险。平时桅杆也可以帮助起网，减轻起网的劳动强度。桅杆顶上挂有小旗一面，红色哨灯一只，小旗用来测风向，俗称"鳌色旗"；红色哨灯用作夜航信号，俗称"桅灯"。

船上的各种工具，渔民为了便于记忆和传授，就用十二生肖套称。如船头上两只角形的木板叫"龙桠头"，船头上用以扎锚绳的插梢称为"老虎扎"，用以固定桅杆的插梢叫"老鼠伏"，固定风帆方向的插梢叫"羊角伏"，老大掌舵的舱面叫"后（猴）八尺"，露出水面的舵杆叫"雄鸡头"，升降篷帆用的滑轮叫"钩（狗）螺"，穿联篷帆与缭绳的滑轮称"篷纽（牛）子"，连接篷帆用于撑风的活络竹圈叫"蛇脱壳"，横放桅杆用的木架子叫"马鞍子"，桅杆下堆放篷索的舱面叫"土（兔）地堂"，固定摇橹的木柱子叫"橹鸣咀（猪）"。

7. 渔民忌讳

旧时，因生产技术落后，渔民在海上作业时很难掌握自己的命运，所以禁忌、迷信较多。如渔船上的忌讳有：不许将双脚荡出船舷外，以免"水鬼拖脚"；坐在船上，不许双手捧双脚，头也不能搁在膝盖上，因为这姿势像哭，渔民认为不吉利；在船上不得吹口哨，渔民认为吹口哨会惊动"龙王"，招风引浪，使船遭到厄运；不许拍手，认为拍手表示"两手空空，无鱼可抲"；龙头（船头）是船体最神圣的地方，是船的"灵魂"所在之处，任何人不得在"龙头"下撒尿，以免冒犯神灵。出网时绝对不许大、小便；船靠岸时，渔工不得高声叫"到家啦"、"近啦"之类的话，以免惊动野鬼，引鬼上岸。大凡家中有红、白喜事未满一月者，一律不许上船参加捕捞，以免血气、晦气冲犯海神；不许妇女上渔船干活，尤其忌讳妇女跨过"龙头"，认为此举冒犯、亵渎神灵；七男一女不得同船过渡，一说是"八仙闹海"会引起浪涛；一说是"八仙过海"，海龙王要抢亲。如偶有误，七男一女一起渡船时，船老大要大声说："今天船上有九个人。"（包括船关老爷）以避忌讳；在船上吃饭时，筷子不准搁在碗上，讳"船搁浅"；酒杯、羹匙不可反置，盘中鱼食不可翻身，讳"翻船"。

（二）盐业民俗

《说文解字》里关于盐的解释为："卤也，天生曰卤、人生曰盐。"煮海为盐，起于西汉吴濞。浩瀚的大海、广阔的滩涂、茂密的盐嵩草，是盐民"煮海为盐"取之不竭的"粮仓"。浙江东部区域为大海所环绕，资源丰富充沛，地理环境优越，岛屿林立，多能躲避大风大浪，日照时间也比较充裕，"煮海为盐"具备天时地利。

浙江盐业历史悠久，汉武帝时期就曾在浙江海盐县平湖设立盐官，管理盐业生产。唐代，据《新唐书·食货志》载，在全国设置四场十监，其中四场中浙江有杭州、湖州、越州三场，十监中浙江有嘉兴、临平、兰亭、永嘉、新亭、富都六监。而盐产量据学者统计，仅嘉兴、临平、兰亭、永嘉4监就达150多万石，差不多占淮浙海盐产量的一半[①]。浙盐在

---

① 李志庭：《浙江通史》（隋唐五代卷），杭州：浙江人民出版社，2005年，第152页。

唐代的重要地位由此可见。明代在杭州设立两浙都运司，派驻两浙都转运盐使，下辖嘉兴、松江、宁绍、温台4个分司，管理下辖35个盐场，其中30个盐场均在浙江境内。清代内地共设11个盐产区，浙江尚有32个盐场。近代以来，浙江一直是中国重要的盐产区，其中舟山、宁波又是浙江的主要产盐地。表5-1为浙江盐业资源分布状况。

表5-1　浙江盐业资源分布基本情况

分布区域	自然环境		发展情况
	优势	劣势	
杭州湾两岸	光照充足、蒸发条件好	海水盐度低、滩涂渗透性大	曾是浙江重要的产盐区、现已废盐转农
穿山半岛、象山半岛	海水盐度高、滩涂条件好	蒸发量小	地理环境优越，是目前浙江主要盐产区
舟山群岛	气候条件好、海水盐度高	受台风影响大	盐田面积占全省1/3，盐产量高，质量好，发展速度快
浙中南沿海	海水盐度高	降雨量大、台风影响大	自然环境较差，目前只剩台州三门、玉环等国营盐场

资料来源：李加林《浙江海洋文化景观研究》，海洋出版社，2011年，第65页。

据载，舟山群岛在北宋端拱二年（988年）就设有岱山场和高南亭场，明朝胡宗宪说舟山有"五谷之饶，鱼盐之利，可以食数万家"[1]。今宁波辖区在唐宋时期就有石堰场（余姚）、鸣鹤场（慈溪）、龙头场（镇海）、清泉场（北仑）、大嵩场（鄞州）、长亭场（宁海）、玉泉场（象山）等盐场，"民多刚劲而质直，利鱼盐，务稼穑"[2]。鱼盐在两地发展史上的重要地位由此可见一斑。

在长期的生产与生活中，浙江沿海盐民与盐结下了不解之缘，从而形成了诸多与盐业相关的崇拜与祭祀习俗。

---

① （清）嵇曾筠、沈翼机等：《浙江通志》卷九九《风俗上》，北京：中华书局，2001年，第2296页。

② （清）嵇曾筠、沈翼机等：《浙江通志》卷九九《风俗上》，北京：中华书局，2001年，第2295页。

1. 盐产崇拜

盐产崇拜是指在盐的生产过程中所产生的信仰与崇拜。与两淮盐区崇拜夙沙氏、胶鬲、管仲，川盐产区崇拜张道陵、十二玉女、开山姥姥，云南盐区崇拜李阿召、洞庭龙女等人物神不同，浙江产盐区主要崇拜以物拟神的塯。塯由海泥盐堆积而成，是获取卤水以制盐的物质载体。由于塯是制盐的关键，盐民认为它有灵性，掌握着制盐的成败，因而奉之为神，称塯（头）神。每年谢年时节，舟山一带盐民要备"三牲"（猪、羊、鹅或鸡）祭祀塯神。其顺序为：第一排"三牲"，黄鱼或其他鲞、鱼胶、年糕；第二排为生盐、红糖、豆腐、糕、饼、水果；第三排是五碗不同素菜，用金针或木耳分别盖顶；第四排是五碗饭；第五排是六杯酒，最后一排是三杯茶。塯神崇拜寄托着盐民希望得到盐神的保佑，以获好收成的愿望，这种以物拟神化的崇拜，在盐产崇拜中极具地域特色。

2. 盐业祭祀

盐业祭祀是指对盐业有关的历史人物或传说人物的祭祀。在浙江，与盐业相关的存世祠庙以宁波一带最具代表。据民国《象山县志·典礼考·群祀》载，在昌国卫城西门有昌国大庙专祀唐代刘晏，另有左所庙、右所庙为其分庙。位于新桥镇关头村的关头大庙、南堡村的南堡大庙均供奉刘晏。在象山后洋村有盐司庙，又名弦司庙、前司庙，祭祀一位侯姓盐司官，与距后洋村盐司庙约二里的朱家桥穆清庙所奉相同。象山大徐镇杉木洋村常济庙，还供奉着一位出身于本地的盐熬神（盐熬菩萨）——徐始太公。此外，在慈溪鸣鹤古镇有彭侍郎祠。据史载，明孝宗弘治二年（1489年），刑部侍郎兼金都御史彭韶奉命来慈溪鸣鹤场整顿盐政，他革流弊，逐盐霸，换盐官，行宽恤盐民之政，"邑人思之，饮食必祝"[1]。明嘉靖三十二年（1553年），经庠生方镇等奏请，都转运林堂为之立祠。不难发现，这些所祭祀的人物，或为行盐政有功于盐民的盐官，或为有功于后人的盐民祖先[2]。

---

① （清）嵇曾筠、沈翼机等：《浙江通志》卷二二〇《祠祀四》，北京：中华书局，2001年，第6218页。

② 参见武峰：《浙江盐业民俗初探——以舟山与宁波两地为考察中心》，《浙江海洋学院学报》（人文科学版），2008年第4期。

二、生活习俗

海洋生活习俗主要指人们涉海生活中与自身生存需要最密切的风俗习惯，主要包括衣饰、饮食、居住和交通习俗，它是最基本的文化现象，最能展现渔民的生活情态。

（一）饮食习俗

一方山水养一方人，一方山水也造就了一方的民俗民风，包括饮食习俗。"世界上没有任何一种民俗事项能像饮食那样与我们的生活那么贴近，那么能引起我们对民族、家乡和亲人的怀念之情。在人类的生活中，饮食已不再是一种单纯的生物学意义上的活动，而是包含着丰富社会意义的重要文化活动。我们生活中的一日三餐，每一餐实际上都可以说是传统文化的载体和符号，向我们传递着不同的文化信息。饮食不仅可以维持人们的生命，解决人们的温饱，同时它还是一种文化符号，反映着人们的性格特征、道德观念和审美情趣"①。自古以来，浙江沿海居民的生活从来没有离开过海鲜，人们在饮食海鲜中所体现的习俗，可谓五花八门。

1. 菜肴习俗

1973 年河姆渡遗址出土的釜、缸、钵等饮食陶器，说明 7000 多年前的浙江先民已经使用陶器作为烹饪器皿，特别是陶鼎的发现，证明那时已结束了原始自然状态的烘烤、石烹熟食方法，开始了以水为传热导体的水煮法和气蒸法，它是中国最早的饮食器皿的典型代表。另外，河姆渡遗址出土的动物遗骨达 61 种之多，且鱼、蚌、龟、鳖类遗骨难以计数，鲻、鲨、鲸、裸顶鲷、锯缘青蟹等海产均进入了食谱。河姆渡人釜内堆积的大量鱼骨，标志茹毛饮血生活的结束和原始烹饪业的发轫。

浙江是中国盛产海鲜的主要区域之一，黄鱼、带鱼、墨鱼、石斑鱼、香鱼、弹涂鱼、海鳗、梭子蟹、海虾、蚶子、蛏子、牡蛎、泥螺、贡干、海蜇、海带、苔菜等各类海鲜一应俱全，渔家擅长用烩、烧、炖、蒸、腌等烹调方法烹制海鲜。

由于浙江渔民常年生活在海上，养成了生吃一些腌制水产品的习惯，他

---

① 王娟：《民俗学概论》，北京：北京大学出版社，2002 年，第 220 页。

们常将一些新鲜的梭子蟹、虾、泥螺等腌制后食用。如梭子蟹，除蒸、炒、烤等方法鲜吃外，渔民还将其做成蟹酱、呛蟹、蟹股。渔民也喜食用酒糟制作的糟鱼，他们将新鲜的带鱼、黄鱼、鳗鱼、鲳鱼、墨鱼洗净、晾干后，放入盛有酒糟及盐卤水的容器中浸腌，一个月后即可食用，当然也可蒸食，其味特别香醇，也便于贮存。也有用白酒来醉海鲜的，俗称"醉鱼"、"醉泥螺"。渔民还有就着米醋生吃虾和卤虾的习俗。至于制食鱼鲞，早在春秋时期就已开始。

在浙东沿海一带，因海产丰富，一年12个月，几乎每月都能吃到时令海鲜，或经腌制加工的海产品，如：

（1）正月吃状元蟹。状元蟹又称白玉蟹，体小，背呈青褐色，足无毛，大螯特粗，生活在海滩泥穴中。其肉质细嫩，味道鲜美，营养价值高，历来被人们视为珍品佳肴，以烧酒、盐醉制为优。

（2）二月吃蛏子。用盐水白煮，酱汁蘸食。

（3）三月吃大黄鱼、弹涂鱼。宁波一带有吃大黄鱼的情结，婚宴时，咸菜大汤黄鱼或者松鼠大黄鱼是必备的一道压轴菜。弹涂鱼，俗名跳鱼，不仅是餐桌上的美味佳肴，而且是理想的药膳。

（4）四月吃乌贼、鲳鱼。乌贼，又名目鱼、墨鱼，可用咸菜拌炒目鱼片食用，也可晒干加工成鲞，"明府鲞"是宁波著名海鲜干货产品。鲳鱼，其刺少肉嫩，富含优质的蛋白质和微量元素。

（5）五月吃鲜白鲦鱼。鲦鱼又名白鱼、曹白鱼，因其腹面有硬刺能勒人，故名。鲦鱼肉圆汤是风味最佳的一道菜。

（6）六月吃蛤蜊、大海螺、小香螺、辣螺等。

（7）七月吃海瓜子、青蟹、梭子蟹。海瓜子又称彩虹明樱蛤，生活于潮间带泥滩中，其形似瓜子，食之鲜美，烹调方法一般以炒、葱油为多。青蟹、梭子蟹宁波沿海一带均有产，用水白煮或蒸，酱汁蘸食，味道最为原汁原味。

（8）八月吃鲜泥螺。泥螺，又称吐铁、梅螺、黄泥螺，是时肉肥而无泥筋，味道鲜嫩。最普遍的烹调方法是将泥螺浸入黄酒中加糖、味精醉制3~4天后，捞出冲净，加入啤酒、少许姜末浸泡1天即成"醉泥螺"。也可葱油炒，加雪菜做成汤。

（9）九月吃望潮。望潮，又名短蛸，体形椭圆，较乌贼小，色暗褐，触角细长，有吸盘两列，穴居海滩泥洞之中，当潮汛将来时雄者每举左右，上下摇动，似在招呼潮水到来，故名"望潮"。古人有诗曰："骨软膏柔笑贱微，桂花时节最鲜肥。灵蛛不结青丝网，八足轻趱斗水飞。"①

（10）十月吃带鱼。带鱼体长扁侧呈带状，肉多且细，脂肪较多且集中于体外层，味鲜美。

（11）十一月吃海鳗。海鳗，又名门鳝、狼牙鳝，体长近似圆筒状，后部侧扁。通常选取长 1 米以上、重 2 500～5 000 克左右的海鳗，用刀沿鳗脊剖开，撒上盐，风干后食用，肉质洁白细嫩，味道鲜美，营养丰富。

（12）十二月吃红膏呛蟹。从新鲜梭子蟹中挑选出肥壮膏满的雌蟹，经腌制加工而成，味鲜美。

2. 饮酒习俗

渔民终年在海上作业，风吹雨打，且劳动强度大，特别是在天寒地冻季节，或夜间从事捕捞作业时，又易受风寒。为了消除疲劳、祛除风寒，渔民都习惯饮白酒、黄酒。特别是潜水作业前，一般都要饮上几口白酒后下水。同时，渔民还认为饮酒可以消除腰伤等疾。因此，每当渔汛到来前，为了有强健的体魄和充沛的精力来对付高强度的劳动，渔民一般都要吃"黄酒浸黑枣"、"老酒芝麻煮胡桃肉"、"红糖老酒煮鸡蛋"以滋补强身。立夏前后，适逢大黄鱼汛期到，渔民常把捕捉到的新鲜大黄鱼用老酒、红糖煮熟食之，俗称"酒淘黄鱼"。冬至后，渔民要吃"酒淘鱼胶"，即用黄酒、红糖、黄鱼胶连同整只鸡一块煮。凡滋补食品，家人不能分享，以防"分散补力"。

渔民身居海上孤岛浮舟，时时与大海相伴，出没风涛，难得家人团聚、亲友相会，因而把过年这一节日看得更重，往往以饮酒相庆。在使用木帆船的年代，春节前后半个月，渔民就不出海作业了，许多渔村，渔家相互请吃"岁饭"，欢聚喝酒。有的从农历十二月二十就开始互请，但大多是从正月初三四开始互请，直到正月初十出海捕鱼。吃"岁饭"之风，在渔岛自古即有之，至今仍十分流行。有的渔老大喝酒兴起酣热之际，干脆脱了鞋袜，光脚踏泥地，不仅浑身酒热透过脚心通体散发，而且酒量不减，久喝不醉。往昔在渔岛，除了正月初一舞龙和调鱼灯这种大规模的喜

---

① 陈汉章：《民国象山县志》卷三二《文征外编》，台湾成文出版社有限公司，1974 年。

庆活动，吃"岁饭"喝酒，就是渔民过年最为热闹和开心的事。

3. 饮食禁忌

渔民食鱼，除了带鱼、鳗鱼等鱼体较长的鱼，无论是黄鱼、鲳鱼、鳓鱼，或是石斑鱼、虎头鱼等各种鱼类，一般都仅去其不能食用的内脏，而保留"全鱼"。烹饪时，在鱼体中间划上几刀，以便油、酱之类佐料渗入鱼肉入味。烹饪完毕后，上桌也是全鱼。吃鱼时，一般是主人先以筷指鱼，请客人品尝第一筷，然后宾主一道享用。但当一面鱼体的鱼肉吃净后，忌用筷子夹住鱼体翻身，不仅主人自己不会去翻鱼身，客人也不能去翻鱼身，一般是由主人预早持筷，从吃完的鱼体一面鱼刺空缝里将筷子伸进去，再拨拉出整块的鱼肉，请客人食用，以此示范。以后客人也会自动按主人的方法食用骨架下未用过的鱼肉，而不去翻鱼身。吃鱼时，不仅筷子不能拨翻鱼身，而且嘴上也不能说"翻鱼身"，主人在做示范动作的同时总是说："顺着再吃。"渔民素以豪爽、好客著称，而在食鱼上却有如此严格的规矩和习惯，目的是为了避免一个"翻"字出口，或有"翻"的动作出现。这一反映在鱼身上的忌讳习俗，可说是千百年来根深蒂固。这是因为渔民终年四海漂泊，风里走，浪里行，全靠渔船养家糊口，最忌讳"翻"船之类不幸事件的发生。再则，渔民视船为"木龙"，而龙又是鱼所变，所谓"龙鱼"、"鱼龙"之说，即是此意。由船不能翻，到"木龙"不能翻，到鱼不能翻，皆因"鱼"和"龙"紧密相连，何况又事关渔民的生命财产安全和一家生计，故而"吃鱼不能翻鱼身"也就成为一条俗定的规矩，为所有渔家人所认同和严格遵守，无论是在渔民家里，或是渔船上，这个习俗都不能违反。因此，在海岛渔村，无论是在渔船上，还是在渔民家里作客，甚而在饭店和渔家人一起聚餐，都不能说"鱼吃光了"、"鱼吃完了"之类的话。渔家饮食中还有其他种种忌讳，如羹匙不能背朝上搁置。在渔船上或到渔家作客，你会看到渔家人在吃羹或汤食中，所用羹匙都是背朝下平放在桌上或碟中，而不会将匙背朝上搁在羹汤碗沿，男女老幼皆遵循这个习俗。这是因为渔民及其家人最忌讳"翻"船之类现象，而羹匙形状像船，因此，渔家人不愿看到羹匙被倒置。还有筷子不能搁在碗上，因为这形状有似船搁礁状，而海上捕捞航行，也忌讳船只触礁搁浅。这些饮食上的忌讳，反映了渔家人祈求海上平安的心愿。

（二）居住习俗

居住民俗是人类为了获得生存空间和安全与舒适生活的一种特殊风俗，同样"体现了人类本能文化的一个方面"①。海洋居住民俗不仅记录着沿海地区居民的人文历史、社会变迁，而且也是居民意识形态、生活方式的真实写照。民居建筑是流动的诗、立体的画、人与自然和谐的乐章，是人类在漫长的生存、发展中文化的凝聚。

河姆渡文化遗址中共发现 29 排木桩，据考古学家推测，至少有 6 栋以上建筑。根据木桩的排列与走向分析，当时的房屋呈西北、东南走向。从单体看，当时普遍采用连间长房子形式，其中最长一栋房屋面宽达 23 米以上，进深 7 米，房屋后檐还有宽 1 米左右的走廊过道。这栋房子可能是一个家族的住宅，房子的门开在山墙上，朝向为南偏东 5°~10°，使其冬天能够最大限度利用阳光取暖，夏季则起到遮阳避光的作用，从而有利人类的生活和居住。河姆渡原始先民已十分注意装饰自己的住宅，他们用塑有四头小兽和五叶纹的陶块装饰屋内，在木构件上也雕刻有植物茎叶组成的图案花纹，说明河姆渡住宅建筑已经有早期雕梁画栋风俗的萌芽。

沿海与海岛地区风大、雾多、潮气重。旧时渔民住宅多以石壁矮墙茅屋为主，屋顶常用野生茅草覆盖，并用石块压屋脊，再用绳网罩屋顶，以防大风揭顶。屋架梁柱一般利用旧张网竹，这样既可以废物利用，又省钱、省事，且因张网竹经海水长期浸泡，不易生虫。屋基多选在近山背风朝阳处，屋形似"金字塔"，脊高墙低门墙矮，外墙还习惯涂成黑色。有的屋主在草房四周筑围墙，大门入口处建造瓦墙台门。温岭县石城镇附近渔村的渔民，以前都习惯用当地产的块石造石屋，不但就地取材省钱，而且既防台风，又牢固。石塘渔村的石屋群至今保存完好（图5-2）。

---

① 叶涛、吴存浩：《民俗学导论》，济南：山东教育出版社，2002 年，第 10 页。

图 5－2　石塘古老的石屋①

　　渔民建宅俗呼"起屋"或"起新屋"。渔民起新屋十分讲究"向道"、"风水"，在破土动工前，先要请风水先生用向盘即八卦盘测定风水，定朝向立柱桩，并要用水果、糕饼和香烛等祭祀土地神。祭祀完毕，由一个在前执香领路，一人握锄头作挖土状，以示动土建宅。

　　渔家起屋破土，在地漕放石片，打夯定宅基。宅基打夯时，帮工要诵唱吉词作为打夯歌。夯具由 4 人或 6 人牵拉夯绳，2 人把夯柄，1 人领号子，余者和唱。

　　起屋上梁的仪式也十分隆重、热闹。渔民认为新屋上梁是否顺利，事关家族子孙后代能否永享太平，因而极为重视。如上梁须按阴阳，其时间都安排在"涨潮"或"月圆"时辰，认为此时吉利，同时取其合家团圆，招宝进财，后代繁荣昌隆之意。

　　新屋上梁时，作栋梁的木材两头要缠红布，或红绸布，俗呼"缠梁红"，象征红火发达。正栋上要用小型银钉，并放置银梯，这是因为方言中"银"与"人"谐音，"银钉"谐音"人丁"。银钉、银梯高置屋栋，反映出渔民祈求家庭人丁兴旺、节节高升的美好愿望。为使"浇梁"仪式顺利进行，上梁前，起屋人家都用红纸包钱送给作头木匠师傅。上梁时，作头师傅手把酒壶，边浇边唱着"上梁歌"：

① 图片来源：温岭新闻网（http://wlnews.zjol.com.cn），2007 年 8 月 26 日。

> 浇梁浇到青龙头，下代子孙会出头；
>
> 浇梁浇到青龙中，下代子孙都兴隆；
>
> 浇梁浇到青龙脚，下代子孙会发迹；
>
> 团团浇转一盆花，全岛好数第一家。

随着歌声，黄酒从梁首浇到梁尾。唱毕，作头师傅高喊："上梁！"随着喊声，四位木匠分两头用绳将梁木缓缓地拉至柱顶。在拉梁过程中，因海上以龙为首，而东首为"青龙座"，西首为"白虎座"，"白虎"须低于"青龙"，因此东首必须要比西首拉得高。待梁木放齐，钉上银钉，放上银梯后，由木匠师傅开始朝前来庆贺上梁的邻居和看热闹的孩子们抛"上梁馒头"，以示与乡邻和睦，共享新宅上梁之喜。这些"上梁馒头"多是亲戚朋友为祝贺建宅人家新居玉成所送。舟山六横岛上的渔民上屋梁时，除了丢馒头，同时还得向下抛一只一米长、内放五个装有稻谷的黄色小口袋的黄色布袋，由其子女接住，以示"五代见面"。

上梁之日，建宅主人还要置办上梁酒，俗呼"树屋酒"，酒席多少，视自家亲戚好友多少和财力而定，少的三五桌，多则十余桌，其热闹不亚于婚宴喜酒。树屋酒主要为招待泥水匠、木匠、石匠、帮工及亲戚朋友。酒宴上，工匠桌以石匠为尊，礼让坐在上横头即主宾席。主人则身穿新衣或整洁衣服，热情地为作头师傅斟酒以表示敬谢，并向诸工匠及亲友上酒菜。上梁这一天，第一根屋柱上，第一道门框、窗框上，都要贴上祈求和顺、太平、丰收、长寿等吉语的对联，并燃放爆竹。

渔民建造住宅，也十分讲究避免"相冲"、"相克"，如两户宅第间禁忌"门对门"和"门对弄"以及"屋脊对门"，否则会被认为是"风水相冲"而相克，发生意料不到的祸患。为消除这一由相克而引发的祸患，渔民往往在自家门框上面钉上八卦图、照妖镜，或书写"泰山石敢当"、"姜太公在此，百无禁忌"之类法语以辟邪。若遇有邻居屋檐正对自家门户，就在屋面上放"瓦砾将军"，即姜太公钓鱼泥瓦塑像，或是种上屋葱，借"葱"与"冲"字谐音，达到辟邪的目的。

渔家乔迁新居前，先要到新宅祭门，做"羹饭"敬神，然后把列代祖宗灵位从旧宅迎至新宅。请祖宗牌位时，一般由顶门立户的男子捧灵牌，并要用阳伞遮护，家人随后护送至新居，请上新的祖宗堂上供奉。搬入新居后，也要做"羹饭"，一则抚慰祖宗灵位入新居，祈求神灵庇护；二则也为答谢亲朋新邻和帮工，形成新的睦邻友好关系，以后彼此有个照应①。

（三）服饰习俗

渔民服饰与所处环境与海上劳作密切相关。直到 20 世纪 50 年代前期，浙江沿海渔民上衣习惯穿大襟布衫或直襟衫，外加背单。背单有季节之分，冬天穿棉背单，夏天穿单背单，春秋两季穿夹背单。背单，其实就是背心。另还有玄色大棉袄。渔民的大襟衫不同于内陆之处是衣襟为左开式，主要原因是为了避免右手对风时与网纲、绳线相勾缠。同时，为了耐风化、日晒和海水侵蚀腐烂，布衫在制作后，放在盛满薯莨根皮（即为栲）煎煮的大锅汁液中熬煮，至色呈深褐色时捞起晒干，俗称"栲汁衣"，又称"栲衫"。至于"栲衫"之外再加背单，则是因海上劳作天气寒冷，为防寒保暖之需。裤子则为裤腿肥大的龙裤，腰系布质"撩樵"，即为腰带。而渔妇服饰除左衽大襟衫和"兑裤"外，一般均在腰际系一条长及盖膝或短至膝上的裙裾，俗呼"布裪"。至清末民初，渔民中盛行用蓝色或青色斜纹花其布料，制作十字裆龙裤。这种龙裤裤腰两边用七彩丝线绣上"八仙过海"图案，或是绣上观世音菩萨的莲台祥云，或是绣上青松白鹤、黄龙飞禽等图案。腰身前后裤子上，又分别绣上"顺风得利"与"四海平安"等祈求平安丰收的字样。明清及民国早期，渔船上服饰穿着还有等级分别。如春秋汛，渔船上不管是船老大、还是船员，都穿单裤，但到夏汛，老大穿长的薄质布料裤，而船员则穿短裤。这是因为船老大一般只管操舵等，而下网、拔网和起鱼货等活，都由船员承担，海水、鱼腥容易沾湿沾污衣裤，故而船员大都穿短裤。

（四）交通习俗

沿海与海岛地区的交通离不开船，沿海区域交通便利在于海，交通阻隔也在海，海上交通免不了要与风涛搏斗。浙江沿海地区是中国舟船的发源地之一，早在史前时期已将舟楫用于交通。春秋战国时期，已有"以船为车，以楫为马"之说。舟山列岛地处吴越海上交界处，对内可

---

① 参见郭振民：《中国舟山群岛嵊泗县的生态与文化》，柳和勇、方牧主编《东亚岛屿文化》，作家出版社，2006 年；嵊泗县人民政府：《嵊泗渔民居住习俗》，海洋财富网（www.hy-cfw.com），2011 年 1 月 11 日。

达长江、钱塘江，对外可通四海大洋，而周围岛屿之间又各自孤悬，内外交通唯有船楫可行于海。明代以后，随着造船业和渔业的发展，出现了渔行、冰鲜船，由于其往来于海岛与大陆之间，为渔民对外交通提供了便利，渔民便俗称"乘便船"。以后出现专门的客航渡轮，乘客轮外的所有船，统称"乘便船"①。海岛居民出门前要了解海上交通的天气情况，以前往往通过观天测地以了解海上风讯或雨讯，以后则通过收听天气预报来了解相关信息。至今，出门前了解天气情况仍是浙江海岛交通的一大习俗。

三、礼仪习俗

礼仪习俗是指人的一生中，在不同的生活和年龄阶段所举行的不同的仪式和礼节，如诞生礼仪、结婚礼仪、丧葬礼仪等。诞生仪礼，表示婴儿脱离母体进入社会，结婚仪礼意味着家庭的建立，子孙繁衍的合理性，并开始对家庭和社会要担负起一定的义务；丧葬仪礼则宣告一个人完成他一生的全过程，生命终止，社会行为也就终止。

（一）生育习俗

1. 催生

在浙江沿海岛屿，产妇临产前，娘家要送"催生担"。"催生担"中有衣食两项。衣者指婴儿所需的衣饰、尿布等用品，均用黄色布帛制成；食者红糖、鸡蛋、桂圆、长面等滋补品，意含孕妇早生贵子。舟山嵊泗一带催生要送黄鱼鲞，一则为讨"黄鱼鲞"三字内黄吉日、鲞（响）之吉意；另一层用意是黄鱼鲞炖肉汤，营养价值高，且产后奶汁多，有利于生产后哺育。"催生"中还有一些有趣的习俗，如甩催生包袱卜男女。其法：将催生包袱从窗户抛进房内床上，若包袱朝床里，包袱结朝下，为生男之预兆；包袱朝外、包袱结朝上为生女之兆。甩包袱卜所生是男是女，反映了旧时海岛渔家因生计所迫，需要男丁下海捕鱼养家糊口，因而"重男"之俗。因此，若临盆产下是男孩，婴儿之父还要跑到海滩去向龙王报喜，用供品酬谢龙王。

---

① 陈洁帆：《浅谈渔民生活风俗》，宁波市海洋与渔业局网站（http：//www. nbhyj. gov. cn），2009 年 11 月 16 日。

2. 满月

婴儿出生满一个月称"满月"，一般要办"满月酒"庆贺。在舟山，长辈要把彩线挂于婴儿颈项，谓"挂长命线"或"富贵线"，亲戚朋友也送礼示贺。婴儿剃去胎发，俗称"满月头"、"去胎发"，并穿戴满月衣帽，即狗头帽、虎头鞋和绣花肚兜，由长辈抱着，撑着凉伞，穿街走巷一圈，民间戏称为男孩寻老婆，为女孩寻老公。不少岛上，在婴儿满月时，家中大人要抱到海边戏浪浴海。此俗的含义是让孩子降生后与大海相近相亲，与海龙王攀亲，将来有个照应。在舟山个别小岛，也有把婴儿的"襁褓"放入瓶里，用"褓瓶"代婴儿下海，让它随波逐浪去与海龙王"攀亲"①。

在宁波一带，产妇的娘家要送"满月担"，有鸡肉鱼等食物和老虎头鞋帽、抱裙、披风等衣物。婴儿的姨母、姑母、舅母等以五色线编织彩带挂婴儿项上，并赠饰物祝长命百岁。是日祭神拜祖，办盛宴请亲友，俗称"满月酒"，并向四邻送肉丝炒面。

3. 走外婆家

婴儿在出生两个月后，要走外婆家。去之前，要用锅灰在婴儿的鼻尖上抹一圆点，并将一本旧历书挂在婴儿身上，俗称"乌鼻头管望外婆"，意示避邪。外婆得给婴儿挂上用五彩丝线搓成的"长命线"，以示祝福其"长命富贵"。在洞头，男孩满周岁时，大凡讲闽南话的外婆均送"红圆"；讲温州方言的外婆则送寿桃，以示祝福。小孩六七岁换牙时，习惯在丢牙时双脚齐正并拢，上牙丢床下，下牙丢屋顶上。掉牙后先吞三口淡风，寓意是"新牙齐整"。

4. 生育禁忌

浙江沿海区域的生育禁忌极为严格，尤其是出海渔民，更是讲究避忌。自古以来，渔岛视妇女产房为"红房"，经常要出海的渔民，不能出入"红房"。因为在渔民心目中，做产见血是"阴"极之事物，而出海要与海龙王、虾兵蟹将打交道，要与风涛艰险搏斗，需要阳刚之气，故不能进"红房"，以免因沾染"阴"气而减了阳气，带来不测。再是进过"红

---

① 金英：《舟山诸岛的出生礼仪》，《浙江海洋学院学报》（人文科学版），2005 年第 2 期，第 33 - 35 页。

房"的人，不能进佛堂、庙宇，否则就被认为是对菩萨神灵的不敬。进过"红房"的人，也不能出入新婚场所和丧葬场所，以免造成相克相冲。

（二）结婚习俗

传统婚礼严格完整，基本上按照"纳彩、问名、纳吉、纳征、请期、亲迎"六礼的程序进行，以后随着时代的进步有所变革。在宁波，普通婚俗有媒妁、订婚、贺礼、搬嫁妆、相亲、迎娶、拜堂、喜宴、闹洞房、回门、望担、满月盘等 10 多道程序。

1. 定亲

旧时男女婚事，先由媒人牵线，父母同意后，请算命先生根据男女双方的时辰八字抽签。大凡属相相克者均不能成婚，如男子属龙，女子属虎者，均因"龙虎斗"而不能结婚。如八字相配，男方得备果品礼物，派人与媒人同往女家，询问姑娘的出生年、月、日、时辰，称之为"请庚帖"。女方将姑娘的生辰八字书写在红帖上，送至男方家里，叫"过庚帖"。男家得庚帖，置灶神龛前，如三日内平安无事，婚事就定了。之后，男方媒人得持婚书（俗称"书子"、"书纸榜子"）与簪子等定情物，以及猪肉、鸭、鸡、酒等礼品挑到女家，俗称"纳吉"，也叫"发送"。女方收到礼品后，将事先为女婿及婿家父母等人做的鞋子、笔墨、纸砚、香袋等物放至男子的礼担中作回礼，又叫"过书"。

洞头的渔民在亲事定下后，在结婚前几天，还流行送彩礼。男方的亲朋要挑几担礼品，主要有金银首饰、猪肉、糖果、糕饼送至女方家，女方家则热情接待送彩礼的人，要摆酒宴请，饭后送红包。女方在收下男方的部分彩礼（不可全收，每样物品都得退还少许）后，把棉被、枕头、子孙桶（即马桶）、火囱（铜制取暖手炉）、家笞篮（盛剪刀、尺、针等工具的竹篮）等嫁妆放至担子里，让男方亲朋挑回（图 5-3）。

2. 结婚

在举行婚礼的前三天，洞头县兴男方家长要向邻居分送小汤圆，以示小夫妻未来生活团团圆圆。结婚前一天晚上，男方要用全猪、全羊敬拜天地神祖，以此来谢愿，俗称"做敬"。有的还要请司公（道士）来边歌边舞祷告祖宗，拜天地神灵。在举行婚礼的这天早上，新娘要吃"肉骨饭"，意味婚后夫妻二人情同骨肉。到男家，新娘要跨过一盆炭火后，方可和新郎拜堂。

宁波旧俗，花轿至男家时，鸣鞭炮，击鼓锣，敲悬于帏的铜喜鹊。花轿停在堂沿，轿夫开轿门，一盛妆幼女（俗称"出轿小娘"）上前行礼后，送嫂取镴壶中香粉在新娘脸上补妆，称"添妆"。然后携新娘出轿立于拜位，一全福妇女用秤杆微叩新娘头部，再用秤尾自下而上挑去方巾，置于床顶上，俗称"揭戴头帕"。陪郎请新郎位于拜位。主婚者位于上，赞礼司仪，新郎新娘上香拜天地、祖宗后对拜。拜堂后，陪郎二人捧花烛引导新人踏地面布袋入洞房，布袋五只，每行一袋，送嫂即移置于前接之，称"传宗接代"①。入房后，新人并坐床沿，饮红糖圆子汤，礼厅中宾客同时饮食，以示团团圆圆。饮后新郎出房，送嫂服侍新娘换妆，然后新人依次向父母和长辈跪拜。礼毕，新郎向长辈敬茶，长辈放红包于茶盘上作为见面钱，新娘上前接茶盘（图5-3）。

图5-3 宁海"十里红妆"博物馆内部陈列②

在舟山，新郎入洞房后，长辈要将枣子、桂圆、甘蔗等10样干果抛向华堂，让贺喜人员争抢，俗称"抛喜果"。新娘还得亲自到厨房亲手割下祭祖的猪肉，并将身上所系布阁（一种上下相连的衣服）交给厨师，请代

① 浙江民俗学会编：《浙江风俗简志》，杭州：浙江人民出版社，1986年，第155页。
② 图片来源：《宁海"十里红妆"博物馆》，宁波文化网（http://zw.nbwh.gov.cn），2006年2月10日。"十里红妆"指的是江南特有的嫁女场面，从女方到男方的嫁妆队伍，浩浩荡荡延绵数里，民间叫"十里红妆"。红妆是用贵如黄金的朱砂漆底，用黄金、水银和各种天然石等装饰，集雕刻、堆塑、绘画、书法等一体的各类生活用品。宁海"十里红妆"博物馆是由政府提供馆舍，民间收藏家何晓道先生提供展品的国助民办博物馆。

为厨事，俗称"出厨"。接着拜见家中大小，受拜的长者要给"拜见钿"。舟山地区多岛，若外岛娶亲，无法坐轿，均以船代之。娶亲船在前舱挂彩旗若干，也有在舱门口悬挂大红彩带。新娘上船时，双方鸣放鞭炮，由长者背新娘到婿家。旧时舟山有"阿姑拜堂，公鸡陪洞房"之俗。这是因为有的新郎出海生产遇风暴等特殊情况，不能如期归来，习惯由阿姑代替拜堂，同时在洞房内笼养一只公鸡，公鸡颈上悬一红布条，待新郎回来后，才将公鸡放出。

3. 回门

在宁波一带，成亲后次日起床，须由新郎开房门。是日，男方备轿请阿舅，阿舅受茶点三道后，退至阿妹新房歇息。午宴，请阿舅坐首席，称"会亲酒"，但忌用毛蟹（娘舅谑称毛蟹）。宴后，用便轿接新郎陪伴新娘回娘家，称"回门"，随轿送娘家"望娘盘"一担。岳父母家宴请"生头女婿"，忌用冰糖甲鱼。宴毕返回，新娘一出轿门，宾客中爱闹者预先以二三十条长凳从轿前铺接至新房门口，架成"仙桥"，要新郎搀扶新娘从"桥上"过，客人欢笑催促，新娘若步履稳健，则在新房门前"桥头"凳上再叠长凳一条，并递上一只油包，要新娘口咬油包走过，俗称"鲤鱼跳龙门"①。第三日，新娘要亲自煮糖面，分送四邻，故俗谚有"三日入厨下，洗手做羹汤"。

（三）丧葬习俗

丧葬仪礼是人生仪礼中的最后一次，受儒家"事死如生，死亡如存，仁智备矣"思想影响，浙江沿海地区十分重视丧葬仪礼。乾隆《象山县志》载："丧礼：有丧即讣告族亲，谓之'讣音'。往唁，谓之'问信'。大殓成服，设铭，帏堂，族亲毕集，谓之'送殓'。受祭吊，谓之'开丧'。归窆，谓之'送丧'。丧毕，孝子往拜亲邻门，谓之'谢孝'。初死，遇七必祭，谓之'做七'，七七乃止。如七期逢月之七日，谓之'撞七'，礼加厚。盖七日来复，孝子思念亲，礼犹可通，而廷僧巫礼忏则失之矣。设灵堂，进膳如生时。次年正月，亲邻香烛来拜，谓之'拜座'。二十七月除之，谓之'除灵'"。

---

① 浙江民俗学会编：《浙江风俗简志》，杭州：浙江人民出版社，1986 年，第 156 页。

1. 送终

旧时老人（病人）临死前，亲人要守床前"送终"，记录病人的遗言，并给病人喂几口饭，剩饭由子孙分食，"吃袭衣饭"。当老人咽下最后一口"海底痰"之后，多由长子扶起跌坐，直到尸体冷透，帮助"坐化"。甬谚有"晓得死，爬起坐"之说①，认为死前必须坐起来，灵魂方可升天。此时，亲属嚎哭，焚香燃烛，烧化锡箔纸钱，谓之"送盘缠"。

2. 停尸、报丧

老人气绝后，亲人焚香于灶前、祖堂，给死者沐浴、剃头，穿"过老"衣，后移于堂屋，陈列菜饭祭奠，谓"移尸羹饭"。堂屋内悬孝幔，设祭桌，供糕点，点"脚后灯"，同时将死者睡过的席褥，连同新买来的草鞋焚于三岔路口，叫"烧荐包"。随后派人倒掖雨伞向亲戚报"讣音"，亲戚闻耗，以哭相报，或以砸瓦片代之，并备"重被"、白烛、祭品等去灵堂吊祭。晚上由死者的亲人守灵，请和尚、道士念经，为死者"超度"。

3. 落殓、出殡

浙江沿海一带，一般择涨潮时分"落殓"。子孙将死者遗体安放棺中后，即将亲友所送"重被"唱名盖上，再封钉棺材，亲人扶棺围哭，随同送葬同唱《醮杠调》，择好时辰出殡。出殡时，子穿孝服，戴上梁冠，腰系草绳，手执孝杖，孙子戴二梁冠，四代曾孙戴黄帽，五代重孙戴红帽。出殡时，先行"醮扛"礼，继以魂幡引路，鸣锣开道，孝女手挥灵牌，孝子扶棺，亲属按辈份随送。棺木入墓穴，即"进椁"后，众人回祠堂焚烧灵牌，将其名讳排行记入祠堂神位，设祭"上堂"。从人死之日起，每七天祭奠一次，叫"做七"。第五个"七"一般由婿家设祭。满七个"七"时，亲人就将居丧用的麻带等物烧毁。至一百天时再祭，俗称"百日祭"。满一年做"周年羹饭"②。旧俗三年"满孝"。

4. 招魂

舟山、宁波一带的渔民、船民因遭海难亡故而找不到尸首者，其家人便扎个稻草人代替安葬。安葬前请道士为之打醮、超度。其法是，家人在

---

① 周时奋：《宁波老俗》，宁波：宁波出版社，2008 年，第 137 页。
② 浙江民俗学会编：《浙江风俗简志》，杭州：浙江人民出版社，1986 年，第 167 页。

海边搭醮台，上供香火中间坐着稻草人，草人身上佩有死者生辰八字的纸条，后边放着棺材。海滩上摆两张竹席，上摆祭品。到夜间潮水上涨时，点燃稻草堆，道士齐奏钟磬铙钹，披麻戴孝的家人提一盏灯，嘴里高喊"××（死者的名字）嗳，海里冷冷嗬，回家来嗬！"其妻子或一些亲属便接着答应"回来了！"如此边叫应边走，一直喊到潮水涨平，道士铃声越来越紧，最后突然一下重锤，就表明死者的魂已招进稻草人体中，"招魂"才告结束。第二天，把稻草人放进棺木，抬上山再行葬礼①。

嵊泗岛上略有不同。死者家属在道士"超度"时，要将一只缚紧的雄鸡放置箩中，将箩挂于带根的毛竹顶梢。道士坐台作法，一道人面向大海，一面摇动毛竹，一面高叫"××来呵"，另一个背朝大海的人随即答"来啰"。现在，招魂之俗已不多见，家人一般是去普陀山普济寺，请僧人为亡灵超度。

第三节　浙江海洋民俗文化资源的经济价值

21世纪将是海洋经济时代，海洋经济的勃兴和发展离不开时代大潮的抚慰。文化是经济发展的方向与动力，是经济发展的重要基础，发展经济与繁荣文化是相辅相成的。海洋民俗蕴含着中华民族特有的精神价值、思维方式、想象力和文化意识，体现着中华民族的生命力和创造力。浙江海洋民俗文化资源更是区域文化资源的特殊形式，发展区域经济与传承海洋民俗文化是相辅相成的，经济的持续健康发展需要大文化环境的改善。当今世界，经济文化一体化趋势日益明显，优化的大文化环境已越来越成为地区综合竞争力的决定性因素。

一、海洋民俗文化精神是区域经济发展的动力之一

民俗文化的内涵之一是价值观，价值观决定人们的态度，态度决定人们的行为方式，而这种方式又决定人们计划和策略的选择，方法和工具的应用。海洋民俗中的理想信念、价值标准、道德风尚、行为规范等，反映

---

① ［日］铃木满男主编、中日越系文化联合考察团撰：《浙江民俗研究》，杭州：浙江人民出版社，1992年，第238页。

着沿海区域社会群体的利益、愿望和意志，铭刻在人的内心，渗透于人的灵魂，潜移默化地支配着人的行为，营造着社会气氛，调节着社会关系，对社会经济发展起着巨大的影响和制约作用。适应经济社会发展的民俗，能激发起经济主体的主动性、积极性和创造性，从而产生强大的创造力，推动经济迅速发展。浙江悠久的历史和源远流长的文化中形成的商业文化传统和义利兼顾的价值观，造就了浙江自主自强意识、开拓创新意识等文化优势，形成了"自强不息、坚韧不拔、勇于创新、讲求实效"的浙商精神，以及"海纳百川、同舟共济"的品质，并将这种精神融入到市场经济建设中。作为资源小省的浙江，其经济增长速度能够位居全国前列，其中最深层的原因就是浙江利用强大的文化优势，将深厚的文化（特别是海洋文化）底蕴与时代意识有机结合，从而使文化成为经济发展的动力。

"送大暑船"、"正月半夜扛台阁"、石塘箬山的"大奏鼓"等是台州民众在独特的生存环境和历史文化背景中，在长期耕海牧鱼的生产、生活中形成的别具特色的一种传统民俗活动形式。渔民祭祀活动和传统民间文艺表演等作为渔民一种精神寄托，主要有娱神、娱人两大板块，以祭祀为核心，以民间文艺表演为主轴，含有历史、宗教、生产、民俗等诸多文化内容。这些活动承载着台州渔民许多重大的历史文化信息和原始记忆，使大量的原始祭祀礼仪和民间文化艺术表演形式被保留下来，从而对活跃渔村文化生活，繁荣区域经济产生积极的作用。

二、海洋民俗文化资源是重要的旅游资源

海洋民俗文化资源作为独具特色的旅游资源，在世界范围内受到普遍重视，并迅速发展，已成为国际旅游的主流之一，在未来旅游业中有着广阔的发展前景。从一定意义上来说，海洋民俗文化也是生产力，是一种有形的或无形的或潜在的生产力，它推动着物质文明和精神文明不断向前发展。过去，海洋旅游的概念只是纯粹的游山玩水，是一种单调的活动。如今，随着海洋民俗文化资源的逐渐被重视，大量的民间传说被收集、整理，各种民间歌谣、民间舞蹈、民间曲艺等被挖掘，成为了一种新的旅游资源。

海洋民俗文化旅游是通过游人亲身投入，成为特定环境中的一员，从而达到旅游主客体双向交流，满足旅游者休闲、探奇、求知、审美欣赏等目的，并在异乡情调中体验另一种生活感受。游客在游览名胜古迹的同

时，了解其富有神奇色彩的传说，是当前旅游者的普遍心态。民间传说有山川古迹传说、土特产品传说、民俗民风传说（包括衣食习俗传说、年节习俗传说、游艺习俗传说等）。在众多的岛屿中，它们的形态特征、植被特征都带有一些寓言式的意义，甚至每个岛的来历都有神奇迷人的传说。在游览这些景点时，聆听岛屿的传说和种种来历，无疑会使游客充满情趣和新奇感，特别是与众不同、具有浓郁海洋气息的习俗，更会使人们流连忘返，乐不思蜀。海洋民俗文化资源作为一种人文旅游资源，可从精神上满足旅游者的需要和愿望。把浙江海洋民俗文化与其他旅游资源有机结合，将是潜力巨大、前景诱人的旅游新项目。

近年来，浙江的海洋旅游已经开发了不少海洋民俗文化旅游项目，相继推出了一系列休闲文体旅游产品，如举办各类特色鲜明的节庆活动，开发深水海钓、荒岛探险、原始婚姻仪式、古老祭海仪式等活动，让游客直接参与其中，体验渔民劳作与渔家生活。这种以清新的自然风光，纯朴的渔乡风情，通过参与性、趣味性、观赏性于一体的海洋民俗文化旅游，使游客真正领略到渔家古朴淳厚的民风民俗①。海洋民俗文化旅游不但吸引大量游客，带来可观的经济效益，同时也促进各地区之间的文化交流和发展，从而达到以文化促进旅游，以旅游传承文化的目的。

三、海洋民俗文化是建设区域文化品牌的重要基础

随着现代化、城市化进程的加快，城市的经济集聚作用日益突出，而城市的魅力越来越依赖于文化内涵的探索。一座充满文化艺术魅力的城市，必定是文化积累丰富、深厚的城市。独特的民俗文化是一个区域城市的亮点、名片，它能够形成区域城市的文化品牌。通过民俗文化对城市文化的渗透，着力挖掘、营造城市形象，追求城市文化特色之美，是促进城市现代化进程的重要手段。富有鲜明形象和特色的文化，能够提升城市的品位和影响力，增强凝聚力和向心力，形成良好的经济发展人文大环境，从而对城市的现代化建设产生强大推动力。

近年来，舟山市利用其丰富的岛屿民俗文化，打造佛教信仰文化（特

---

① 楼存华：《海洋民俗文化在旅游业中的价值体现》，《舟山日报》，2005年12月11日，第2版。

别是观音文化），并将歌谣、渔歌、小锣书、谚语、故事、小调、庙戏、木偶戏、舟山锣鼓等海洋民俗文化发扬光大，使之成为舟山城市的一张重要文化名片。事实证明，文化一旦成为城市的符号或象征，不仅能丰富一个城市的内涵，而且也会给当地带来巨大的经济效益。

第六章　浙江海洋民间文学艺术资源

　　浙江沿海地区人杰地灵，人才辈出，丰富的海洋自然资源和人文资源为海洋民间文学艺术的发展提供了取之不竭的源泉。沿海居民运用语言、音乐、舞蹈、色彩以及贝壳等材料创造了各种类型的民间文学作品、艺术作品，尤其是东海鱼类故事、东海龙王传说、普陀观世音的故事，以及渔民画、渔民号子、舟山锣鼓等，极富地域特色，是浙江沿海人民智慧的结晶。浙江海洋民间文艺蕴涵着渔民的精神世界，反映着质朴的审美观，不但在浙江沿海地区广为流传，而且在国内外也享有盛誉，在中华民族艺术宝库中有着独特的、不可忽视的地位。

第一节　浙江海洋民间文学艺术概述

　　民间文学艺术是针对学院派文学艺术、文人文学艺术的概念而提出。广义上说，民间文学艺术是劳动者为满足自己的生活和审美需求而创造的文学艺术，包括民间文学、民间工艺美术、民间音乐、民间舞蹈和戏曲等多种艺术形式。民间文学艺术是一切文学艺术之源，是我们祖先数千年以来创造的极其丰富和宝贵的文化财富，是民族凝聚力与亲和力的载体，也是发展先进文化的精神资源与民族根基，在综合国力中有着不可或缺的精神内涵。

　　根据浙江沿海民间文艺目前流传的体裁，可以把它归纳为民间文学和民间艺术两大类，而两大类中又可具体划分为若干小类。

一、浙江民间文学类

　　①浙江民间故事（包括民间神话、民间传说）；②浙江民间歌谣（包括渔歌、渔谣等韵文形式的作品）；③浙江民间谚语（包括渔谚、气象谚等）。

二、浙江民间艺术类

①浙江民间音乐（包括民间器乐等）；②浙江民间舞蹈（包括贝壳舞、龙舞、鱼舞等）；③浙江民间灯彩（包括龙灯、鳌鱼灯、水灯等）；④浙江民间戏曲（包括小戏、木偶戏等）；⑤浙江民间曲艺（包括鼓词、走书等）；⑥浙江民间美术（包括剪纸、渔民画等）；⑦浙江民间工艺（包括贝雕、贝塑、贝饰等）；⑧浙江民间游戏（包括吹海螺、掷贝壳、鱼骨玩具等）。

以上各类浙江民间文学艺术因与渔民的日常生活贴近，在浙江渔港、渔岛流传较广，影响也较深。一些古老神话传说，在渔民休闲"讲古话"、"谈海经"中口耳相传；一些剪龙船花、画渔民画、舞龙舞狮，是浙江渔村渔乡欢庆节日不可缺少的文娱活动；还有的唱鼓词、舞龙灯、放水灯，与浙江渔民的信仰习俗有着或多或少的关联。这些流播于浙江沿海的各种民间文学艺术，渗透在广大渔民的生产活动和生活之中，构成了浙江渔民文化生活中的精神网络。

第二节　浙江海洋民间文学资源

海洋民间文学艺术作为人类海洋文化创造的心灵审美化形态，记录并展示着人类海洋生活史、情感史和审美史，是人类海洋文明发展史上重要的精神财富。这些流传于浙江沿海与岛屿的民间故事、民间歌谣、民间谚语，体现着浙江民众的传统美德，揭示了人民群众辨别真善美与假恶丑的道德标准，反映着人们爱憎分明、扬善弃恶、爱美厌丑的思想和愿望。这些民间文学作品，集中体现出浙江沿海居民热爱劳动、为追求美好理想而艰苦奋斗的创业精神，团结互助、先人后己、舍己为公的崇高品质，诚信谦虚、礼貌待人的道德风尚，崇尚家庭和睦、尊老爱幼的伦理道德，以及劳动人民在海洋生产、生活中敢搏风浪、善驾风向、勇斗海天的聪明才智。民间文学中，不论是正面颂扬，还是侧面揭露，都反映了人们的精神寄托和向往，因而受到当地民众的广泛欢迎，构成了独特的海洋文学艺术景观。

一、海洋民间故事

从广义上讲，民间故事就是人民大众创作并传播，具有假想（或虚构）的内容和散文形式的口头文学作品，也就是社会上所泛指的民间散文作品的通称；从狭义而言，是指神话、传说以外的那些富有幻想色彩或现实性较强的口头创作故事。

《浙江省民间文学集成·舟山市故事卷》共收录了长期口头流传于舟山民间的各种散文叙事类作品 292 篇，其中神话类 11 篇，传说类（包括人物传说、佛道传说、史事传说、地方传说、海岛特产传说、民俗传说）158 篇，故事类（包括龙的故事、鱼类故事、生活故事、鬼怪故事、机智人物故事、寓言、笑话）123 篇。洞头县从 1979 年开始采集海洋民间故事活动，至 1987 年，共采集到涉及海洋动物的传说、故事 200 多篇，有人变鱼虾的传说，有鱼虾入药的故事，有龙宫、人、鱼类之间的故事等。

在浙江沿海区域，较有特色的海洋民间传说故事有以下几类。

（一）鱼类故事

浙江沿海多渔场，渔民们世代出洋捕鱼，捕鱼的多少直接影响到他们的生存，因此，必须对鱼类的生活习性有全面的了解，久而久之，渔民对鱼类产生了特殊的感情，从而在他们中间流传着许多有关鱼类的故事。黄鱼为什么身上总是金光闪闪？每年冬天章鱼为什么总会吃掉自己的脚手？乌贼为什么老是吐黑水？这些鱼类故事饱含着渔民的生产经验，也往往寓有耐人寻味的生活哲理，长期来被渔民当做他们自己的口头教科书，其文化功能不容低估。如在"癞头黄鱼"的故事中，虾虫屏、黄鱼与箬鳎鱼三种鱼的特征、性格均形象地描述出来：黄鱼与箬鳎鱼赛跑，黄鱼傲气十足，猛冲猛闯，一头触在礁石上，结果头破血流，头里还嵌进两粒石头（石首），至今仍未取出；箬鳎鱼投机取巧，想走近路，心急慌忙钻进一条石缝，被刮去了半边鳞，至今还有半边身体长不起鱼鳞；站在一旁看热闹的虾虫屏，见两个赛手双双受伤，幸灾乐祸，哈哈大笑，结果笑得合不拢嘴巴，成为"拖嘴虾虫屏"。类似这样的故事，还有"梅子游大海"、"带鱼舞师"、"鳓鱼投亲"等等，都含有丰富的知识和情趣。

（二）信仰神传说

浙江沿海区域地方神众多，有关地方神的传说也极为丰富。如世居东海的舟山岛民，由于天天与大海打交道，受龙的"神性"影响甚深，因而把自己的生产、生活、命运都与龙的传统意识联结在一起。出海打鱼获得丰收，认为是龙王的保佑；渔船在海上遭灾遇险，认为是海龙王的祸祟。民间信奉的"渔民穿笼裤"、"造船定龙筋"、"船上扯龙旗"、"打鱼撑木龙"、"元宵迎龙灯"等习俗，以及"龙山"、"龙舌"、"龙眼"、"龙洞"、"龙潭"、"黄龙岛"、"青龙山"、"滚龙吞"、"双龙石"、"龙蛋岩"等岛礁地名，都与龙相联系。由此，他们创作出大量以龙为题材的民间传说故事。如陈十四夫人（陈靖姑）传说是从福建传入，但到了浙南后，与当地山川风物密切结合，就成了土生土长的民间故事。主人公陈十四是个美丽热情、豪爽刚强的少女，立志为民除害，经过多次惊险搏斗，终于除掉了罪恶累累的蛇妖，但因触犯天条，不得不含怨离开人间。又如春秋战国时的伍子胥，为人刚毅正直，传说他被吴王夫差赐死后，冤魂不散，浙江沿海百姓就祀奉他为潮神；舟山地区才伯庙中的菩萨，穿着渔民常穿的那种笼裤，传说他本来就是当地一位优秀的渔民等。象山县的鱼师传说则更有特色。

（三）滨海历史故事

几千年的海洋文明史，在山海之间传承千年至今，曾经发生过的，曾经创造过的，或者曾经大规模流传过的文化现象和大规模的生产活动、惊心动魄的军事活动、丰富的文化活动名人往来等，虽有文字记载，但更多活生生的记忆，却广泛地存在于民间，成为一笔宝贵的文化财富。如在浙江象山沿海区域，具有明显历史及人物印记的民间故事就很多，如"徐福东渡传说"、"赵五娘传说"、"戚继光传说"、"王将军传说"、"泥马救康王传说"、"吴王夫差与鲞鱼"等，这类传说故事约占到象山非物质文化遗产总量的30%左右。

（四）"灵异"传说逸事

清乾隆间纂修的《重修南海普陀山志》"灵异卷"中，就有"文宗嗜蛤蜊"、"梵僧礼潮音，大士说法授以七宝石"、"日僧慧锷留不肯去观音"、"短姑道头"、"大智和尚入山见光熙"、"红毛人进山寺掠夺财物，将归去，船忽焚，贼俱溺海"、"倭寇欲盗明赐藏经，大鱼挡舟不得动弹"、"倭寇盗佛像，飓风沉贼舟"等传说故事。

（五）渔民生活故事

浙江海岛民间故事中，有许多是反映渔民生活的，如"鱼哪里最好吃"、"状元老爷与柯鱼阿毛"、"二浆团打赌招亲"等，都是赞颂渔民的聪明才智；还有一类专讲渔民风格、精神的，如"青浜庙子湖、菩萨穿笼裤"中主人翁财伯公，每逢雾天，就上山点火为过往船只导航，指引过往船只到庙子湖港湾避风，以致劳竭身亡。"岑港白老龙"故事中，说的是白老龙帮助年轻寡妇捕鱼等。

二、海洋谚语

海洋谚语是浙江海洋民间文学的又一个重要组成部分，尤其是独具口语化、地方化特点的渔业谚语和气象谚语，语言简练，艺术性强，是浙江沿海渔民几千年来在生产、生活实践中总结出来的宝贵经验与集体智慧的结晶。《浙江省民间文学集成·舟山市谚语卷》共搜集民间谚语2 110条，内容涉及生产、自然、社交、社会、生活、时政、事理、修养等。例如：

> 上山怕虎，落海怕雾。
>
> 八月十六明月照，海水浸过龙王庙。
>
> 春潮五更改，夏潮黄昏送，秋潮两头大，冬潮太阳红。
>
> 平风平浪天，浪生岩礁沿；发出哨哨声，天气马上变。
>
> 浪叫有礁，鸟叫山到；混水泛泡，趁早抛锚。
>
> 三级四级是亲人，八级九级是仇人。
>
> 东南风是鱼叉，西北风是冤家。
>
> 有风走一日，呒风走一年。
>
> 东风带雨勿拢洋，挫转西风叫爹娘。

浙江谚语也真实地记录了浙江沿海（海岛）人民对生活的切身体验，对自然的独特感悟和人生的思考。如以下谚语就是反映渔民海洋捕捞经验、渔民对鱼汛规律的认识和航海驾船的体会。

> 柯鱼靠三硬：人硬、船硬、渔具硬。
>
> 柯鱼靠勤，拔网靠韧。
>
> 要问鱼群，先看鸟群。
>
> 三冬靠一春，三春靠一水，一水靠三潮，一潮靠三网。

小雪小抲，大雪大抲，冬至旺抲。

洋上吼风有响，渔船勿可动桨。

小满到，黄鱼叫。

一听黄鱼叫，船头向北调。

乌贼靠拖，海蜇靠窝。

蟹到立冬，吼影吼踪。

南瓜开花，海蜇飘来。

立夏百客会，夏至鱼头散。

港里防走锚，山边防断缆。

海洋能使八面风，全靠老大撩风篷。

老大勿识潮，伙计有得摇。

千摇万摇，勿如风篷直腰。

　　海洋变幻无常，海上捕捞极具风险。在长期海上作业中，渔民们积累了丰富的气象物候知识，并凭借气象谚语，代代相传，应用于生产实践①。例如：

初八、廿三早夜平。

初二、十六昼过平，潮水落出吃点心。

夜里东风吹潮大，八月十六大潮汛。

涨潮风起，潮平风止。

海水黄牛叫，必有大雨到。

吼风起长浪，勿久风雨降。

远望海水清，天气必定晴；远望海水暗，必有风雨来。

海水分路，勿是风就是雨。

海潮乱，台风来。

海水哈哈响，要有台风来。

条浪打先锋，后头跟台风。

海水发臭发泡，台风即将来到。

---

① 周志锋：《海洋文化视野下的浙东谚语》，《汉字文化》，2008年第6期，第46—50页。

三、海洋歌谣

歌谣历来是反映劳动人民生活的一面镜子，是劳动人民智慧的结晶。千百年来流传于浙江沿海民间的渔歌，就是沿海渔民根据渔业生产的特殊性和流动性，逐步积累和创作出来的一种口头文学，它不仅富有浓郁的海洋气息和渔乡风情，而且蕴含着深刻的人生哲理和生活知识。如《浙江省民间文学集成·舟山市歌谣卷》共选编歌谣164首，内容包含劳动歌、时政歌、仪式歌、情歌、生活歌、历史传说歌、儿歌、其他等八大类。许多歌谣是渔民专为传授知识而创作的，它紧扣"海"字主题，运用艺术手法，通过口授传承，把海洋航行、海洋生活、海洋气象以及船网工具、鱼类习性、船员职责等知识，以歌谣形式代代相传。许多一字不识的渔民，就靠这种方法学习古人知识，掌握生产技能，战天斗海，驾驭海洋。

在温州洞头县，有一首《东海鱼谣》是这样唱的：

黄鱼

金口银牙实风光，金面金身如金装；

头内暗嵌玉宝石，腹中鳔胶赛宝藏。

带鱼

头戴银盔好名声，身穿白袍水内行；

龙宫抛出青龙剑，渔网取来敬弟兄。

鲗鱼

蓝甲碧袍真威风，铜身铁骨硬当当；

时时拿起双刀拼，只怕入网倒退亡。

红虾

红甲战袍紫罗裙，头顶雄尾左右分；

长矛挺起个个惊，海中算我女红巾。

墨鱼

个小胆大称智囊，身穿短衫花衣裳，

一口吐出团团烟，摇摇退退离战场。

蛏子

半日浸水半钻泥，身披铁皿脚朝天，

捆着一条金腰带，日夜倒吊吼吱吱。

海龟

背着八卦带金钱，远游四海乐如仙，

仙人没伊这尼畅，身壮命长寿三千。

海蜇

海内算我顶奇巧，红头面顶八只脚，

四朵鲜花无肠肚，白肉外面血结疤。

广大渔民就用这种歌谣形式，传唱出识别不同鱼类的知识。

舟山的《金塘谣》则用生动的金塘岛口语，向人们叙说了金塘洋及金塘海峡水深流急，遇浪行船艰难的景况：

无风无浪，无米过金塘；

有风有浪，斗米过金塘；

大风大浪，石米也难过金塘。

歌谣中的"无米、斗米、石米"，意思是说：无风无浪的天气，一顿饭工夫就可渡过金塘洋，若遇大风大浪，即使你吃完一石米的饭也难过金塘洋。

舟山《船上人马歌》，则形象地唱出老式大对船上人马的不同岗位、职责和要求：

一字写来抛头锚，头锚抛落船靠牢，

锚缉起来心里安，乾隆皇帝游江南。

二字写来扳二桨，厨顿一到做鱼羹，

鱼羹会做一篮多，西周文王来卜课。

三字写来扳三桨，三个大砫船外亢，

八十拖鱼绳放得长，仁宗皇帝勿认娘。

"抛头锚"、"扳二桨"、"扳三桨"均是船上人员的职务。抛头锚在船上的主要职责是保证抛锚起锚的安全，只要这个任务完成了，他就做好了本职工作，可以像乾隆皇帝那样逍遥自在地"游江南"了。往下唱的扳二桨、扳三桨，一直到头多人、伙桨团、拔头片、拖上纲，以及出袋、出网、撑船等等，个个职责分明，就像现在说的岗位责任制，不仅前后有序，而且唱起来朗朗上口，便于记诵。

渔歌不仅容纳了广大渔民创作的生活主题和艺术手法，表达了自己的思想、期望和理想，而且有许多歌谣真实、生动地反映了渔区各个历史时期的社会状况。在舟山，有一首《黑秤手》的渔歌，全篇歌词用一个

"黑"字来贯串：

> 黑风黑水黑沙滩，黑天黑地黑老板，
>
> 黑船黑网黑风帆，抲来黑鱼赚铜板，
>
> 铜板赚得万打万，买田造屋做棺材，
>
> 一张恶脸像黑炭，黑袖里伸出黑手板，
>
> 十指拨拨算盘扳，黑秤里称出巧机关，
>
> 秤砣下面克几把，抲鱼人只配吃苦饭。

这首《黑秤手》，用具体而生动的细节表达了渔民内心对黑心老板的痛愤，记录了渔民在旧社会被鱼老板克扣、盘剥的历史。

新中国成立后，渔歌创作得到迅速发展。新的渔歌创作，内容多是反映渔民、渔村的新生活。电影《海霞》中有一首《渔家姑娘在海边》插曲：

> 大海边哎，沙滩上哎，
>
> 风吹榕树沙沙响，
>
> 渔家姑娘在海边哎，
>
> 织呀织渔网，织呀织渔网。
>
> 哎，渔家姑娘在海边，织呀织渔网。
>
> 高山下哎，悬崖旁哎，
>
> 风卷大海起波澜，
>
> 渔家姑娘在海边哎，
>
> 练呀练刀枪，练呀练刀枪，
>
> 哎，渔家姑娘在海边哎，练呀练刀枪，练呀练刀枪。

这首歌犹如一幅美丽的画面，展现了洞头海岛风光旖旎的美丽景象：在湛蓝色的天空下，在波光粼粼的大海边，风儿掠过海面，荡起层层涟漪，风儿掠过悬崖上的树梢，抖落叶儿片片，轻柔的海风拨动姑娘的发梢，撩拨着姑娘多情的心弦。她们尽情地沐浴着夕阳的余辉，享受着柔柔海风甜蜜的亲吻，用梭子在编织着渔网，也编织着明天的美好和希望。

第三节　浙江海洋民间艺术资源

海洋民间艺术是通过塑造具体生动的形象来表现海洋、反映海洋社会生活的意识形态，它最大的特点就是依靠色、声、形、情等静态和动态的形象来表现人们对海洋社会生活的理解、情感、愿望和意志，按照审美的规则来把握和再现生动的海洋社会生活，并用美的感染力影响海洋社会生活。海洋艺术具体包括海洋雕塑、涉海书法、绘画、装饰、海滨海上旅游鉴赏等艺术形式的海洋人文景观，以及涉海音乐、舞蹈、美术、戏曲等海洋民间艺术景观①。大海的神秘、雄奇、广远，令人遐想，易于激起人们的创作灵感，浙江区域自古以来以"海"为题材的艺术创作手法多样，不少名篇佳作又为"海"增添了无限魅力。

一、浙江海洋民间音乐

浙江海洋民间音乐是浙江沿海与海岛居民利用口头传唱与器乐演奏来表达自己思想、感情、意志与愿望的一种民间艺术形式。在浙江的海洋民间音乐中，最具特色的有舟山锣鼓、渔民号子与洞头吹打乐"龙头龙尾"。

（一）舟山器乐曲"舟山锣鼓"

浩瀚的东海和美丽富饶的舟山群岛孕育了别具特色、精彩纷呈的民间音乐，而"舟山锣鼓"就是其中的杰出代表之一。

"舟山锣鼓"又名"回洋乐"、"海上锣鼓"、"白泉锣鼓"，是大套复多段吹打乐。乐队中吹、拉、弹、打各项乐器配制齐全，排鼓、排锣两大主奏乐器别致新颖，演奏风格独特，音乐、音量对比鲜明，音响色彩丰富，具备表达多种情趣的功能。由于地域特色，"舟山锣鼓"表现了东海渔民那种豪爽粗犷的性格和战斗风浪的壮阔、惊险场面，以及开船、拢洋等节日欢腾热烈的气氛。

旧时的"舟山锣鼓"大多用以出会、抬阁、海祭、拢洋、欢庆等民间

---

① 王莘萱：《中国海洋人文历史景观的分类》，《海洋开发与管理》，2007 年第 5 期，第 83 - 88 页。

活动，当时锣鼓简单，形式单一。后在与外来民间文化艺术交流中逐渐得到丰富和发展，从单一到复杂，从呆板到灵巧，先后出现了"太平锣"、"船形锣鼓"、"三番锣鼓"。新中国成立后，在专业音乐工作者的参与和整理下，民间的"海上锣鼓"改编成为大型吹打乐"海上锣鼓"，并在1957年莫斯科举行的第七届青年联欢节民间音乐比赛中荣获金质奖，"舟山锣鼓"开始走向世界。20世纪60年代，"舟山锣鼓"红极一时，许多专业文艺团体，如中国艺术团、中央民族乐团等国家级院团纷纷到舟山学打"舟山锣鼓"，有些团体还把"舟山锣鼓"作为出国演出或平时演出的重点节目，如1976年中国艺术团赴美演出的"渔舟凯歌"等，深受国内外观众的欢迎。

进入21世纪，"舟山锣鼓"这支海岛民间奇葩越开越鲜艳。近年来，用"舟山锣鼓"形式创作的作品多次在国家级及省级各类比赛中获奖。尤其是2002年创作的纯打击乐齐奏"沸腾的渔都"，以其热烈、火爆的气氛，丰富、多变的演奏，赢得专家和观众的一致好评，在浙江省首届民间锣鼓大赛中，获得创作、演奏双金奖，并被邀请参加浙江省2003年新春团拜会演出。该曲既保留了"舟山锣鼓"的传统精华，又增添了许多新的元素，使人感觉气势恢宏，激动人心，是近年来"舟山锣鼓"改编较为成功的作品之一。

随着群众性文化活动的蓬勃发展和舟山市政府对民间传统文艺的重视、支持，"舟山锣鼓"在民间的发展十分迅速。目前，不但沈家门有训练有素、装备精良的"舟山锣鼓队"，而且在海岛渔村也活跃着数支颇有地方特色的"舟山锣鼓队"。如虾峙岛的"女子舟山锣鼓队"，她们在各种节日庆典、文艺演出等文化活动中，以其热烈、欢快、激情的表演，给活动增添了火爆、喜庆的气氛，深受群众喜爱。

2003年8月，普陀区举行了规模空前的首届中国沈家门渔港民间民俗大会。"舟山锣鼓"作为当地最有特色和表现力的民间传统文艺项目之一，在民间民俗大会的踩街巡游和文艺演出中进行了精彩的演示，受到来自全国各地广大观众的好评。2006年5月，"舟山锣鼓"经国务院批准列入第一批国家级非物质文化遗产名录（图6-1）。

图 6 - 1　舟山锣鼓[①]

（二）渔民号子

在众多的海洋传统音乐中，渔民号子无疑是最贴近生活的音乐类型。作为中国民歌体裁劳动号子的一种，渔民号子是渔民们在集体下网、捕鱼、入仓等劳动过程中传唱形成的。浙江沿海地区渔业资源丰富，渔民号子也十分流行，有"舟山渔民号子"、"象山渔民号子"、"沙柳渔民号子"、"椒江渔民号子"、"温岭渔民号子"、"清江渔民号子"、"瓯海渔民号子"等。但由于不同地区方言存在差异，浙江沿海地区的渔民号子又各具地方特色，名气最大的当属舟山、象山、玉环三地的渔民号子（表 6 - 1），其中以"舟山渔民号子"最具代表性。

---

① 图片来源：百度百科（http：//baike. baidu. com），2013 年 5 月 4 日。

表6-1　舟山、象山、玉环地区渔民号子基本情况表

类型	风格特点	发展情况	传承与保护现状
舟山渔民号子	发音特点运用舟山方言，歌词以"也罗荷"等语气词为主体，有近洋、远洋、海上、陆上和大小长短等区别。远洋号子主劲，音调粗犷有力，激昂雄壮，如《拔蓬号》；近洋号子主细，旋律性较强，节奏明快轻松，渗透着小调的某些特点	新中国成立后，文化艺术工作者通过初步普查、抢救，已整理、改编歌曲50余首，未搜集的原始曲调还有相当一部分在民间传唱。如王一平首先把舟山渔歌搬上了舞台，并引入校园，培养了许多海洋民间艺术人才。林通屿致力于海洋歌的收集整理工作，精通熟唱的舟山海洋民歌达四五十首	20世纪70年代后，随着鱼类资源的衰退和捕捞工具的不断改进，舟山海洋民歌逐渐失去了生存的外部环境条件，加上老龄民歌手的相继故世，年轻歌手青黄不接，如今已濒临失传的危险
象山渔民号子	声音高亢、亮丽，节奏感强，曲调委婉，音乐韵味浓，有调少词，多以劳动中"啊家雷"、"依啦荷"、"啊家罗"、"杀啦啦啦"等语气衬词为主，有些号子也带有一定内容的唱词。基本演唱形式以一唱众和的形式喊号子，领唱与和腔交替进行	20世纪80年代以来，象山渔民号子在民间民族文化艺术普查中被挖掘、整理出来后，曾多次参加全国、省、市的比赛和表演。2006年9月获全国号子邀请赛一等奖；2004年9月获浙江省第二届城市社区优秀文艺节目汇演银奖；2004年8月获宁波市第二届社区文化艺术节调演金奖	20世纪60年代中期，由于手工化捕鱼作业逐渐被机械化所替代，繁重的劳动逐渐变得轻松，号子的生存空间不断萎缩，加上"文革"期间，由于受"左倾"思潮的影响，曾一度遭受禁锢，渔民号子渐渐消失
玉环渔民号子	有强号与轻号之分。在大海中遇到风浪或捕鱼上网，或出海拉船、拉帆时，则多唱旋律短促、力度强的较快速的强号；在岸上整网，或回港时，多唱速度较慢、起伏不大的慢速的轻号。大多由一人领唱，众人应和，多用闽南方言演唱，旋律流畅，易学易唱	近几十年来，玉环文艺工作者将这些粗犷豪放、激越嘹亮的渔民号子，以声乐合唱的形式搬上了舞台和荧屏；同时，还把拉船、拉网的动作通过艺术加工编成舞蹈语汇，以渔民号子为主题音乐，在高潮时加入渔民号子演唱，使渔民号子更加立体化。已入选"浙江省民歌集"和"台州民歌集"	随着渔业生产机械化进程的加快，玉环渔民号子逐渐失去了继续发展的生存空间。同时新一代年轻渔工的欣赏观念发生了很大变化，认为唱渔民号子太粗俗又不赚钱，渔民号子逐渐趋于消亡，处于濒危的困境

舟山渔民号子起源于舟山渔场的舟山、岱山等大岛，依捕鱼工序可分为《起锚号子》（分大号、小号）、《拔篷号子》（分小号、吔罗号）、《摇橹号子》（分单人摇、双人摇）、《打水篙号子》、《起网号子》、《挑舱号子》、《宕勾号子》、《抬网号子》、《拔船号子》等；又因不同的劳动节奏、劳动强度，在领、合周期、节奏形态、音调风格方面形成差异。如《拔篷号子》是这样唱的：

> 一拉金嘞格，嗨唷！二拉银嘞格，嗨唷！
>
> 三拉珠宝亮晶晶，大海不负昧鱼人，嗨嗨唷！

渔船上摇大橹，一般由两人一俯一仰相配合，而且摇橹往往时间较长，所以"摇橹号子"唱的内容更丰富，有的唱各种戏文名，有的唱十二月花名，下面所录就是唱十二月花名的《摇橹号子》：

> 嗨嘞个哈嘞个嗨嘞个哈！嗨哈嘞个嗨嘞个哈！
>
> 正月会开牡丹花，二月会开水仙花，
>
> 三月杜鹃是清明，四月蔷薇伴篱笆，
>
> 五月石榴红似火，六月荷花映水下，
>
> 七月稻花遍地开，八月桂子嫦娥家，
>
> 九月菊花小蒸头，十月阳春芙蓉花，
>
> 十一月草子小浪花，十二月腊梅白花花。
>
> 昧鱼人有福勿会享，一年四季看浪花。

舟山渔民号子与浙江沿海其他地区渔民号子相比，有其短小精悍、品种多样、方言浓重、风格粗犷、海洋气息浓郁等特点，充满了舟山渔民船工朴实、豪迈、奔放的个性，体现了鲜明的舟山海洋文化特征，具有厚重的历史价值和独特的艺术价值。2008年，经岱山县非遗保护中心申报，舟山渔民号子列入第二批国家级非物质文化遗产保护名录。

（三）洞头吹打乐"龙头龙尾"

温州洞头流行的吹打乐，除吹、拉、弹、打器乐组成外，在乐器使用上还有一套独特的表现手法。他们常在鼓类中加用一只比一般堂鼓高两倍的"高鼓"，演奏者用一只脚搁置在鼓面上自由移动，使鼓的音色随之变动，听起来犹如风起潮涌，令人有置身于惊涛骇浪中之感。

"龙头龙尾"是一首优秀的民间吹打乐曲，是洞头一带民间风俗生活中婚丧兼用的伴奏曲，至今仍深受洞头人民喜爱。早在100多年前，民间艺人叶卿等人最先从福建泉州带来了民间布袋戏木偶戏在洞头演唱，伴以唢呐为主要演奏乐器的南昆调，如"海螺"、"梳妆楼"、"黄花连"等，奠定了洞头民间音乐的基础。在叶卿等民间艺人的传授下，先后出现了一批优秀的民间艺人，从而大大加快了洞头民间音乐的发展，其中"龙头龙尾"经过几代人演奏、提炼、加工，已成为一首优秀的器乐曲。该乐曲最初以唢呐为主，到20世纪四五十年代，洞头艺人开始从乐器上进行改革，先后加入弦乐、二胡、板胡、琵琶、三弦、吹奏乐、笛子以及打击乐，包括钢钟、马锣、小云锣、鼓、大小和堂鼓，使整部乐曲更加优美动听。"龙头龙尾"全曲由"水波浪"、"龙头"、"龙尾"、"状元游"联缀而成，演奏起来气势雄伟、热情豪放，表达了渔民勤劳勇敢和喜庆乐观的精神状态。

1957年7月，洞头县民间艺人施书宝、洪喜等组织乐队赴京参加全国第二届民间音乐舞蹈会演，"龙头龙尾"荣获一等奖。20世纪70年代以来，洞头县文化部门多次组织参加省市音舞会演并获奖。2004年，经过对该乐曲的初步整理，又获得了省级立项，并参加了温州市第十二届音舞节和中央电视台"乡村大世界"的演出，受到好评并获奖。目前，乐曲已作为浙江省主要民间器乐曲目编入《中国音乐词典》。2007年6月，"龙头龙尾"被列入第二批浙江省非物质文化遗产名录①（图6-2）。

图6-2　龙头龙尾②

---

① 张汉珠：《龙头龙尾》，洞头新闻网（http：//www. dtxw. cn），2010年5月11日。
② 图片来源：《民俗吹打乐龙头龙尾》，洞头新闻网（http：//www. dtxw. cn），2010年9月21日。

二、浙江沿海民间舞蹈

民间舞蹈起源于人类劳动生活，它是由人民群众自创自演，表现一个民族或地区的文化传统、生活习俗及人们精神风貌的群众性舞蹈活动。浙江民间舞蹈流传广泛，形式多样，无论是临近城市的渔港，或是远离大陆的海岛，大凡有渔民聚居的地方就有民间舞蹈的痕迹，是中华民族艺术宝库中的一颗璀璨明珠。

（一）跳蚤舞

"跳蚤舞"原是流传在海岛迎神赛会、喜庆丰收时表演的一种民间民族舞蹈，后发展成每年农历腊月廿三民间祭灶神仪式的舞蹈，以示送旧迎新，祈求消灾免祸，故民间又称"跳灶会"。"跳蚤舞"是舟山群岛颇具魅力的海洋舞蹈，为"船舞"（"调船灯"）的一个重要组成部分。每当岛上举行盛大的文化娱乐活动，如过年、庆丰收、祭海，"船舞"是必演的节目。

"跳蚤舞"始于清朝乾隆年间，经福建渔民从福建传入舟山沈家门渔港，再由沈家门传到定海、岱山和嵊泗列岛、宁波镇海一带。节目原无人物情节，只有两位舞者跳跃逗趣。1922年舟山定海白泉章孝善将民间传说"济公斗火神"故事情节融入其中，始有济公与火神（女角）两个人物形象，成为舟山群岛特有的一种海洋舞蹈（图6-3）。

图6-3　跳蚤舞①

① 图片来源：《跳蚤舞》，定海旅游网（http：//www.zsdhtour.gov.cn），2011年7月14日。

"跳蚤舞"，不论是双人舞，还是群舞，它的基本舞步是大八字步半蹲跳走式。因其舞姿酷似蚤跳蹦，故而称之为"跳蚤舞"。它的表演以轻盈、诙谐、灵活、逗乐的舞蹈动作取胜。男的为济公妆饰，穿破袈裟、破鞋，腰系草绳，一把破薄扇；女的是火神娘娘妆饰，头戴珠冠，身披红色宫衫，红绿花鞋，一手握一柄花伞，一手舞动一块红手帕，也有手敲两块竹板的。火神娘娘菩萨的一身红色装束，正是火的色彩象征。表演时，男角在前，主要以阻拦和戏耍动作为主；女角在后，以挑逗、躲闪，配以突进动作。女进男拦，女退男进。三拍子节奏，"嘣嘣嘣，嘣!""尺尺尺，尺!"伴奏的乐器是鼓和钹。在一派欢乐的气氛中，"跳蚤舞"伴随着锣鼓和丝乐的节奏，尾随着灯船，在大街上边演边走，沿途观众不时爆发出阵阵笑声。因是民间群众舞蹈，舞步和节奏并不太复杂，关键在于演员的挑逗动作和滑稽表演水平。在舟山各渔岛，饰火神的多是该岛最漂亮、最出众的姑娘，饰济公的是岛上具有幽默感、善于演滑稽戏的中青年渔民。在众多的海岛广场文艺演出中，"跳蚤舞"历来是最受群众欢迎的娱乐节目。

（二）西台鱼灯

浙江民间都有元宵灯会习俗。从农历年前到元宵期间，玉环县坎门渔区的西台乡一带有玩鱼灯舞的传统习俗，清光绪六年（1880 年）纂修的《玉环厅志·风俗篇》载："制禽鳌鳞鱼花灯入人家串演戏阵，笙歌达旦，环观如堵。"鱼灯队所到之处，鼓乐喧天、鱼跃龙腾、金鳞闪烁、银鳍熠熠，呈现出一派欢乐、升平的节日景象，一幅欢快、祥和的渔区生活画卷。

鱼灯舞大约在 300 多年前从福建东山岛传入，这种习俗性娱乐活动据说可以追溯到海洋渔民早期的图腾崇拜，起源于对于海龙的敬畏、崇拜以及对被捕获物的祈祷和表达对于获得丰收的意愿，既有娱"神"的功能，又能用以自娱。随着社会的进步，这种"巫"的意识已被淡化，而以鱼灯和鱼灯舞表现"吉庆有余（鱼）"和丰收的喜悦，在新年活动中又包含着"连年有余（鱼）"的寓意。

鱼灯的制作，不但讲究形似，也追求神似。鱼灯以木为架，用竹篾、布、绸等按各种鱼类形态扎制轮廓，糊以白漂布，再按照各种海鱼的首尾身形，鳞鳍皮色描线着色，制成鳓鱼、鳜鱼、鲵鱼、黄鱼、鲳鱼、乌鲗、墨鱼、龙虾、鲋鱼、马鲛、海鳗、马面鲀等灯具。灯内可以插蜡烛或装上小灯泡，夜间舞动，更是优美动人。

每队鱼灯分为两个队列，每队鱼灯至少有 6 种鱼，12 人组成，各由一人舞动龙珠指挥，龙头紧追不舍，其后有黄鱼、墨鱼、马鲛、鳘鱼、鲳鱼、海豚等跟随游舞，模仿各种鱼类在水中的游泳姿势，或摇头摆尾，或平衡浮游，或反向游动，两队同时舞动，配合默契。主要舞式有"流水阵"、"四方回环"、"十字交叉"、"五路梅花"、"抢珠"、"跃龙门"等，以龙头抢着龙珠为表演高潮。此时，舞龙珠的人被龙头逼得席地而卧，作回环转动，龙头紧追不舍，衔珠不放。围观的人一边喝彩，一边把鞭炮、火花、焰火等"火力"集中射向场中，只有压阵的"海豚"可以保护其他舞伴，将可能伤及人身的鞭炮扔出场外。到龙口"衔"定龙珠，舞蹈所表现的，便是一种悠然满足的情态。整个场面体现出人们喜获丰收的热烈气氛，气势宏伟，动人心魄。

西台鱼灯有两队，分别在前台、后台两地，各有其特点。前台的鱼灯表现上比较奔放、浑厚；而后台的鱼灯则比较细腻、灵活，活动幅度较小，适合女子舞跳和在舞台上表演。

鱼灯队以前由当地社庙组织，由当地士绅、财主、船主等操持。新中国成立后，鱼灯舞则一般都由村、社等生产组织或集体集资操办。近年来，西台鱼灯曾参加地区调演获奖，曾被江苏电视台拍摄进专题节目，被《中国民族民间舞蹈集成·浙江卷》编辑部收进录像资料①。

（三）镇海龙鼓与澥浦船鼓

镇海龙鼓作为宁波镇海区重要的民间艺术，在各乡镇广为流传，有着很高的观赏价值与艺术价值。镇海古称"蛟川"，乃藏龙卧虎之地。自古以来，镇海人民以出海捕鱼为生，为保出海平安、捕捞丰收，舞龙和锣鼓表演历史悠久，在民间十分盛行。

镇海素有"浙江门户"之称，大小战事频繁，先后经历了抗倭、抗英、抗法、抗日等反侵略战争，每当将士们凯旋，镇海百姓都会以舞龙和锣鼓庆祝胜利。近年来，镇海民间艺术家吸取传统艺术的精华，并加以创新，将舞龙和锣鼓表演巧妙地糅合在一起，形成了龙鼓这一具有独特风格的新民间艺术表演形式。镇海龙鼓寓意斗风战浪，"镇海"以保风调雨顺。

---

① 《漫画西台鱼灯》，台州旅游网（http：//www.eutz.cn），2006 年 2 月 18 日。

镇海龙鼓既有龙舞的细腻奇巧，又具有锣鼓的雄壮粗犷，合为龙鼓，似蛟龙出海，雷霆万钧，变幻自如，气势如虹。镇海龙鼓使锣鼓富有动感，使龙鼓更具节奏，锣鼓音乐与舞蹈动作相得益彰，蔚为壮观，极具震撼力。

镇海龙鼓曾先后参加宁波市庆祝建国 50 周年广播电视文艺晚会、象山海鲜节开幕式、浙江省投资贸易洽谈会开幕式等省市重大庆典活动 30 多次。2000 年代表宁波市参加浙江省广场民间舞大赛获表演金奖。2001 年 6 月代表浙江省参加由中国文联、中国民间艺术家协会等单位主办的"山花奖"居庸关长城杯中华鼓舞大赛获最高奖。中央电视台、《人民日报》及省、市众多新闻单位均对镇海龙鼓作过报道。

镇海澥浦船鼓始于清代嘉庆中后期。当时澥浦是一个较大的渔业集镇，当地渔民多从河南和福建迁居而来。每当出洋捕鱼、归来谢洋，河南籍渔民往往以敲锣击鼓庆祝，福建籍渔民则常常将竹木条扎成船形载歌载舞。后来，二者逐渐融合，出现了船形舞与锣鼓伴奏合而为一的船鼓队。清末民初，船鼓最为红火，并扩展至民间庙会、传统节日与喜庆活动中。

旧时澥浦船鼓的演出场地，多为渔港空旷地，演出人数可多可少，多则数十人，少则七八人，由龙头作导，众人相随。表演者服饰以画有龙、虾、鱼等图案的渔民对襟衫为主，背景常常是画有与海洋相关图案的渔船。表演的乐器由唢呐、大堂鼓、小京鼓和锣钹等响器组成。船身由粗毛竹制成，缠上各色花朵，人在船中央，鼓在人前方。表演者斜挎一条粗布带，用以连起船身。队伍最前面为一只大鼓，以鼓声作指挥；船随着鼓的节奏，或前进，或后退，犹如在海浪中行驶奋进。每逢游行活动，船鼓打头阵，颇有气壮山河之势（图 6 - 4）。

澥浦船鼓是一种以打击乐加曲牌形式演奏的民间歌舞，演奏时曲调高亢，和声粗朴，节奏有力且起伏跌宕，形成虽欢闹却不噪的独特音韵，具有浓厚的喜庆气氛；兼以舞蹈动作粗犷奔放，非常适宜于场地演出，因而其随意性也较强。为了将澥浦船鼓搬上舞台，船鼓在传统的基础上又作了改进。道具上，以一艘大渔船为主角，12 艘小渔船为配角，组成舞台阵容。原来由两人抬船、一人击鼓的"旱船"，设计成舟鼓合一的"单人蟹鼓渔舟"；设置 16 个手持镇海宝塔的渔姑，内容上增添了渔民斗浪场景和渔姑企盼出海亲人平安归航的剧情。在表演人员服饰上，男演员的服饰以海蓝色为底色，饰以金色的渔网装饰；女演员则以红色为主，与手持的金色宝塔互衬，强化了舞台视觉的喜庆色彩。曲调上，在保留江南马灯调旋律的基础上，增强了江南丝竹的音乐成分，整个曲调以海潮波涛为基调，以号子鼓声为高潮，特色非常鲜明①。

图6-4　澥浦船鼓②

2005年6月，澥浦船鼓参加浙江省海洋体育文化展示和海洋特色体育项目比赛，获得亚军。2007年9月，赴平湖参加浙江省"群星奖"广场舞蹈大赛，荣获金奖。2008年8月，参加迎接奥运会倒计时一周年进京演出。2011年10月，又亮相第八届全国残疾人运动会开幕式。作为宝贵的非物质文化遗产，澥浦船鼓散发出强大的艺术渲染力和生命力。

三、浙江滨海民间戏剧

浙江民间戏曲有着悠久的历史传统，最早反映东海故事的《东海黄

---

① 张落雁、毛雷君：《澥浦船鼓响天下》，《东南商报》，2008年10月12日，第11版。
② 图片来源：《澥浦弄潮儿 船鼓响天下》，中国镇海（http：//www.zh.gov.cn），2007年10月14日。

公》，就源于汉代的"角抵戏"。晋葛洪《西京杂记》载："有东海人黄公，少时为术，能制御蛇虎。佩赤金刀，以绛缯束发，立兴云雾，坐成山河。及衰老，气力羸惫，饮酒过度，不复能行其术。秦末有白虎见于东海，黄公乃以赤刀往厌之。术既不行，乃为虎所杀，俗用以为戏。汉帝亦取以角抵之戏焉。"我国戏剧家周贻白在《中国戏剧的起源与发展》一文中也认为，《东海黄公》是中国戏剧最早的萌芽。到了宋元，有"海东之胜"之称的温州成为中国古南戏的诞生地。明人祝允明《枝山猥谈》记载："南戏出于宣和之后，南渡之际，谓之温州杂剧。"清顺治《瓯江逸志》也说温州一带"民众好演戏"。民国以来，浙江沿海民间地方戏曲更为繁荣，不仅有流传温州、绍兴、金华浦江的"乱弹"，台州的"高腔"，宁波的"甬剧"，还有流传舟山群岛的"木偶戏"等。

（一）浙江"乱弹"

清乾隆五十五年（1791年），乾隆南巡时，两淮盐商调集了全国100多个地方剧种在扬州接驾。地方官为便于上奏，将各地方剧种分为"雅"、"花"两部。"雅"单指昆腔，"花"即杂，杂者乱也，故统称"乱弹"。

浙江是乱弹的天下，有绍兴乱弹、浦江乱弹、温州乱弹等。新中国成立后，分别改称绍剧、婺剧和瓯剧，惟台州乱弹沿名至今，成为名副其实的"天下第一团"。台州乱弹的声腔有昆腔、高腔、徽调、台州词调以及乱弹中的慢乱弹、紧中慢、二焕、紧二焕、慢二焕、应司二焕、西皮二焕、上字、和元、山坡羊等。其唱腔高亢激越，表演粗犷奔放，文戏武做，武戏文唱。尤其是独特的表演绝技，如要牙、钢叉、双骑马、抱瓶滑雪等，至今仍为戏剧界所称道。其舞台语言以中原语音结合"台州官话"，充满乡土气息。

台州乱弹有300多个剧目，老高腔有《三星炉》、《紫阳观》、《鸳鸯带》等，昆腔有《连环记》、《长生殿》、《单刀会》等，纯乱弹有《五虎平西》、《薛刚反唐》、《锦罗衫》、《紫金镯》等。创作剧目有反映戚继光在台抗倭的《双斧记》，抗清剧目《金满大闹台州府》及家庭剧《拾儿记》等。由台州乱弹剧团排演的《拾儿记》、《空花轿》、《荒魂》曾在浙江省第一、二、三届戏剧节中获得编剧、表演、音乐等多项大奖。尤其是章甫秋、曹志行据台州乱弹传统戏《奇缘配》改编的《拾儿记》，由于该剧极富地方民俗特点，在1983年浙江省首届戏剧节上引起轰动，被誉为

"一幅立体的台州风俗画卷"、"中国剧坛上富有浓郁乡土气息的一朵兰花"①。

早在唐五代时期，台州地区已有参军戏或杂剧演出。1987年，黄岩县灵石寺塔大修时，发现一批制作于北宋乾德三年（965年）的阴刻戏剧人物画像砖，有参军戏剧或杂剧角色形象。宋代南戏渐形成，台州为其发源地之一。其时州县均有官办演剧组织，名为"散乐"。现存最早南戏剧本《张协状元》中有《台州歌》，为地道的台州曲调，其语言也具有浓厚的台州乡土气息，不少对白纯系台州方言。元代，杂剧流行于台州。元末明初，黄岩人陶宗仪《辍耕录》记载台州戏曲资料颇多。明宪宗成化二年（1466年），陆容《菽园杂记》卷十《禁例》载，台州黄岩、温州永嘉等地"皆有习为倡优者，名曰戏文子弟，虽良家子不耻为之"。此后，高腔与昆腔继起。明末清初，宁海县（包括今三门县）等地有平调，所唱高腔较平，故名。清代乾隆年间，乱弹腔在黄岩一带兴起，以紧乱弹、慢乱弹、二焕为主干唱调，兼唱昆腔，高腔，形成三腔合唱的台州式的"黄岩乱弹"。民国初期，乱弹发展迅速，共有20多副戏班，同时有高腔班10余副、徽班5副。

温州乱弹（瓯剧）曲调丰富，有民歌风，长于抒情。剧目大多取材于民间故事与历史故事，爱憎强烈，忠奸分明。唱白为温州方言加上北京话的混合语，俗称"乱弹白"。另外，瓯剧的脸谱也有自己的特色，如一字眉、手形脸，以及神话中的鲤鱼脸、鸟脸、虎脸、龙脸等，惟妙惟肖，有独特的创造。再加上词句通俗，表演细腻，形成了朴素、清新的风格，深受当地百姓欢迎。

（二）舟山"木偶戏"

木偶戏又称"傀儡戏"，是由演员操纵木偶以表演故事的戏剧。表演时，演员在幕后一边操纵木偶，一边演唱，并配以音乐。根据木偶形体和操纵技术的不同，有布袋木偶、提线木偶、杖头木偶、铁线木偶等，各具艺术特色。浙江木偶戏历史悠久，是浙江民俗观念的重要载体，反映着浙江民俗文化的特征。

---

① 《一幅立体的台州风俗画卷——台州乱弹〈拾儿记〉评析》，往来网（http：//html. wlin. net），2005年5月9日。

木偶戏流传于舟山已有 150 余年的历史。据 1923 年编撰的《定海县志·风俗·演剧》载：傀儡戏有二种，俗皆称之曰"小戏文"。一种傀儡较巨者，谓之"下弄上"，皆邑中堕民为之，围幕作场，大敲锣鼓，由人在下挑拨机关，则木偶自舞动。其唱白亦皆在下之人为之。一种小者，其舞台如一方匣，以一人立于矮足几上演之，谓之"独脚戏"，亦曰"登头戏"，为之者皆外来游民。傀儡戏大者多民间许愿酬神演之，小者则多在街市演之，演毕向观众索钱。亦有以此许愿酬神者。人们请演木偶戏，无论是为驱邪避凶、解厄消灾，还是招财求福，都是希望借助木偶戏这一形式来与神沟通，与神对话，祈求神灵的保佑与赐福。可见，舟山木偶戏的发展与舟山民间宗教信仰密切相关。

据《舟山民俗大观》记述，定海南门口（今人民中路）是旧时定海城内最繁华之地，每逢农历七月十五鬼节，由南大街各商家集资在南门口搭台放焰口，举行盛大的祭祀活动。是晚，南大街自状元桥至南城门口所有商店均不打烊，每家在店堂里摆设香案，供上糕点果品、香茶水酒。街道两边拉两条长草绳，从每家店门口横贯而过，各家店铺负责将自己门前这段草绳挂满金、银纸箔和各种纸钱。南城门口挂上一幅用布做的鬼王像，鬼王腰束虎皮裙，手举催魂铃，青面獠牙，面目狰狞。天黑后，各项祭祀活动全面展开，主要包括城门口打醮放焰火、各商家设香案祭祀和木偶戏演出等三部分，其中最热闹的要数木偶戏演出。演木偶戏的场地有两处：一处在里太保庙，另一处在水门桥畔的空地上。在进行祭祀活动过程中，街上灯火通明，行人如织，锣鼓声不绝，十分热闹。深夜，祭祀活动结束，木偶戏演出散场，人们便把草绳连同上面悬挂的锡箔、纸钱收拢，堆在街中心焚烧。

至 20 世纪 40 年代，舟山有 20 多个木偶戏班在城乡、岛屿流动演出。50 年代初，木偶戏班逐渐增多。1956 年，定海县城关镇举行舟山专区木偶戏会演，全区 20 个木偶剧团近 80 名演员参加演出，上演的节目达 40 个。1959 年，40 余名木偶艺人加入舟山地区曲艺队，由木偶世家出生的潘渭涟组建成立"东升木偶剧团"。此后，东升木偶剧团对原有表演形式进行改革，使木偶戏从"唱门头"、"做愿戏"等流动演出改变为在书场、礼堂等固定场地演出。当时的舟山书场（1952 年设于城关镇竺家弄，1963 年迁址状元桥西侧，内设近 200 个座位。同年分设道头书场，内设有 150 个座位。1967 年道头书场被拆除）专演木偶戏。为适应固定场地演出的需求，木偶戏由单人演出改为多人演出，内容与动作更加复杂、生动，表演难度也增大。同时，在演出过程中还添置了灯光、布景等。1977 年，东升木偶剧团改名为"新放木偶剧团"，后因经费原因解散，由民间自由组团演出。此后，由侯雅飞为首组织的"侯家班"开始活跃于定海及周边农村①。舟山布袋木偶戏于 2003 年列入浙江省第一批民族民间艺术资源保护名录，现已被列入市级非物质文化遗产名录。

四、浙江沿海民间曲艺

曲艺是中华民族各种"说唱艺术"的统称，它以说、唱为主要艺术表现手段，是民间口头文学和歌唱艺术经过长期发展演变而形成的一种独特的艺术形式。说的如小品、相声、评书、评话；唱的如京韵大鼓、单弦牌子曲、扬州清曲、东北大鼓、温州大鼓、胶东大鼓、湖北大鼓等等；似说似唱的如山东快书、快板书、锣鼓书、萍乡春锣、四川金钱板等；又说又唱的如山东琴书、徐州琴书、恩施扬琴、武乡琴书、安徽琴书、贵州琴书、云南扬琴等；又说又唱又舞的如二人转、十不闲莲花落、宁波走书、凤阳花鼓、车灯、商花鼓等。据不完全统计，至今活跃在中国民间的各族曲艺曲种约有 400 个②。浙江沿海民间曲艺是活跃在海港、海岛地区深受广大居民喜闻乐见的民间说唱形式，它以曲折的故事情节、生动的说唱内容、简便的表演形式，渡海穿洋，为广大滨海居民所喜爱。

（一）宁波走书

宁波走书，又名莲花文书、犁铧文书，在浙江宁波、舟山、台州一带广为流传，深受群众欢迎。宁波走书约诞生在同治、光绪年间，据传最早从绍兴上虞县传入。当时有几个佃工在农作中你唱我和，自我娱乐，借以消除疲劳。后来由唱小曲发展到唱有故事情节的片段，每当夏夜乘凉或冬日闲暇之时，几个人凑拢到晒场、堂前为大家演唱，以后也有一些人在逢年过节时出外演唱，赚一些"外快"。宁波走书在刚开始演唱时，并没有什么乐器，只有一副竹板和一只毛竹根头敲打节拍，曲调也十分简单。光

---

① 毛久燕：《舟山布袋木偶戏的流传、发展及演出特点》，《浙江海洋学院学报》（人文科学版），2007 年第 2 期，第 58－65 页。

② 《曲艺》，百度百科（http：//baike. baidu. com），2013 年 9 月 16 日。

绪年间，这种演唱形式已流行于余姚乡间。后来，余姚有一些农闲时从事曲艺演唱的农民、小贩和手工业者，成立"杭余社"，经常交流演唱经验，研究曲艺书目。其中有位叫许生传的老人，吸收绍兴莲花落曲调，率先采用月琴伴奏，自弹自唱，深受群众欢迎。在他的影响下，许多艺人也都采用各种乐器伴奏，还从四明南词、宁波滩簧、地方小调中引进不少曲调加以改造应用。同时，在书目方面也有了发展，出现了《四香缘》、《玉连环》、《双珠凤》、《合同纸》以及《红袍》、《绿袍》等一些长篇，演唱活动的范围也逐渐扩大到宁波、舟山、台州三个地区。

宁波走书曲调常用的有四平调、马头调、赋调三种，俗称"老三门"，有时也用还魂调、词调、二簧、三顿、三五七等。"四平调"一般作为一部书的开头，末句常由乐队和唱。"马头调"据艺人所传，系从蒙古民间曲调中转化而成。"赋调"随内容情节、人物性格，有紧、中、慢之分。如慢赋调节奏缓慢，曲调下行为主，多用于哀诉之类的叙述或回忆。走书演唱伴奏的乐器中，四弦胡琴是必不可少的乐器，也是宁波走书音乐具有独特风格之处，其他乐器有二胡、月琴、扬琴、琵琶和三弦等。2005年6月，"宁波走书"列入浙江省第一批非物质文化遗产代表作名录，2008年6月，列入第二批国家级非物质文化遗产名录。

（二）蛟川走书

蛟川走书是宁波地方曲艺中一个乡土气息浓郁、风格独具的曲种。追溯蛟川走书的由来，相传在光绪年间（1875—1908年），由住在镇海县城小南门一个名叫谢阿树（又名谢见鸿）的艺人在吸收宁波走书的基础上加工而成。因他家所住的小南门拱形城墙上刻着"蛟川"两字，遂以此为名，称"蛟川走书"。早期蛟川走书仅一人演唱，没有乐器伴奏，也无后场和唱，艺人只用两只酒盅、一根竹筷，有节奏的敲打，自唱自和。以后演变成以一唱一和的形式，并使用二胡、扬琴，有时还用琵琶、三弦、箫、笛等多种乐器伴奏。演出时，演员在右位，伴奏员在左位，对唱时右位为主，左位为辅。

蛟川走书曲调有30多种，常用者有20多种，如小起板、基本调、赋调、杭调、词调、平湖、一字沙袋、五彩沙袋、娃娃调、乱台、哭调、水底反、正平湖、三顿、清丝两簧、流水、一根藤、五更调、武林调和急板等；演唱的内容多为演义类历史长篇大书，如《反唐》、《飞龙传》、《大明英烈传》、《杨家将》、《包公案》、《七侠五义》等。自 1956 年曲艺队成立后，《抗台英雄贺玲娣》、《养猪姑娘张芸香》、《互助合作是方向》等多项获省曲艺调演奖①。2007 年，蛟川走书作为"宁波走书"之一，列入第二批省级非物质文化遗产保护名录。

（三）翁洲走书

翁洲走书在舟山流传已有 400 多年的历史，因舟山古时为翁洲县，故名翁洲走书。最早演唱"翁洲走书"的是清嘉庆年间（1796—1820 年）马岙乡的安阿小，传入普陀六横后称为"六横走书"。由于地处海岛，往来交通不便，翁洲走书仅流行于舟山普陀区的六横、桃花、虾峙、蚂蚁等岛屿，以及定海、岱山部分地区。艺人偶尔也到大陆上演唱，但也仅限于宁波的镇海、北仑，以及鄞县的咸祥等地。由于宁波的镇海、北仑地区与舟山隔海相望，锣鼓之声相闻，民间来往十分频繁，再加上明清时期，舟山居民曾两次内迁大陆，故也有一说认为翁洲走书在光绪年间传入镇海后，演变成为"蛟川走书"。

早期的翁州走书由表演者一人自鼓自唱，演唱内容多为流行于民间的古今史话和传说，后吸取戏剧中的走、唱、念、表相结合的表演手法，改单档坐唱为二人或多人演唱。常规演出为 1 人主唱，辅以 1～2 人伴奏（帮腔和笛）。其基本调为"慢调"与"急赋"，另吸收其他曲乐中的"二簧"、"流水"等曲调，演唱朴实、清晰，"四工合"帮腔为其特性音调，以唱、表白、演为主要表演形式。2001 年，赵学敏又创作《把木梳卖给和尚》，由陶根德根据翁州走书曲调改编，由吴萍儿导演，范翠素主唱，参加浙江省曲艺会演，获创作、表演二等奖，成为浙江省知名的曲种之一②。2005 年，翁洲走书被列入浙江省民族民间艺术资源保护名录。2007 年，翁洲走书又作为"宁波走书"之一，列入第二批省级非物质文化遗产保护名录。

（四）唱新闻

"唱新闻"是浙东地区流行的一个曲种，在宁波的北仑、镇海、鄞州、

---

① 宁波市文化广电新闻出版局编：《宁波市非物质文化遗产大观·北仑卷》，宁波：宁波出版社，2012 年，第 138－140 页。
② 定海档案局：《马岙——翁州走书》，定海档案网（http://dhda.zsdaj.gov.cn），2012 年 7 月 17 日。

奉化、象山以及舟山定海等地尤为普遍。旧时，多为盲女瞽男演唱，因其演唱时多带有哭腔，似乞者求食之状，故称"讨饭腔"。又因"唱新闻"艺人常常在人家居处门口或往来于岛间的航船上唱，故而又被称为"唱门头"、"唱船头"。"唱新闻"有一人演唱的，即自唱自伴奏，叫单口调；也有二人演唱的，一唱一敲并帮腔，叫双口调。

"唱新闻"历史较为悠久，但具体年代难以查考，据说由唱官方新闻"朝报"演化而来。由于演唱的内容大多为本地及外乡的时政新闻或传奇故事，用的又是地方方言，听起来格外亲切。唱的曲调有人们熟悉而且好听的民间小调，有"宁波走书"中的赋调、二簧，变化较多，深受渔农村群众的喜爱。相传定海"唱新闻"的"祖师爷"江阿桂艺技高超，一部《石门冤》唱了半个月还未结束，如果要听到大团圆，还得唱半个月。

"唱新闻"开唱前，艺人先击打几番锣鼓，俗称"闹场"。"闹场"结束，即开始演唱。开篇的唱词叫"书帽子"，一般是以"天上星多月不明，地上人多出新闻，新闻出在何方地？某某乡里某某村"作开场白。也有如"犯关犯关真犯关，宣统皇帝坐牢监。正宫娘娘担监饭，红皮老鼠拖小猫（读"蛮"音）。世上新闻交交关，且听我来说一番"。书帽子拖腔完毕，即转入正书。正书有说有唱，有时边唱边用鼓槌或锣片有节奏地轻轻叩打鼓沿或小锣。等到唱罢一段，再敲几番锣鼓，接着说唱。新闻书目可分两类：一种是小书目，也叫开场书，如《光棍调》、《打养生》、《游码头》等，也有用小调唱小段社会新闻的；一种是大书目，也叫当家书，如《双兰英》、《邬玉林》、《日月琴》、《钉鞋记》、《石门县》、《三县并审》、《杨乃武与小白菜》等。2007 年 6 月，"唱新闻"被列入第二批浙江省非物质文化遗产名录①。

五、浙江沿海民间工艺美术

民间工艺美术是民众为适应生活需要和审美情趣的要求，就地取材，以手工生产为主而创作制成的工艺美术品，它生动、质朴、刚健、清新，饱含着鲜明的民族情感和气质，具有独特的艺术技巧和强烈的艺术感染力。浙江沿海的民间工艺美术与浙江海洋民俗活动关系极为密切，如沿海

---

① 宁波市文化广电新闻出版局编：《宁波市非物质文化遗产大观·北仑卷》，宁波：宁波出版社，2012 年，第 134 – 136 页。

民间的节日庆典、婚丧嫁娶、生子祝寿、迎神赛会等活动中的年画、剪纸、春联、戏具、花灯、符道神像、服装饰件、舟船等。浙江海洋民间工艺美术分布于沿海各地，因地域的差异又形成不同的品类和风格，但都具有实用价值与审美价值统一的特点。另外，其技巧高超、构思巧妙，擅长大胆想象、夸张，且常用人们熟悉的寓意谐音手法，表达了沿海居民对美好生活的憧憬，极富浪漫主义色彩。

（一）舟山渔民画

舟山渔民画是舟山地区海洋民间艺术之一，主要由定海渔民画、普陀渔民画、岱山渔民画和嵊泗渔民画组成。它由舟山当地渔民自己创作，以大海为背景，以渔民的生产、生活为题材，表现手法既没有传统民间美术的平实中庸，也不受学院派既定规范的约束，有着大海般自由随意和纯情流露、天真可爱的鲜明个性。其丰富的内容题材，鲜明的地方特色，独特的艺术表现手法，堪称渔民艺术的典范。

舟山渔民画出现于 20 世纪 50 年代初期，崛起于 80 年代。1983 年 3 月，旨在繁荣和推动浙江民间传统美术的浙江省群众美术工作会议在杭州召开，会上拟定舟山为民间绘画试点之一。会后，定海区文化馆率先组织人员前往上海，考察学习金山农民画创作经验，并着手组织有关人员集中进行创作。同年 7 月，舟山市群艺馆举办了首届全市渔民画作品加工班，于 8 月送杭州参加全省评选，58 件作品获省一、二、三等奖。其中，有 6 件作品入选《全国首届农民画展》，占浙江省入选此画展作品总数的 45%，同时 2 件作品荣获全国二等奖。

舟山渔民画题材，多为体现大海及与海有关的事物，即使是神话传说，也是在大海里遨游。渔民出没于狂风巨浪，甚至生死搏斗的生活经历，造成作品奇幻、神秘、抽象近乎怪诞的风格，赋予作品现代民间气息强烈的地域特色和民族意识。而这些主观的感受和强烈的生活气息又通过造型上的夸张、随意和色彩上的艳丽、强烈而表现出来，由此形成了舟山渔民画特有的整体性艺术魅力，在中国现代民间绘画艺术中独树一帜。渔民画家们把他们对理想、对生活的美好追求与渴望都反映在作品中，如刘云态的作品《渔姑梦》、《咪咪梦》，张亚春的作品《嬉鱼》；有的以渔民生活、生产和渔家风俗风情活动为内容，如林国芬的《拣鱼》、《剖鲞》，陈艳华的《补网》等；有的反映了海岛的民间传说，如张定康的《穿龙裤的菩萨》描绘了"青浜庙子湖，菩萨穿龙裤"这一民间故事。

　　渔民画家们热爱海岛，热爱自己的劳动和生活，他们以海为动力，依照自己的环境和生活在创作中进行联想，用形象的思维来表达他们朴素的思想情感。他们从客观事物的真实形象出发，进行大胆的创意和夸张，立意奇特，想象丰富，用画笔流露着自己对生活的真情实感和对大海的深情眷恋，作品散发着浓郁的"海腥味"。这些充满大海气息的艺术作品，无一不具有鲜明的地域特色和生活气息。如在鱼的身上画渔网、海鸥及海洋动物，它们巧妙地组合在一起，交织成一个具有民间特色的造型，形式十分新颖。再如渔民捕鱼、捕蟹要用到很多工具，渔民画家们在表现时，把不同时间、不同空间、不同视点和各种物体的特征要领错综复杂地交织在一起，把自己感兴趣的东西都描绘在一幅画面中，使画面有很大的生活容量。在造型上，他们不受任何限制，大胆想象，大胆变形，大胆夸张，以自己的感情为中心，根据需要在同一画面里出现仰视、俯视、平视、侧视等现象，构成了舟山渔民画特殊的造型模式（图6-5）。

图6-5　舟山渔民画①

　　① 图片来源：《独具风格的现代民间绘画——中国·舟山渔民画》，舟山宣传之窗（http://xcb.zhoushan.cn），2003年7月24日。

越是民族的，就越是世界的。舟山渔民画正是以其独具魅力的艺术风格，走出国门，走向世界。迄今为止，约有 300 余件作品分别在澳大利亚、日本、德国、瑞典、挪威、西班牙、比利时和美国的蒙大拿艺术画廊、曼斯菲尔德亚洲研究中心、明尼芬达大学博物馆以及列治文市展出。法国《欧洲时报》、我国台湾《雄狮美术》和《中国文学》英文版等国内外媒体纷纷撰文介绍舟山渔民画。舟山渔民画作为一种特殊的文化现象，吸引了不少国外友人前来访问考察，如美中友好协会理事、全美旅游部长肯·普福一行曾考察舟山渔民画创作情况。美国艺术家卜丝赤专程前来舟山考察，并发表了评介舟山渔民画的专访文章。德国艺术家佛朗西斯卡对舟山渔民画更是情有独钟，他自筹资金在嵊泗县举办了 25 天的渔民画创作班，并收购了其中的 23 件精美画作。

1988 年 1 月，文化部命名舟山四个县区为"中国现代民间绘画画乡"，至此，舟山渔民画创作初步形成了一支具有独特风格的群体。近年来，随着国家对非物质文化遗产保护的重视，舟山渔民画中的普陀渔民画、嵊泗渔民画、岱山渔民画分别被列入第一、二、三批浙江省民族民间艺术保护名录。2006 年 12 月，舟山渔民画被列入舟山市"首批市级非物质文化遗产代表作目录"，为舟山渔民画的发展奠定了基础①。

（二）浙江雕刻艺术——竹根雕、贝雕

1. 竹根雕

竹根雕是利用毛竹的竹根及其天然形态，通过艺术构思、造型，雕刻成各种造型生动、形态传神的艺术品。中国的竹根雕艺术起源于唐代，兴盛于明代，长期来主要集中在上海的嘉定和南京一带，从而在雕刻艺术风格上形成了嘉定和金陵两大派系。

浙江竹根雕艺术兴起于 20 世纪 70 年代后期。当时，象山县以张德和、郑宝根为代表的一批民间工匠艺人，凭着对自然美的独特感受，利用当地丰富的竹资源，摸索着走上竹根雕之路。他们在继承我国明清时期竹根雕刻工艺及其风格的基础上，推陈出新，发明"仿古法"、"局施雕法"、"乱刀法"和"大写意法"等工艺和艺术手法，利用竹根的天然形状，将

---

① 罗江峰：《舟山渔民画传承与发展研究》，《浙江师范大学学报》（社会科学版），2009 年第 1 期，第 79－84 页。

其雕刻成形象生动、形态逼真的各种人物、佛像和动物。在造型艺术上，象山竹根雕突破了传统的竹根用料，连根带须，一并应用，再现返璞归真之天趣，适应了人们热爱自然的审美趋势，这是对我国传统竹根雕艺术的一大突破。如张德和创作的《张飞》，把竹根须作为张飞的胡须，使其具有倒竖、密麻、蓬乱、针刺般效果，显示出张飞嫉恶如仇、刚烈如火的性格特征，具有其他艺术形态所难以达到的传神效果。他创作的《眷恋》，利用竹根尖的根须团块，加工雕磨成昭君后梳上盘的发髻和头饰，使昭君这一人物神形兼备。近年来，张德和的《眷恋》、《洪荒年代》，郑宝根的《两小有猜》、《窥视人间》，周秉益的《红颜》、《渔舟唱晚》，先后荣获"刘开渠根艺奖"金奖。1996 年 11 月，象山县被文化部命名为"中国民间艺术·竹根雕之乡"，成为继东阳木雕、黄杨木雕、青田石雕"浙江老三雕"之后的新一代"浙江名雕"①。

2. 贝雕

贝雕工艺是利用贝壳的天然色泽和纹理、形状，经剪取、车磨、抛光、堆砌、粘贴等工序精心雕琢成平贴、半浮雕、镶嵌、立体等多种形式和规格的工艺品。贝雕巧妙地将人与海相结合，其形状多样，质地坚硬细腻，打磨后亮丽光滑，可以灵活表现各种花鸟山水、人物博古等艺术题材，且其体积大小随意，是居家和公共场所的理想装饰品，具有特殊的艺术价值、经济价值和民间民俗文化研究价值。

浙江贝壳资源丰富，沿海各地贝雕工艺丰富多彩，其中以舟山、温州地区最为有名。

舟山传统贝雕工艺已有近百年历史，贝雕品种繁多，有贝雕画、贝雕台屏、贝雕镶嵌、贝雕首饰等。据有关史料显示，1917 年，定海设浙江省水产品制造模范工厂，以蚌壳为原料小批量制作螺钿扣。新中国成立后，舟山成为我国贝雕制造基地，作品多次被国家选送给外国元首和政要。20 世纪六七十年代，舟山贝雕工艺盛行，贝雕作品被很多收藏爱好者收藏或作为高中档礼品作馈赠之用。80 年代后，由于种种原因，贝雕生产企业纷纷倒闭，艺人散失，贝雕工艺几近失传。2000 年起，舟山市旅游品研究所

---

① 陈青：《新一代浙江名雕——象山竹根雕》，中国宁波网（http：//www.cnnb.com.cn），2007 年 4 月 25 日。

对贝雕传统工艺实行了抢救性保护，如安排专用场地，购置设备，召集老艺人对年轻工人进行传帮带等。目前，具有舟山海洋文化特色的贝雕工艺得到了初步恢复。

舟山贝雕是利用当地的贝壳作原料，采用国画形式，融玉雕、石雕、浮雕等工艺形式为一体，吸收油画、装潢及装潢美术色彩鲜艳、格调优雅的艺术风格，根据贝壳的天然色彩、光泽、纹理，精雕成神形兼备的风景、人物、山水、花鸟等画屏的工艺美术品。2000 年以来，舟山贝雕多次在评为浙江省新优旅游商品，浙江省旅游交易会旅游纪念品、工艺品优秀奖，浙江省旅游交易会文化旅游商品展最佳创意奖。贝雕作品《屈原》曾获全国工艺美术百花奖优秀创作二等奖。

洞头贝雕至今已有 100 多年历史。过去，洞头人家把贝壳收集后，小的贝壳穿成串，挂在颈部、手腕当装饰品，大的贝壳外沿取下制成钩，悬吊蚊帐，当做日常用品；把形状特异的螺贝置于案头，作为摆件。更为普遍的是，孩子生日或农历七月初七日，用贝壳给孩子作佩戴悬挂饰品。这是洞头贝雕工艺的发端。

20 世纪 70 年代中期至 90 年代初，是洞头贝雕兴盛期，无论是工艺手法，还是作品内容、市场销售，都有可圈可点之处。这一时期，随着洞头贝雕工艺厂的成立，诚聘了一批有较好艺术底蕴的民间艺人和青年美术爱好者作为设计骨干，并在温州市工艺美术研究所的支持下，在生产贝堆工艺品的同时，全力攻克贝雕画屏的技术难关，拓展贝雕工艺新领域，使贝雕工艺生产一度成为洞头海岛经济的一个亮点，其贝雕工艺品通过上海进出口公司，远销东南亚和西欧，广受好评。作品《云海流音》、《如来佛》分别获得 1996 年、1999 年浙江·中国民间艺术展金奖，《镜座观音立像》荣获 1983 年浙江省轻工产品三等奖[1]。

从贝串、贝堆、贝雕画到圆雕，洞头的民间艺人不断发现、创造、继承和创新，使贝雕艺术进入中华传统文化的宝库。2007 年 6 月，洞头贝雕被列入第二批浙江省非物质文化遗产名录。

---

① 《海岛民间工艺的一朵奇葩——洞头贝雕》，温州三农网（http：//www.wznw.gov.cn），2008 年 7 月 11 日。

第七章　浙江海洋宗教信仰文化资源

　　浙江沿海地区宗教文化源远流长，民间信仰形式多样，从正式的宗教来看，既有土生土长的道教，也有外来的佛教、伊斯兰教和基督教；既有海天佛国普陀山、天台国清寺、宁波天童寺、阿育王寺等驰名国内外的佛教文化圣地，也有天台山、委羽山、平阳东岳观等道教文化圣地。从尚未形成正式宗教的民间信仰来看，有妈祖信仰、观音信仰、龙王信仰、潮神信仰、鱼神信仰等。浙江海洋宗教信仰文化丰富多彩，是极为宝贵的文化资源。

第一节　浙江海洋宗教信仰文化产生的背景

　　在某种意义上说，宗教信仰是一定地区精神文化发育的土壤，是民俗文化的核心之一，它凝聚着区域民众的生活理想和价值取向，是一个地区文化性格和精神的表现。恩格斯曾指出："宗教是在最原始的时代从人们关于自己本身的自然和周围的外部自然的错误的、最原始的观念中产生的。"① 这就是说，原始宗教信仰的产生，与人类本身和外部环境密切相关。就人类本身而言，沿海与海岛居民属于混沌初开时期最富有冒险和探索精神的人群，但毕竟那个时代科技水平低下，人们的认知能力有限，而他们所处的环境远比内地要险恶和复杂得多。他们无法对各种海上自然现象、灾害做出科学合理的解释，只能把原因归之于人类本身无法达到的超自然的神力，似乎冥冥之中有神灵在起支配作用，这是涉海居民信仰观念产生并盛行的最早起因。沿海与海岛区域不仅有龙王、观音、妈祖、渔师公等诸海神，还有鱼神、船神、网神、岛神、礁神、潮神等，名目繁多，

---

　　① ［德］恩格斯：《路德维希·费尔巴哈和德国古典哲学的终结》，《马克思恩格斯选集》第4卷，北京：人民出版社，1972年，第250页。

他们各司其职，从而构成了一个以海神为核心，层次分明的海洋信仰体系。

海洋信仰的形成经历了漫长的历史发展过程，它发端于与海有关的原始自然崇拜，随后出现了鱼龙图腾，继而向神灵崇拜深化，直至海洋神灵信仰的形成。而在这漫长、复杂的形成过程中，地域环境、社会经济等因素在其中起了重要作用。

一、地域环境因素

首先，浙江沿海地区，特别是一些岛屿，因远离内陆，气候复杂多变，生存环境十分险恶。舟山谚语说："无风三尺浪，有风浪打浪。""船到浪岗沿，性命不及老鸭钿。"都是对海域环境险恶程度的真实写照。如从阴历正月初八至十二月二十三，在嵊山海域有 30 个风暴期。其中，二月十九观音暴，三月廿三娘娘暴，八月二十乌龟暴，十二月三十犁星落地暴，都是危害极大的风暴。此外，还有强台风和"野暴"。《嵊泗县志·大事记》载：民国三十一年（1942 年）十二月廿八日，嵊山遭七级西北风袭击，毁船 87 只，死 40 人。又载：民国三十六年（1947 年）十二月廿八日，暴风雨袭击嵊山，150 余船沉没，90 人丧生。海洋环境的险恶不仅仅是风暴，大雾、暗礁都会给人们的生命和财产带来威胁和破坏。其次，沿海居民靠海吃海，以捕鱼为生，而捕捞的丰歉受潮流、气象、海况等多种因素制约，难以预测，故而沿海居民把丰歉视作是神灵的安排，丰者神灵所赐，歉者神灵所罚。再者，海洋浩瀚无际，气象万千，潮涨潮落，面对这些变幻莫测的大自然现象，古代沿海居民无法解释，只得归结于神灵的安排。

二、社会经济因素

浙江沿海拥有广阔的渔场和海洋鱼类资源，每当渔汛旺季，东南沿海各省渔船汇集于此，内地和沿海都市的商贾纷纷来此贸易，热闹非凡。清康熙开海禁后，"江南、浙省、福建沿海诸郡渔船，四五月间毕集于此，名为渔汛，大小船至数千只，人至十数万，停泊、晒鲞，殆无虚地"[①]。

---

① （清）缪燧等：《康熙定海县志》卷二《环海图记》，中国国家图书馆馆藏。

洞头洋在夏秋海蜇旺发季节，"商贩云集，甲于环山诸埠"。1935 年，浙东沿海出海海船近 3 万艘，渔民 20 多万人，年产量 20 多万吨。尽管如此，古代沿海地区的经济发展、渔业科技长期处于较为落后的水平。海洋捕捞作业，从渔具到操作方式，长期处于十分古老、陈旧而落后的状态，可以说大多停留在唐宋时期的水平。即使到了明清时期，出现了大捕船和背对船作业方式，但仍未脱离原始的木帆船操作方式。由于经济落后，简陋的渔船无法应对恶劣的海域环境，更难与海洋性灾害相抗衡，这是沿海神灵信仰盛行的又一重要原因。

三、文化因素

从地域文化而言，浙江沿海原始居民除洞头、玉环一带有部分闽南人外，大都是吴越先民，称之为"东海外越"。而吴越人在历史上素以"信鬼神，好淫祀"闻名于世。如《史记》记载："越人俗信鬼，而其祠皆见鬼，数有效。昔东瓯王敬鬼，寿至百六十岁。"于是汉武帝在灭南越后，"令越巫立越祝祠，安台无坛，亦祠天神上帝百鬼，而以鸡卜"，"越祠鸡卜始用焉"[1]。凡此种种，无不说明"信鬼神，好淫祀"是吴越民俗的一个重要特征，而作为吴越人的海外分支——东海外越，即东部沿海与海岛的原始居民自然沿袭了这一古老传统，这对他们的宗教神灵信仰形成起了很大的作用。另外，从文化因素上说，沿海居民文化水平相对低下，如舟山嵊泗一带，直到 1915 年才聘请岱山等外地人来开设塾馆，1932 年兴办学校，整个民国时期，文盲占居民的 90% 左右。由于科技的落后和文化水平的低下，其必然结果是导致神鬼意识流行，这也是沿海居民各类信仰广为盛行的原因之一[2]。

第二节　浙江海洋宗教信仰文化资源的构成与分布

由于海洋的神秘，海洋灾害的难以抗拒，浙江沿海居民早在五六千年

---

① （汉）司马迁：《史记》卷一二《孝武本纪》，北京：中华书局，1973 年。
② 参见金涛：《浙江岛屿民神灵信仰的发生与特征》，载柳和勇、文牧《东亚岛屿文化》，北京：作家出版社，2006 年，第 155－161 页。

前就产生了强烈的信仰崇拜①。而大海的开放性、涵容性，造就了浙江沿海宗教信仰的多重性结构，如妈祖信仰、观音信仰、鱼师信仰、龙王信仰等这些不同类型的宗教信仰在沿海地区相互影响，相互渗透，构成了一个五彩斑斓、特色鲜明的宗教信仰文化系统。

一、浙江沿海地区佛教文化资源

浙江是我国佛教传入较早的省份之一，至今约有 2000 年历史，它对中国佛教宗派，如天台宗、禅宗、三论宗、净土宗、华严宗、律宗的创立和发展均起过重要作用，在我国佛教史上有着重要地位。浙江佛教历史之悠久，高僧大德数量之众多，佛教文化影响之深远，在全国是少有的。在长期的对外交流过程中，浙江佛教在隋唐时期已远播朝鲜半岛、日本列岛，近代又传入欧美、南洋、澳洲等地区，对推动佛教文化的交流起了积极的作用。浙江佛教在发展过程中，留下了大量的文化遗存，是浙江重要的文化资源之一②。

（一）佛教名山

1. 普陀山

普陀山位于舟山群岛东部海域，南北狭长，面积约12.5平方千米，与世界著名渔港沈家门隔海相望。普陀山四面环海，风光旖旎，幽幻独特，自古被誉为"人间第一清净地"。山上金沙、奇石、洞壑、潮音、幻景浑然一体，形成了山海兼胜、水天一色的独特景观，与九华山、峨眉山、五台山合称中国佛教四大名山。

普陀山是中国著名的观音道场和佛教圣地，随着唐朝海上丝绸之路的兴起，普陀山成为了汉传佛教中心与著名的观音道场。唐大中元年（847年），有梵僧来谒潮音洞，感应观音化身，为说妙法，灵迹始著。唐咸通四年（863年），日僧慧锷大师从五台山请观音像乘船归国，舟至莲花洋遭遇风浪，数番前行，无法如愿，遂信观音不肯东渡，乃留圣像于潮音洞侧

---

① 姜彬、金涛：《东海岛屿文化与民俗》，上海：上海文艺出版社，2005 年，第 422－423页。

② 陈荣富：《论浙江佛教在中国佛教史上的地位》，《杭州大学学报》（哲学社会科学版），1998 年第 4 期，第 7－9 页。

供奉，故称"不肯去观音"。后经历代兴建，寺院日盛。鼎盛时期，全山共有3大寺、88庵、128茅蓬，4000余僧侣，史称"震旦第一佛国"。山上寺院无论大小，均供奉观音大士，可以说是"观音之乡"。每逢农历二月十九观音菩萨诞辰、六月十九观音菩萨出家、九月十九观音菩萨得道三大香会期，普陀山更是人山人海，寺院香烟缭绕，一派海天佛国景象。现有普济寺、法雨寺、盘陀庵、灵石庵等寺庙和潮音洞、梵音洞等佛教名胜。

普陀山是国务院首批公布的44个国家级重点风景名胜区之一，AAAAA级国家旅游区，全国文明山、卫生山，浙江省唯一的ISO14000国家示范区。

2. 天台山

天台山呈东北西南走向，西南连仙霞岭，东北遥接舟山群岛。主峰华顶山在天台县东北，海拔1098米，是佛教天台宗祖庭、道教南宗祖庭所在地，济公"活佛"的故乡，以"佛宗道源，山水灵秀"而著称于世，为"中华十大名山"之一。570年，南朝梁佛教高僧智颛在此建寺，创立天台宗。605年隋炀帝敕建国清寺，清雍正年间重修，是中国保存完好的著名寺院之一。

天台山1988年被国务院批准为国家重点风景名胜区，1992年又被列为"浙江省十大旅游胜地"。天台山风景区总面积达187.1平方千米，自然景观得天独厚，人文景观悠久灿烂，自古以来有"大八景，小八景，有名有胜三十景，究竟共有多少景，数来数去数不清"之说。这里既有葛玄炼丹的"仙山"桃溪，碧玉连环的"仙都"琼台，道教"南宗"圣地桐柏，天下第六洞天玉京，又有佛教"五百罗汉道场"石梁方广寺，隋代古刹国清寺，唐代诗僧寒山子隐居地寒石山，宋禅宗"五山十刹"之一万年寺和全国重点寺院高明寺等。天台山的自然景点各有特色，可概括为"古、清、奇、幽"四个字。桃源春晓、断桥积雪、赤城栖霞、石梁瀑布、华顶归云、双涧回澜、琼台秋月、螺溪钓艇称为"天台八景"。

3. 雪窦山

雪窦山位于浙江省奉化市溪口镇西北，为四明山支脉的最高峰，海拔800米。因山上有乳峰，乳峰有窦，水从窦出，色白如乳，故泉名乳泉，窦称雪窦，山称雪窦山。雪窦山风景区由溪口镇、雪窦山、亭下湖三大景区组成，有千丈岩、三隐潭瀑布、妙高台、商量岗、林海等景观。南宋时被定为"五山十刹"之一，明时被列入"天下禅宗十刹五院"，今称佛教第五大名山。

雪窦山上的雪窦寺始建于唐会昌元年（841 年），千百年来，香火旺盛，高僧辈出，与杭州中天竺天宁万寿永祚寺、南京蒋山太平兴国寺等 9 寺并称"天下禅宗十刹"。据《寺志》记载，在唐宋时期，雪窦寺先后受皇帝敕谕41 道，至今寺内尚存"钦赐龙藏"经书 5 760 本以及玉印、龙袍、龙钵、玉佛等；有宋真宗咸平三年（1000 年）敕赐"雪窦山资圣禅寺"额匾、宋理宗淳祐五年（1245 年）御书"应梦名山"。寺屡兴屡废，现存清顺治年间所建厢房 7 间。山门上的竖匾"四明第一山"为蒋介石题写。

奉化是中国化弥勒化身——布袋和尚出生、出家、圆寂、归葬之地，是弥勒的根本道场。2008 年 11 月中国（奉化）雪窦山弥勒文化节举行，坐姿铜制露天弥勒大佛造像在雪窦山同时落成。大佛造像总高度为 56.74米，其中铜制佛身 33 米，莲花座 9 米，基座 14.74 米，宏伟壮观，气势非凡（图 7-1）。

图 7-1　弥勒大佛造像①

（二）佛教名刹

佛教寺院简称佛寺，又名寺刹、僧寺、精舍、道场、佛刹、梵刹、净

---

① 图片来源：雪窦寺门户网站（http://www.xdmiles.com），2010 年 8 月 18 日。

刹、伽蓝、兰若、丛林、檀林等，是指安置佛像、经卷，供僧众居住，用于修行、弘法的场所。佛教寺院最早出现于印度，中国早期佛寺建筑大多沿袭印度形式，后融入民族风格，遂呈新貌。表7-1为浙江主要佛教名刹表。

表7-1 浙江主要佛教名刹一览表

名称	区位	建寺时间	备 注
普济禅寺	普陀山	北宋元丰年间（1078—1085年）	普陀山第一大寺，全国重点寺院，国家重点文物保护单位
法雨禅寺	普陀山	明万历八年（1580年）	九龙殿为目前国内寺院建筑规格最高的一座佛殿，全国重点文物保护单位
慧济寺	普陀山	明僧人圆慧初创，名慧济庵。清乾隆五十八年（1793年）僧人能积扩庵为寺	全寺布局颇具浙东园林建筑风格，全国重点文物保护单位
紫竹禅林	普陀山	创建于明末，清道光二十二年（1822年）改今名	"补袒紫竹林"字为康有为亲笔所题。全国重点文物保护单位
不肯去观音院	普陀山	唐咸通年间（860—874年）	普陀山观音道场的发源地，慧锷法师供奉不肯去观音
国清寺	天台山	隋开皇十八年（598年）	天台宗祖庭，全国重点文物保护单位
灵隐寺	杭州西湖以西	东晋咸和三年（328年）	杭州最早的名刹，全国重点文物保护单位
法喜寺	杭州市天竺山	后晋天福四年（939年）	天竺三寺之一，杭州古代名刹
法净寺	杭州市天竺山	隋开皇十七年（597年）	天竺三寺之一，杭州古代名刹
法镜寺	西湖区灵隐天竺路旁	东晋咸和元年（326年）	天竺三寺之一，杭州古代名刹，西湖唯一尼众寺院
净慈寺	西湖南屏山慧日峰下	后周显德元年（954年）	杭州西湖四大古刹之一，寺内钟声洪亮，"南屏晚钟"成为"西湖十景"之一

续表

名称	区位	建寺时间	备注
径山寺	余杭径山（天目山东北高峰）	唐天宝元年（742年）	自宋至元，径山寺有"江南禅林之冠"的誉称，径山茶宴对日本茶道的发展有一定影响
阿育王寺	宁波鄞州区鄞山分支育王山	西晋太康三年（282年）	全国汉族地区佛教重点寺院，全国重点文物保护单位
天童寺	宁波市区以东东吴镇太白山	西晋永康元年（300年）义兴始创	临济宗重要门庭，日本佛教主要流派曹洞宗的祖庭。全国重点文物保护单位
七塔禅寺	宁波市江东区	唐大中十二年（858年）	浙东佛教四大丛林（即天童寺、阿育王寺、七塔寺、观宗寺）之一
保国寺	宁波城区西北	重建于北宋大中祥符六年（1013年）	保国寺大殿建筑是世界建筑巨著《营造法式》的实例见证
雪窦寺	奉化溪口雪窦山	始建于晋代，初名"瀑布院"。唐会昌元年（841年）移建今址	大慈弥勒道场所在地
新昌大佛寺	新昌县城西南	东晋永和年间（345—350年）	弥勒佛石像为江南早期石窟造像代表作
湖州万寿寺	湖州市城南道场山	唐中和年间（881—884年）	省级重点寺院
雁荡山白云庵	乐清市雁荡山岭头村	1935年由温州信徒朱卓芳等女居士兴建	观音楼内有千手观音像，造像艺术具有浓厚的地方民间艺术风格。庵内珍藏《大正经》一部
宁波瑞岩寺	宁波市北仑区	创建于唐会昌年间（841—846年）	与天童寺、阿育王寺同为浙东名刹

资料来源：伍鹏《浙江海洋信仰文化与旅游开发研究》，海洋出版社，2011年，第31－32页。

（三）主要佛塔

佛塔，亦称宝塔，藏语称"藏文"（曲登），原是印度梵文 Stupa（窣堵波）的音译，也称为"浮屠"，即来源"Buddastupa"。佛塔是佛教的象征。佛塔最早用来供奉和安置舍利、经文和各种法物。根据佛教文献记载，佛陀释迦牟尼涅槃后火化形成舍利，被当地八个国王收取，分别建塔加以供奉。遍布我国的上万座佛塔，用料精良、结构巧妙、技艺高超、类型丰富，是我国古代佛教建筑的代表。表7－2为浙江主要佛塔一览表。

表7－2　浙江主要佛塔一览表

名称	区位	最早建寺时间	备注
六和塔	杭州钱塘江畔月轮山	北宋开宝三年（970年），僧人智元为镇江潮而创建，取佛教"六和敬"之义，命名为"六和塔"	杭州古城最重要的宋代建筑，全国重点文物保护单位
雷峰塔	西湖南屏山支脉的夕照山	公元975年吴越国王钱俶为庆贺妃子黄氏得子而建	雷峰夕照是"西湖十景"之一，中国首座彩色铜雕宝塔
杭州保椒塔	杭州宝石山	北宋开宝年间（968—976年）	与雷峰塔分立西湖南北，有"西湖门户"之称
白塔	杭州江干区闸口白塔岭	五代	省级文物保护单位
飞英塔	湖州市内塔下街	唐咸通年间（860—872年）	全国重点文物保护单位
宁波天封塔	宁波市海曙区大沙泥街	唐天册万岁至万岁登峰年间（695—696年）	我国江南特有典型的仿宋阁楼式砖木结构塔，"海上丝绸之路"的重要文化遗存
阿育王寺舍利塔	宁波市鄞州区宝幢镇	晋太康三年（282年）	内藏舍利传是释迦牟尼涅槃后的遗骨
临安普庆寺石塔	临安市东北胡山里	元至治三年（1323年）	为浙江楼阁式塔由盛转衰过渡时期的典型作品
临安功臣塔	临安锦城镇东南面功臣山顶	五代吴越国王钱镠建	全国重点文物保护单位
瑞安隆山塔	瑞安市隆山乡隆山之巅	北宋大观年间（1107—1110年）	与飞云江大桥交相辉映，为瑞安一处秀丽的景观
绍兴大善寺塔	绍兴市西营	南宋绍定元年（1228年）	原建于大善寺内，故名
梵天寺经幢	杭州市上城区江干凤凰山麓、梵天寺路	梁贞明二年（916年）	五代吴越国名刹

资料来源：伍鹏《浙江海洋信仰文化与旅游开发研究》，海洋出版社，2011年，第31－32页。

二、浙江沿海地区主要民间信仰

民间信仰是指在民间广泛流传的以自然崇拜、英雄崇拜和祖先崇拜为基础的神灵崇拜，它扎根于生活上的禁忌、神话、传说以及乡土之中的民俗性的世界观，包括灵魂观念、神灵观念、神性观念、天命观念、风水观念等。作为一种独特的民俗事象和民众精神生活的表现，浙江沿海地区流行的民间信仰十分博杂，主要有观音信仰、妈祖信仰、龙王信仰、潮神信仰、鱼师信仰等。

（一）观音信仰

观音是浙江沿海地区民间影响最大、信仰最众的神灵菩萨。观世音菩萨也称观自在菩萨，原译观世音，梵文为 Avalokiteśvara，译为光世音、观自在、观世自在。唐朝时因避唐太宗李世民讳，于是去掉"世"字，简称观音，一直沿用至今。

观音原是阿弥陀佛的左胁侍，早在佛教尚未产生的公元前 7 世纪，天竺（今印度）已有了"观世音"。到公元前 5 世纪，释迦牟尼创建佛教后，观世音成了佛教中的一位慈善菩萨。西汉末、东汉初，佛教典籍从印度传入中国，观世音菩萨作为"西方三圣"之一，同时传入中国。从三国两晋到南北朝的四五百年间，随着佛经翻译的日益发达，民间佛教信仰日益广泛，其中《法华经·观世音菩萨普门品》称"若有无量百千万亿众生，受诸苦恼，闻是观世音菩萨，一心称名，观世音菩萨即时观其音声，皆得解脱"，观世音被赋予是一位能解救人们苦危、普渡众生且神通广大的菩萨。这种称颂其名即能解脱苦难的简易说教，迎合了人们摆脱现实苦难的心理，因而深受民众欢迎。隋唐时期，观音信仰已在下层民众，尤其在沿海地区和海岛渔民中间迅速流传，成为供奉的主要神祇。而历朝历代的帝王也十分重视观音信仰的教化功能，经常派人去观音道场进香、布施。统治阶级的重视和提倡，对观音信仰的传播无疑起了推波助澜的作用。观音信仰的流传、演变过程，大致经历了从印度众多佛教菩萨中的一员，到出现"家家观世音"的信仰盛况；从印度佛教多种的观世音菩萨形象，到定型为女性化的菩萨形象；从印度佛教深奥、繁琐的内容与修行方式，到简化为只诵其名即能获得保佑的敬拜方式等①。不难发现，这一过程也是印度观音中国化、世俗化的过程。

在浙江沿海地区，观音信仰中心是在舟山群岛。元大德《昌国州图志》卷七载："普慈寺，……始东晋，时仅一小庵，以观音名。唐大中十四年，号观音院，栋宇略具。"说明舟山地区在东晋时期即有了观音的信仰。自唐代日僧慧锷请观音，首创"不肯去观音"院，舟山的普陀山开始成为中国正宗的观音道场，成为人们顶礼膜拜的神圣之地。因观音道场建在舟山群岛，得地理之便，舟山诸岛的观音信仰自当比别地更盛，从而出现了"岛岛建寺庙，村村有僧尼，处处念弥勒，户户拜观音"的情况。同时，因长年在海上捕捞，渔民在接受大海惠赐的同时，也面临着种种风险。面对凶险莫测的大海，渔民只能借助神灵庇佑，而大慈大悲的观世音正好满足了岛民的这一精神需求。这样，自唐宋以后，观音作为善神的化身走下了神坛，并逐渐平民化和通俗化，为更多的老百姓所接受②，并随着历史的发展逐步形成一种文化现象。

观音信仰在舟山的传播过程中，渔民们充分发挥想象力，创造了大量的观音传说，给后人留下了丰富的文艺创作材料。从 20 世纪 80 年代末开始，舟山各地开展民间文学三集成的普查工作，仅采录到的观音传说就有110 多个，其中与舟山有关的就达 30 多个，影响较大的传说有"火烧白雀寺"、"慧锷请观音"、"短姑道头观音送饭"、"观音点龟成石"等。如"火烧白雀寺"说道，观音原是古代妙庄王的三公主，聪明美丽，从小笃信佛教，因抗旨逃婚，在佛祖指引下到桃花岛白雀寺出家修道。后国王派人火烧白雀寺，她又在释迦牟尼佛指引下，到普陀洛迦山，最终修成正果。种种观音传说故事，反映了舟山群岛民众对观音的虔诚崇拜，寄托了历代舟山百姓的美好心愿，极富特色，成为浙江海洋信仰文化的重要组成部分。图 7-2 为普陀山南海观音立像。

---

① 柳和勇：《舟山群岛海洋文化论》，海洋出版社，2006 年，第 130 页。
② 程俊：《论舟山观音信仰的文化嬗变》，《浙江海洋学院学报》（人文科学版），2003 年第 4 期，第 33-36 页。

图 7 - 2　普陀山南海观音立像①

　　观音信仰在浙江沿海地区也十分盛行。如在温岭石塘，渔民敬奉观音菩萨极为虔诚，几乎每户渔家、每艘渔船皆供奉观世音菩萨塑像。渔船若在海上遭遇风浪袭击而险象环生时，船老大必率众跪在船头舱板上，祈求"大慈大悲"观音菩萨救苦救难保太平。每年正月初一，男女老少相伴上寺庙拜菩萨，祈求新年平安丰收；每逢农历二月十九观世音菩萨圣诞日、六月十九观世音菩萨成道日、九月十九观世音菩萨出家日，渔家妇女都要身着拜佛净衣，背上香袋，上寺庙拜观音菩萨，并在寺庙守夜。石塘人非常重视观音菩萨的圣诞、成道、出家这三大香期。每个香期的前一周，就有人出面组织，向各村、各船募集费用，并有专人负责做饭，安排宴席。在这一周内，不管本地村民，还是外来客人，都可以在寺院广法堂内享用斋饭。在三大香期的十九日中午，寺庙僧众素斋会餐，善男信女也相随食素、跪拜诵经，俗称"敬佛"，其场面宏大，庄严肃穆。十九日夜，寺庙僧众、善男信女颈挂佛珠，有人敲木鱼，有人撞铜铃，在观音像前做佛事，其余人则在观音像前按规矩绕圈、跪拜，俗称"谢佛"。

　　（二）妈祖信仰

　　妈祖又称天妃、天后、天上圣母、娘妈，是历代海洋贸易者、船工、海员、旅客、商人和渔民共同信奉的神祇。妈祖信仰在我国东南沿海和港

──────────

　　①　图片来源：百歌新闻专线（http://www.bai-ge.cn），2013 年 4 月 3 日。

澳台一带极为流行，许多沿海地区均建有妈祖庙。妈祖的真名为林默，小名默娘，故又称林默娘，宋建隆元年（960 年）农历三月二十三日诞生于福建莆田县湄洲岛。宋太宗雍熙四年（987 年）九月初九日逝世。因默娘生前与民为善，升化后，乡人感其恩惠，于同年在湄洲岛上建庙祀之。此后，沿海百姓纷纷立庙祭祀，尊为海上女神。自南宋以来，历代王朝都对妈祖褒封有加，封号从"夫人"、"天妃"、"天后"到"天上圣母"，并列入国家祀典，进行春秋祭祀。据不完全统计，从宋至清，历代皇帝先后 36次册封。由此，妈祖崇拜从一般的神灵崇拜上升为国家和民族的神祇崇拜，妈祖信俗逐成为一种文化现象（图 7 - 3）。

图 7 - 3　妈祖像①

---

① 图片来源：百度图片（http：//image. baidu. com），2013 年 10 月 7 日。

妈祖信俗是源于人们对妈祖的景仰而逐渐形成的一种常规化的民间信仰习俗，它以崇奉和颂扬妈祖的立德、行善、大爱精神为核心，是我国先民在千百年开拓海洋过程中所创造的文化瑰宝，其文化特质可概括为：与人为善，珍爱生命；见义勇为，扶危济困；勇敢无私，慈悲助人；孝顺尊亲，以仁为本。自清康熙年间确立妈祖与黄帝、孔子同受国家祭典的地位后，妈祖文化在世界范围内广泛传播，成为全世界华人共同信仰的海洋女神。2009 年 9 月 30 日，联合国教科文组织政府间保护非物质文化遗产委员会第四次会议审议决定，将"妈祖信俗"列入世界非物质文化遗产。目前全球有妈祖庙 5000 余座，信徒达 2 亿多，遍布 20 多个国家与地区①。

1. 宁波妈祖信仰

宋以来，妈祖信仰在浙江海岛地区广为传播，并与当地的原始海洋文化结合，逐渐形成以妈祖崇拜为主体的民间祭祀习俗。妈祖信仰传入宁波的途径主要有 3 条：一是福建商帮，二是以海运商团为主体的经营团体，三是以舟山群岛为中心的从事沿海捕捞业的渔民。

唐宋时期，明州（今宁波）作为我国对外贸易的主要口岸和"海上丝绸之路"的始发港之一，海外贸易往来十分频繁，众多商贾云集于此。各地商人依托宁波港口经营货物，既推动了宁波海上贸易的繁荣，同时也促进了妈祖信仰的传播和发展。据程端学《灵济庙事迹记》载："鄞之有庙，自宋绍兴三年来远亭北舶舟长沈法询往海南遇风，神降于舟以济，遂诣兴化分炉香以归，见红光异香满室，乃舍宅为庙址，益以官地，捐资募众，创殿庭像设毕具，俾沈氏世掌之。"②绍兴三年，即公元 1133 年，这是有关宁波设立妈祖分灵庙的最早记载。元代对外贸易港中，以泉州、广州、庆元（今宁波）三港最为重要。又元代以海漕取代河漕，庆元港成为北洋漕运的重要港口和漕粮北运的出发港。宁波在海外贸易和国内漕运中重要的交通地位，使妈祖（天妃）信仰在宁波迅速传播。至清代中晚期，妈祖信俗已深入宁波沿海乡村、海岛，各地纷纷立庙祭祀。据不完全统计，当时宁波地区有各类天后宫 40 多处，主要集中在镇海、象山、宁海等地③。

---

① 《妈祖信俗》，百度百科（baike. baidu. com），2013 年 8 月 9 日。

② （元）程端学：《积斋集》卷四《灵济庙事迹记》，《四库全书》文渊阁本。

③ 陈焕文：《妈祖信仰及其在宁波的影响》，《宁波大学学报》（教育科学版），1993 年第 1 期，第 73 - 76 页。

现存比较完好的主要有宁波市区的庆安会馆（又称甬东天后宫）、象山县东门岛天后宫等。

宁波庆安会馆因位于宁波市区三江口东岸，故又名"甬东天后宫"。清咸丰三年（1853 年），由甬埠北洋船商捐资创建。庆安会馆既是祭祀天后妈祖的殿堂，又是行业聚会的场所，是我国现存的宫馆合一的实例，为中国八大天后宫之一，七大会馆之最，也是浙江省目前唯一保存完整的一处会馆建筑群。庆安会馆是浙东近代木结构建筑的典范，会馆坐东朝西，规模宏大，占地面积约为 5 000 平方米。中轴线上现存建筑有宫门、仪门、前戏台、正殿、后戏台、后殿、左右厢房、耳房及附属用房。保存有 1 000 余件朱金木雕，200 多件砖雕、石雕工艺品，体现了清代浙东地区雕刻工艺技术的最高水平。庆安会馆是"海上丝绸之路"重要的文化遗存，是宁波古代海上交通贸易史的历史见证。清咸丰四年（1854 年），为平定海盗抢劫，保卫南北洋海运安全，北洋船商集资从西方购买引进当时最为先进的轮船"宝顺轮"。"宝顺轮"是我国近代自办的第一艘火力轮船，成为创办中国近代洋务的先声，标志着宁波港作为单纯帆船港时代的结束。2001年 6 月，庆安会馆被国务院公布为第五批全国重点文物保护单位，现改建为全国首家海事民俗博物馆。

除庆安会馆外，分布在宁波其他地方的妈祖庙也不少。《鄞县志》载："鄞县在元代已把天妃作为航海业的保护神，立庙以祀。"又云："瞻岐天后宫，在大嵩村东；祀天后娘娘，属东城村、西城村。清乾隆七年、咸丰三年重修。旧历三月二十三日，为神诞期。天后护海女神，渔民信奉。"①

象山县地处我国中部沿海，三面环海，在历史上，长期是闽浙沿海商、渔船聚集之地，航海业、海上贸易、海运业以及海洋捕捞业十分发达。因石浦、东门、延昌一带原住民多福建移民，于是妈祖信仰也随之传入。据象山邑志记，象山县原有丹城、石浦、爵溪、南田、东门 5 座妈祖庙。现保存完好的是位于象山东门岛老道头、官基山南麓的东门岛天后宫。该庙占地 2 000 平方米，建筑面积 1 280 平方米，据传建于宋元时期，清嘉庆二十四年（1819 年）重修。庙前有台阶十八级，进山门为门楼、戏

---

① 鄞县地方志编纂委员会：《鄞县志》第三十五编《宗教崇拜》，北京：中华书局，1996 年，第 1887、1899 页。

台、厢楼、大殿。整个建筑为抬梁式与穿斜式相结合，戏台藻井系半斗拱叠涩收缩，檐柱粗壮，有狮子、花鸟人物雕饰，古朴典雅，雕镂精巧。大殿为庑殿顶，轩廊卷棚式，造型美观。大殿正中为妈祖神像，两旁设有千里眼、顺风耳神像。现在，庙的厢楼两侧已辟为"渔文化展览馆"，陈列各式船模、渔具及岛上渔民海上救难事迹图文、东门渔业发展历史图表等。主要祭祀时间有两次，一次在农历三月十五日至二十三日之间，称"开洋节"，时值妈祖诞生日；另一次是在农历六月二十日至六月二十三日之间，称"谢洋节"，时为妈祖升天日。

值得一提的是，象山石浦的妈祖信仰还包括如意信俗。如意信俗是象山渔民从事渔业生产中形成的信仰习俗，是石浦妈祖信俗的组成部分，也是石浦渔山岛人特有的传统文化形态，至今已有300年历史，与妈祖信仰有同工异曲之妙。传说如意娘娘本是外籍渔家女，一天，其父亲在海边采贝时，不慎落崖身亡。如意闻知后，悲痛欲绝，纵身跃入海中殉葬。不久，在如意跳海处浮起一块木板。人们为该女的孝道所感动，也为该神奇木板所震惊，认为这是如意娘娘灵魂的化身，遂将其雕塑成一尊如意像，立庙供奉，称之为如意娘娘庙。当地还传说，如意娘娘升天后与妈祖娘娘、瑶池精母结成了三姐妹，妈祖为大姐，如意为二妹，瑶池为小妹。这样，如意信仰又融入了妈祖信仰体系。

渔山如意娘娘庙位于北渔山岛大岙，始建于清代。与石浦东门岛天后宫里供奉的妈祖娘娘一样，数百年来，如意娘娘一直被渔山岛渔民视为海上保护神，渔民出海捕鱼前要举行"开洋"仪式，捕鱼回家时则举行"谢洋"仪式，祭祀如意娘娘，保佑平安、丰收，甚至在平时生活中遇到纠结时，也求告如意娘娘指点迷津，渡过难关。一代代渔山岛人就在这种神秘的信俗慰藉下成长，成为他们精神生活中不可缺少的元素。1956年，庙被台风摧毁。1989年，台湾省富岗新村民柯位林与其弟柯位方等从台湾回渔山岛祭祖、祭庙，见庙宇颓废，遂捐款整修，并于次年修缮一新。现庙宇占地面积300多平方米，庙内供奉如意娘娘、观音菩萨、财神菩萨。如意娘娘庙的祭祀时间是农历七月六日，该日据传为如意娘娘生日[①]。

---

① 陈朝霞、孙辉：《"富岗如意信俗"入选省非遗十大新发现》，中国宁波网（http://www.cnnb.com.cn），2009年6月6日。

象山石浦的妈祖、如意信俗与台湾台东县的妈祖、如意信俗一脉相承。1955 年，国民党军队从舟山群岛退踞台湾，将当时石浦镇渔山岛的男女老幼共 487 人全部带往台湾，如意娘娘塑身也被随带至台湾。这批前往台湾的象山渔山岛居民在台东县组成了富岗新村（又称"小石浦村"），并为如意娘娘建海神庙。台东县海神庙位于富岗村东海岸，始建于 1960 年，占地 600 多平方米，由庙屋、戏台等组成，庙内供奉如意大娘娘（原渔山娘娘塑身，之前另奉小庙）、二娘娘、三娘娘、妈祖娘娘、保生大帝、池府王爷、广泽尊王（药王爷）、财神菩萨以及众兵将等塑身，计 100 余尊。祭祀时间同样在农历七月六日。他们以故乡旧俗的方式，在台湾祈祷如意娘娘保佑他们讨海平安、生活安康。每年农历的六月十八、七月初六和正月十四是如意信俗的三大节日，"六月十八"是池府王爷生日，"七月初六"是如意娘娘生日，"正月十四"则是石浦传统的元宵节，石浦人历来在正月十四闹元宵，俗称"十四夜"，也是祭神的重要日子。在这三个日子里，台东县小石浦村男女老少聚在一起，举行盛大的祭祀活动。祭祀活动有一套带有神秘色彩的程序，称"请五将"，是如意信俗中一种独特的请神仪式。通过这种仪式，使神灵"附身"，为人们指点迷津、消灾赐福。"五将"指的是"东、南、西、北、中"五位将军，分别由五面令旗表示，是神祇座下的开路先锋，只有通过这五位将军"操练兵马"，才能请出各位神祇。"请五将"先要准备好各种法器，主要有：一口红色的"东南西北斗"，内盛祛邪用的盐米，并插上"东南西北中"五面将军令旗；五块红色的"法旨"，形如惊堂木，是五将在念咒过程中用来敲击的；一条长长的麻质鞭子状的"法绳"。此外，还有七星剑、鲨鱼剑、月斧、铜棍、刺球等"五宝"，那是五将的兵器。

仪式开始，五将分列两旁开始念"请神咒"和"本坛咒"，五将并非固定的五人，可以由八九个祭祀人员轮流担任。念咒是持续不断的，贯穿着请神仪式的全过程，咒语就像是曲谱，统领着仪式的进行。在浑厚粗犷的咒语声中，五将轮流出场"操练兵马"，他们手执法绳，手舞足蹈，口中念念有词，仿佛进入一个迷幻状态。五将舞毕法绳，开始进入实质性的"操练"。此刻，战鼓擂起，东南西北中五将赤裸上身，各自手执"五宝"兵器，轮番上场"操练兵马"，祭祀现场但见"刀光剑影"，笼罩在一片灵异的气氛之中。"五宝"都是真兵器，五将在操练时，这些兵器或砍向或刺向自己赤裸的后背，不一会儿，背部就现出斑斑血迹。

五将轮番操练完毕，现场按东西南北中 5 个方位排出五个红色铁桶，在铁桶内焚烧金箔纸，一将舞动"法绳"，结束操练，开始正式请出神祇，登坛作法。因如意信俗是多神信俗，请神仪式中请出的神祇不一定是如意娘娘，通常可能是池府王爷，或者其他神祇，如意娘娘一般在比较重大的活动中"现身"。这时，五将中的两将请出 1 尊小型池府王爷神像，由两人各执一端，托举在手里，你来我往，"争夺"神像，看上去像拉锯一样，其余三将不断地念着咒语。慢慢地两将目光迷离，如梦如幻，仿佛进入一种催眠状态。据说，此时此刻，两将已"神灵附身"，他们梦幻般的进行"拉锯战"，实际上是神灵通过在"写天书"，而一旁的三将则通过观察他们的"拉锯战"来解读"天书"。神灵就是通过这样的方式来解答问题。"请五将"仪式正式结束，村民们面向大海，摆上鱼肉酒菜等供品祭海谢神。礼毕，在高大的"金炉"内焚烧金箔纸，炉膛里那熊熊的火焰，寄托着小石浦村人对美好生活的向往（图 7-4）。

图 7-4　台湾省台东县富岗新村（小石浦村）海神庙[①]

随着时间的推移，两岸坚冰渐融，渔山岛原住渔民从 1989 年起从台湾省返渔山岛祭祖、祭庙。2007 年 7 月 27 日，台湾富岗村民柯位林率渔山岛的原住居民与后代 54 人，首次奉台湾如意娘娘来故土渔山岛祈福祭祖，开创了两岸娘娘神明省亲迎亲习俗。祭祖团敬奉从台湾随请来的如意娘娘

①　图片来源：《台湾小石浦村的如意信俗》，新浪博客（http://blog.sina.com.cn），2010 年 6 月 3 日。

小塑身及池府王爷、广泽尊王，与海神庙会的阵头八将、令旗队、锣鼓队、七星阵、八卦阵等，在家乡娘娘庙省亲。2007 年 9 月第十届中国开渔节期间，富岗新村海神庙如意娘娘再次应邀前来参加石浦渔港"妈祖祈福巡游"活动。2008 年 9 月第十一届开渔节，恰逢中秋佳节，富岗新村海神庙如意娘娘真身首次回归故里，在石浦东门天后宫举行隆重的正式省亲迎亲仪式。两岸同族同脉的亲人，借如意娘娘回乡省亲之机，在中华民族的传统佳节里实现了团圆。

随着象山石浦东门岛、渔山岛与台湾台东富岗新村两地往来与交流，又催生出象山石浦——台东富岗（小石浦）两岸妈祖信仰"如意娘娘"省亲迎亲习俗。如意省亲习俗由起身祭、落地祭、守夜、赠礼、客祭、送别祭、回庙祭七个程序组成。2008 年 6 月 25 日，"石浦—富岗如意信俗"被国务院公布为第二批国家级非物质文化遗产名录。

在慈溪、奉化、镇海、宁海等地，也有一些规模和影响较大的妈祖庙。如奉化县有 4 600 多个神庙，主要分布在负山濒海的象山港沿岸，其中在裘村镇应家棚村西南的山岩碶和海埠头，就有天后宫 2 座。在镇海的小港竺山、威远城望海楼、郭巨北门村等地，有天后宫 15 座。慈溪胜山脚下的老街，也有 1 座天后宫①。

2. 舟山妈祖信仰

妈祖信仰传入舟山的历史也较为悠久。舟山群岛是福建渔民的集居地，其周围海域也是他们捕鱼作业的主要渔场。因此，随着闽船出入舟山群岛和福建籍人的不断迁入，妈祖信仰也随之传入，各岛屿出现了一批妈祖庙。据清康熙《定海县志·祠庙》中统计，康熙三十三年（1694 年），仅定海本岛就有天后庙 36 座。到民国十二年（1923 年），定海境内有名的天后宫达到 83 座。

舟山历史上影响和规模较大的天后宫有 2 处，一是位于定海南门外东山之麓的定海天后宫，为康熙年间定海总兵蓝理所建；另一处位于沈家门宫墩附近的沈家门天后宫，距今 300—500 年。迄今保存完好，并因其特殊的历史渊源和地域环境而在全世界妈祖庙宇中具有独特地位和影响的天后

---

① 金涛：《浙东妈祖信仰的传布与地域特色》，安庆会馆网站（http://www.nbwb.net），2010 年 5 月 15 日。

宫，则建在嵊泗列岛大洋岛海域的圣姑礁上。

嵊泗列岛位于舟山群岛东北部，邻近上海，由近百个岛屿组成。在嵊泗列岛，天后信仰十分盛行，几乎岛岛皆有天后宫。这是因为嵊泗渔场向为闽、粤、台、苏、浙、沪等沿海各地渔民共同开发和利用，在生产和生活过程中，他们把天后信仰习俗也带到了嵊泗列岛，从而使天后信仰在岛上广为传播，成为嵊泗渔民信仰风俗中一个重要的习俗。

嵊泗列岛诸多天后宫中，以建于南宋绍兴元年（1131 年）的小洋山天后宫最为古老。小洋山早在唐代贞观初年即建有洋山大帝庙，至南宋初年宋高宗赵构迁都江南，不仅闽、粤渔民和江浙渔民一起赴嵊泗渔场采捕作业，而且黄淮一带及北方沿海商船亦汇聚长江下游、东海之滨谋业营生，小洋山一时成为繁华的渔港商埠。船户和岛民为求海上渔捞和商航安泰，捐资集材，在洋山大帝庙旁边建起一座有一定规模的天后宫，供奉天后娘娘。日后，南北船户至此，必上岛供祭，一时香火鼎盛，名播海外。

嵊泗列岛天后宫中，建筑规模最为宏大的是嵊山岛箱子岙沙滩右上方陈钱山脚下的天后宫。嵊山岛在明代嘉靖年间已成为千舟云集、万人齐汇的兴旺渔港，清康熙年间更有福建渔民前来钓捕带鱼、黄鱼。后由福建钓船渔民发起，本岛土著渔民及各帮外来渔民共同捐资出力建天后宫，并铸铁香炉一对，上铸"陈钱山"字样。

在众多的天后宫中，保存最完整的是金平岛上的天后宫。金平岛天后宫位于金平岛金鸡山东部，始建于清同治元年（1862 年），重修于光绪十八年（1892 年）。坐西朝东，分前、后殿，左、右厢房，道地中间有万年台。前殿分正堂，左、右两偏殿，木石结构，坡屋顶。天棚装饰简朴，镂刻花瓣、卷叶、浮雕。正殿中塑天后娘娘。

最为奇特的是圣姑礁上的天后宫，该庙宇建于大洋岛附近的三座小礁上，潮涨时，仅离海平面 5 米左右，为世界上海拔最低的天后宫。

此外，在金鸡山、大小岛、泗礁山、西绿华岛和枸杞岛等岛上，也都有天后宫，大多建于清代。而壁下岛上的天后信仰习俗，则尤为奇特。该岛面积 1.19 平方千米，且分为安基、壁下两半岛，人口仅千余人。以宁波籍渔民为主居住的壁下岛天后宫，供奉天后娘娘；而以原籍温州一带渔民为主居住的安基岛上，却是既信仰陈太阴圣母娘娘，也信仰天后娘娘。安基岛上的太阴宫，既供奉太阴娘娘，也供奉天后娘娘。而地处东海最外端，仅有 30 多户渔家、百来口人居住的弹丸小岛浪岗山，在清光绪年间也建有天后宫，至今仍有残垣留在岛上。

嵊泗诸岛的天后宫，不仅供奉天后娘娘塑像，而且还有许多用绸布制作、写有祈语颂词的彩幅、彩旗以及被俗称为"菩萨船"的各类船模。菩萨船一类是渔民在打造新渔船前，先将船模送到天后宫，意即告知天后，自己造新船了，祈求日后得到庇佑；另一类是还愿船，即渔民或船商航海归来后，认为这是天后护佑的结果，于是奉上供品，焚香燃烛跪拜，同时献上船模。在嵊山福泉庵及壁下太阴宫天后娘娘塑像旁，至今仍有船模摆设①。

3. 温州妈祖信仰

温州地区的妈祖信仰主要分布在洞头等海岛县。洞头一带崇拜妈祖的习俗，至今已有近 300 年历史。洞头在历史上是浙、闽沿海渔民捕捞、生息的理想场所，长期以来，福建惠安、崇武、莆田、泉州等地的渔民，每到渔汛期，便驾着渔船到洞头，在北沙、东屏一带的山岙、港湾内搭建茅寮、安顿家眷，然后进行海上捕捞作业。为祈求平安，福建渔民把妈祖神像一起带到洞头，在东沙岙内盖茅棚屋供奉，鱼汛期一结束，又把妈祖神像带回去。年复一年，长期如此。

福建渔民信奉妈祖的习俗，逐渐影响了当地人，到妈祖庙烧香求安的当地人也日益增多。传说清乾隆年间，有一年春汛结束，福建渔民们带妈祖神扬帆返家时，不知什么缘故，神像的手足突然掉落。东沙的渔民看到了，忙说：妈祖不想回去，这里风景好，喜欢这里，把妈祖神像留在这里吧。于是这尊妈祖像便留了下来，依旧供奉在原来的茅棚里。后来，全村人出钱、出力在岙口左边的山峦下盖造了一座木石结构、规模较大的庙宇，称为妈祖宫。从此，当地人除了日常到庙里烧香礼拜外，也去妈祖宫祭拜妈祖。此后，各渔村又将妈祖"请"到自己的岙口，建庙祭拜，妈祖信仰在温州迅速流传②。

位于洞头县的东沙妈祖宫，初建于清朝乾隆年间，民国初年重修，是目前浙江沿海地区建筑最完整，保存最好的妈祖宫之一，1997 年

---

① 《天后信仰》，海洋财富网（http://www.hycfw.com），2010 年 2 月 21 日。
② 江天艳、蔡榆：《妈祖信仰》，《温州都市报》，2009 年 3 月 4 日，第 22 版。

列为浙江省第四批文物保护单位。东沙妈祖宫建筑面积约 400 平方米，为五进五开间，总进深 35.8 米，总面阔 11.2 米，硬山顶，斗拱，木砖瓦结构，有闽南风格。庙宇面对大海，庙外有一祭坛，庙内雕梁彩漆，颇为气派（图 7 - 5）。每逢渔汛期来临，包括中国台湾、新加坡在内的南来北往渔民，总要到此朝拜妈祖，烧香许愿、还愿。祈求妈祖保平安是当地的主要信俗，每年对妈祖的大型祭祀活动就有 6 次，每逢农历三月二十三妈祖诞辰日、九月初九妈祖升天日，除了要举行三跪九叩大礼外，还要组织演出民间戏文。2010 年 5 月，洞头县开始举办以平安为主题的洞头妈祖平安节，通过"做平安粿"、"绘平安轴"、"享平安宴"、"领受平安祝福"、"猜灯谜"、"观庙戏"、"饮船老大酒"、"赏渔家文化"和"参加祭拜大典"等形式，组合东沙妈祖信仰的各项内容，让信众与游人领略百岛洞头"千年信俗、百年传承"这一永恒的妈祖民间信仰。中国·洞头妈祖平安节每年举办一届，至今已连续举办三届。

图 7 - 5　东沙妈祖宫①

（三）岱山龙王信仰与祭海

　　龙王是渔民心目中的大海之神，它呼风唤雨、神通广大、喜怒无常，既能赐福人类，又会给人类带来灾难，所以渔民对它总是具有敬畏之心。

---

① 图片出处：百度贴吧（http：//tieba.baidu.com），2010 年 1 月 19 日。

因大海变幻莫测，以海为业的渔民们，自然也就把自己的命运寄托在海龙王身上，于是形成了"出海祭龙王、丰收谢龙王、求雨靠龙王"的习俗。

岱山古称"蓬莱仙岛"、"海中泰山"，位于舟山群岛中部，孤悬海中，为舟山第二大岛。据民间相传，岱山境内诸岛有四处海域藏有海龙王：一为长涂岛高鳌山的"娑竭龙王"；二为秀山乡与定海干缆镇交界海域的"灌门老龙"；三为岱东后沙洋的"棕缉老龙"；四为东沙角的"青石龙"。此四龙专司行善，深受当地群众的崇拜。岛上建有多处龙王宫（殿）、海神庙，有数十处以龙命名的地名，如龙头、龙眼、龙山、龙潭、求龙山嘴等。龙王信仰在岱山极为兴盛，岛上处处充满着浓郁的龙崇拜、龙信仰的气氛。每年渔汛开始，渔船汇聚，都要举行祭龙王仪式。渔民们将供桌摆设于沙滩，燃烛焚香，奉上猪头、黄鱼鲞和年糕、糖、茶、米等供品，由船老大领着渔民面向大海跪拜叩首，渔妇则身着祭神礼服，诵经祈祷龙王保平安。也有在船上举行祭供龙王仪式的。

祭海在岱山历史上主要有官祭与民祭两种形态。据传，秦始皇在公元前219年、公元前210年曾先后两次派遣徐福出海采长生不老药。徐福抵岱山后，在后沙洋泥螺山上搭台祭祀大海和龙王，祈求远航安宁。隋骠骑将军陈棱奉命伐流求国（今台湾），因海上遇雾，漂泊至岱山东北，于是杀白马祭海。南宋建炎三年（1129年）十二月，宋高宗浮海抵达蓬莱后沙洋，觅见泥螺山上的古祭台，遂祭告天地、大海，祈求庇护。宋乾道五年（1169年）宋孝宗下诏在舟山公祭东海龙王。嗣后，地方官每年六月初一为公祭龙王日。据清光绪《定海厅志》记载："龙王祠，在城南天后宫东，每年六月初一日致祭，春秋两仲又合祭灌门、桃花、岑港龙神于祠内。"康熙、雍正年间，又多次下旨封龙、祭龙，祭典东海龙王日趋兴盛。

在官方组织祭海的同时，岱山民间也盛行祭海之风。每逢新船下水、渔船开洋、拢洋、渔汛结束谢洋等重大节日，岱山民间都要举行祭海仪式，并相沿成俗，村村呑呑，相传相承。祭海谢洋，最重要的环节便是恭请龙王。此习俗千百年来，代代相传。新中国成立后，渔区经历了"渔改"、"文革"的严峻考验，祭海被视为封建迷信而一度停止。改革开放后，一些渔民重新恢复了祭海活动，在岱山偏僻渔村高亭、岱东龙头、衢山鼠浪、东沙西沙等地，至今仍保留着古朴的祭海风俗①。为了传承这一特殊的文化遗产，岱山县在古祭祀坛遗址上建造了我国首个大型祭海坛，并自 2005 年起，每到休渔期间，便在祭海坛举行规模盛大的祭海谢洋大典，祭海祈福，谢洋感恩，呼吁人们保护大海，关爱大海。这一独特的祭海信俗，于 2008 年被列入第二批国家级非物质文化遗产名录。

（四）温州汤和信俗

温州汤和信俗是在纪念明代抗倭英雄汤和（1326—1395 年）的基础上形成，并广泛流传于温州地区的一种民间信俗文化。在我国传统的中元节习俗中，汤和信俗具有特殊性、典型性，同时具有重要的现代价值，2008 年被列入第二批国家级非物质文化遗产名录。

汤和信俗形成于明代中期。14 世纪，倭寇经常骚扰中国东南沿海，为此明太祖朱元璋派大将汤和前去部署防务。《明史·汤和传》载："倭寇海上，帝患之。和乃度地浙西东，并海设卫所城五十有九。"这 59 所城堡在以后的抗倭斗争中发挥了十分重要的作用。因此《明史·汤和传》又载："嘉靖间，东南苦倭患，和所筑沿海城戍，皆坚敌，久且不圮，浙人赖以自保，多歌思之。"为缅怀汤和的造城庇民之功，后来定居于宁村所的抗倭将士后裔，纷纷在家中设神位祭祀。嘉靖七年（1528 年），巡按御史请示朝廷后，在宁村所内建立汤和庙，时人尊为"城隍庙"。嘉靖四十年（1561 年），浙江一带倭患基本荡平，人们开始在中元节举行抬神像巡城等活动，以纪念汤和、追悼抗倭将士亡魂，于是形成了一年一度的"七月十五汤和节"。

"七月十五汤和节"的基本内容是巡游、祭鬼。整个活动从农历七月十三日至十七日，为期 5 天。十三日，背"路经牌"。一人背着"路经牌"，一人敲锣，沿着巡游经过的路线走一圈。十四日"符司爷"扫街。一人装扮成"符司爷"，骑马持着"符司"牌，四人打着锣鼓钹，沿途走一圈。十五日为正日，在汤和庙举行隆重的神像出巡仪式。"文武元帅"、"先锋"、"土地"、"七星神将"等扮演者叩拜过神像，众"衙役"在庙内

---

① 邱宏方、郑忠义：《从祭海仪式看岱山民俗文化的传承与发展》，岱山县文化馆网站（http：//www.dswg.com.cn），2009 年 12 月 29 日。

三进三出后，拥簇着汤和神像出庙，庙门随即关闭，挂出"公务出巡"牌。巡游时，队伍十分整齐，有开路先锋、七星、土地、犯人、无常、皂隶、彩女、文武判官、文武元帅等，在锣鼓喧天中，分步行、骑马等形式，依次列队前进，所经村庄无不张灯结彩，备办香案，举行祭拜仪式。巡游的最后一项活动是在宁村所南郊"抗倭英烈墓园"内进行祭祖、祭鬼，祭拜在抗倭战争中阵亡的将士，整个祭奠过程十分隆重。祭毕，队伍回村，在四门巡游一遍，称"游营"。十六、十七两日演戏，戏毕，整个活动结束①。

现今的汤和信俗，在传承的基础上融入许多充满生活气息与时代精神的民俗歌舞节目，其中有传统的拼字龙灯、荡秋千、荡河船、花棍舞、狮子舞、踩高跷，有现代风格的剑舞、棍舞、伞舞、扇舞、采茶舞、健美舞等，还有战士马队、战船、战车、龙灯等游行队伍，展示出龙湾区宁村新的社会风貌。

（五）海宁潮神信俗与海神庙

海宁潮是世界一大自然奇观，经过千百年来文人雅士的歌咏，雄伟壮观的海宁潮早已为世人熟知。因杭州湾至钱塘江口外宽内窄，呈喇叭口状，出海口宽度达100千米，江潮以每秒10米的流速向前推进，此时，涌潮因受到两岸急剧收缩的影响，水体涌积，夺路叠进，潮波不断增高，形如立墙，势若冲天，由此形成了举世闻名的海宁潮。海宁潮一日两次，昼夜间隔12小时。农历每月初一至初五日，十五至二十日，均为大潮日，故一年有120天的观潮佳日。因海宁潮气势磅礴，如有神助，民间遂产生出"潮神"传说，并以农历八月十八日为"潮神"生日，按照传统习俗，举行各种仪式祭奠"潮神"，祈求平安。

历代关于潮神的传说不一，但一般认为是春秋战国时期吴国名臣伍子胥的化身。如《咸淳临安志》卷三十一《山川十》载："吴王赐子胥死，以其尸盛以鸱夷之革，浮之江中。子胥因流扬波，依潮来往，荡激堤岸。……每仲秋既望，潮怒特甚，杭人执旗泅水上以逐子胥，弄潮之戏盖始于此。"北宋政治家、文学家范仲淹在《和运使舍人观潮次韵》诗中也有"伍胥神不泯，凭此发威名"之句。

---

① 姜群英：《汤和信俗：七月十五汤和节》，《浙江档案》，2008年第9期，第29页。

海宁市盐官镇至今存有海神庙，该庙为清雍正八年（1730年）奉敕兴建，占地40亩，坐北朝南，仿宫殿式建筑，规模宏阔，布局严整。主要建筑分布在三条轴线上，主轴线依次有庆成桥、仪门、大门、正殿、御碑亭、寝殿，门前东西向有2座三间五楼式仿木构汉白玉石牌坊。西面牌坊坊额上分别镌刻"作镇南邦"与"仁智长宁"，东面牌坊则刻有"雨阳时若"与"保厘东海"，为清代书法家陈邦彦撰书。额坊雕饰卷草夔龙纹与变形夔龙纹，四柱饰以云气纹，喻义腾云之龙保一方水土。正殿为五开间歇山顶建筑，下部是汉白玉台基，左右配殿以历代潮神水神从祀。左轴线为天后宫；右轴线为风神殿、水仙阁等。咸丰十一年（1861年），部分建筑毁于兵火，光绪十一年（1885年）重修。现尚存庆成桥、仪门、正殿、汉白玉石坊、御碑等（图7-6）。2001年6月，海神庙与盐官海塘列为第五批全国重点文物保护单位。

图7-6 海宁海神庙①

（六）象山石浦与温岭石塘鱼师崇拜

鱼师崇拜信俗仅见诸东海诸岛及沿岸的少数渔村，象山石浦便是其中之一。石浦渔港古镇位于象山半岛南端，是中国著名的渔港。根据石浦民间传说，历代与大海为伴的石浦人，"郎不耕田侬罢织，一年生计在渔船"。由于渔民们善良、勤劳，经常潮潮满载而归，东海龙王便十分嫉妒，经常兴风作浪，让渔民无法出海。渔人与鱼师（我国古时掌管捕鱼的官）

---

① 《海宁盐官海神庙》，豆瓣网（http://www.douban.com），2012年1月11日。

商议后，由鱼师率领渔民设祭台，与渔民一起跪拜了九九八十一天。东海龙王为其虔诚所感，禀明玉帝，玉帝颁诏曰：洋山金、立冬银、四时鲜、海江猪（即海豚）为信使，鱼师统领八方海。从此后，海鲜年年不绝。为感谢鱼师，渔民们便建了一座庙，奉其为鱼师大帝，每当出海或返航，便到鱼师大帝前祈祷、谢恩。海江猪也不辱使命，每年渔汛来临之时，便成群结队地从铜瓦门鱼贯而入，到鱼师庙前频频叩拜，石浦港一时浪花飞溅，景象蔚为壮观①。

鱼师庙旧址在石浦二湾头，其栋梁由四根大鱼骨构成。后因建造沿港马路，庙被拆除。20世纪90年代中期，当地渔民自发在童关山重建鱼师庙，散落在民间的鱼骨逐渐被送回鱼师庙保管。

温岭石塘也有着自己的鱼师传说。相传鱼师是石塘钓渔人，其真名实姓无从可考，只是人们称他为钓幺郎。据说幺郎捕鱼本领高超，他不仅能凭水色清浊判断水下是否有鱼，而且还能根据水温来判定水下鱼的有无和多少，因此，他的船年年是"红头船"。因幺郎捕鱼本领高超，若有神助，渔民以为他是某星宿下凡，在他死后被奉为鱼师爷，并立庙供奉香火。现石塘镇前山路"鱼池"边，就有1座鱼师庙②。

第三节　浙江海洋宗教信仰文化资源的开发利用

海洋宗教信仰文化资源是浙江海洋文化资源的重要组成部分，在文化日益受到重视的今天，海洋宗教信仰文化资源的旅游开发越来越受到有关部门的重视。海洋宗教信仰文化旅游主要是指利用宗教信仰祭祀活动的场所，包括庙宇建筑，各类神灵的遗迹、纪念地、显灵地、祭品等物化形态的资源，通过旅游者的参与，从而产生一定经济或社会效益的旅游活动。浙江海洋宗教信仰文化资源丰富，文化古迹众多，这些古迹场所不仅是人们旅游观光的胜地，而且也是访古探幽、增长知识的博物馆。进一步开发海洋宗教信仰文化资源，不仅能丰富人们的生活内容，而且能够带动浙江

① 吴成根：《渔港石浦的鱼师大帝》，杭州渔技网（http：//www.hzfishery.com），2005年9月26日。

② 司静：《石塘的鱼师庙》，中国民族宗教网（http：//www.mzb.com.cn），2010年7月13日。

沿海地区经济的发展。

一、浙江海洋宗教信仰文化资源的开发价值

海洋宗教信仰文化及其遗存是一种特殊的文化表现形态，它不仅能满足人们的求知、求美、求奇的心理，而且能满足更深层次的情感需求，是一种极为宝贵的旅游资源，具有重要的开发价值。

（一）满足人们求知、猎奇的心理需求

海洋宗教信仰文化资源是浙江沿海人民在漫长历史进程中形成的一种特色文化，是广大劳动人民精神生活的重要组成部分，其内容包罗万象，涉及社会学、历史学、哲学、科技、医学、建筑、文字、文学艺术、天文地理、历法等，具有很高的历史价值和科学研究价值。透过这些文化遗产，旅游者不仅能获得大量的历史知识，同时还可以领略与内陆地区迥然不同的海洋宗教信仰文化。而各种独特的海洋宗教信仰仪式，如祭海、龙王出巡等，因笼罩着浓厚的神秘色彩，更能满足人们的猎奇心理。

（二）为人们提供艺术上的审美享受

旅游活动从本质上说是一种精神满足和审美活动，而宗教信仰文化在满足人们的精神需求、审美欲望和猎奇心理上有着特殊的功用。宗教建筑、宗教雕塑、宗教绘画与书法、宗教音乐、宗教仪式以及宗教养生等，都是民间艺术的瑰宝，具有深厚的文化内涵和较高的艺术价值，能够为人们带来美的享受。

（三）调节人们的精神生活

当代社会，随着科技的进步，生产力的发展，以及全球经济一体化进程的加快，人们的生活方式、价值观念处于不断变化之中，其间难免会产生精神高度紧张、情感世界空虚的现象。而宗教用不同的方式对生命和世界所做出的诠释，对现代人具有一定的慰藉、寄情作用，在一定程度上能满足人们的精神需求，从而调节人们的生活①。

---

① 参见伍鹏：《浙江海洋信仰文化与旅游开发研究》，海洋出版社，2011年，第15-16页。

二、浙江海洋宗教信仰文化资源的开发路径

近年来，浙江沿海一些地区的宗教信仰文化旅游发展快速，对旅游业及相关产业发展的带动效应明显，并推动了当地经济的发展。但在开发利用过程中，仍存在不少亟待解决的问题，如旅游产品单一、项目雷同、资源破坏严重，缺乏统一规划，行政区"条块分割、各自为政"现象严重，缺乏区域整体协调等。为此，浙江海洋宗教信仰文化资源的开发需要结合《浙江省海洋经济发展示范区规划》、《浙江省旅游业发展"十二五"规划》，制定海洋宗教信仰文化资源开发规划，保证浙江海洋宗教信仰文化旅游的可持续、健康发展。

（一）发挥政府宏观调控作用，推动可持续发展

20 世纪 90 年代以来，我国一直倡导"政府主导型"旅游发展战略，并在实践中获得了认可。由于海洋宗教信仰文化的独特性，我们认为，要实现其可持续发展，必须充分发挥政府的宏观调控功能：

（1）树立旅游可持续发展观，摒弃单纯追求游客数量增长与眼前经济利益的观念与做法。

（2）结合浙江海洋宗教信仰文化旅游自身的特征，不断完善相关政策、法规体系。目前，应充分利用《中华人民共和国环境保护法》、《中华人民共和国文物保护法》、《风景名胜区管理条例》等法律、条例来保障宗教信仰文化旅游的可持续发展。

（3）制定浙江海洋宗教信仰文化资源保护总体规划和详细规划，并明确近期、中期、长期的资源保护任务、实施步骤及具体方法。

（4）协调好海洋宗教信仰文化旅游开发中部门之间管理与利益分配的关系，最大限度地发挥宗教信仰文化资源的旅游价值。

（5）针对旅游者、旅游从业人员、旅游地居民的特点，广泛开展海洋宗教信仰文化知识的宣传教育，努力形成保护宗教文化遗产的社会环境和舆论氛围。

（二）突出区域资源特色，发挥组合优势

旅游区域内各旅游吸引物之间必须有机地组合在一起，充分发挥旅游资源组合优势，以形成强大的竞争优势，推动地区旅游业有效持续发展。

虽然浙江海洋宗教信仰文化内涵丰厚、特色鲜明，但由于缺乏有机整合，其资源优势仍未能有效地转换为经济优势。因此，合理整合浙江沿海的宗教信仰文化，打造旅游品牌，实现旅游可持续发展，对于提升区域旅游竞争力具有重要的战略意义。如浙江沿海佛教旅游资源以宁波天童寺、阿育王寺、雪窦寺为轴心，东遥接佛教名山普陀山，南延接天台宗祖庭国清寺、高明寺、方广寺，西毗邻禅宗著名丛林新昌大佛寺和杭州灵隐寺、净慈寺，北隔杭州湾与上海玉佛寺、静安寺等相望，在半径150～200千米范围内，有全国佛教重点寺院达17处，分布极为密集。当前，应加强各地区旅游部门、文化部门和宗教部门的合作，整合区域内丰厚的佛教文化旅游资源，开发"东南佛国朝圣之旅"品牌，拓展日本、韩国、东南亚、港澳台、长三角、珠三角等地旅游客源市场，推动浙江沿海宗教信仰文化旅游的可持续发展。

（三）引导社区参与，发挥沿海居民的支持作用

社区参与对旅游可持续发展具有重要意义：社区居民参与到旅游服务中，可渲染原汁原味的地方、民族文化氛围，增加吸引力；社区的参与可为旅游区的资源保护提供强大动力[1]。浙江海洋宗教信仰文化可持续发展到旅游过程中，要求旅游区的规划者和管理者必须尊重社区的权利，给予沿海社区居民平等的表达机会，引导沿海居民参与到旅游规划和开发中来，并且建立起文化旅游区与当地社区联合共管的经济运行机制，保障沿海居民从可持续旅游发展中获得足够的经济收益。目前，需要加大教育支持力度，逐步培育社区的参与能力和自我发展能力，并把社区参与旅游开发和管理以法律的形式固定下来，使之制度化、法律化。

（四）提炼宗教信仰文化的生态观，大力发展宗教生态旅游

生态旅游是当前国内外旅游界的热门话题。由于宗教的生态观体现了生态旅游的思想，在保护环境、净化人心方面有着积极的作用，因此，宗教生态旅游得到了广泛认同。我们认为，深入挖掘、提炼浙江沿海宗教信仰的生态观（如原始信仰的"万物有灵"、佛教的"缘起论"、道教的"自然观"），并将其融入阳光明媚、环境幽静、生态良好的海洋、山川资

---

① 李永乐等：《澳大利亚可持续旅游发展举措及其启示》，《改革与战略》，2007年第3期，第35－38页。

源之中，大力发展宗教生态旅游，是实现海洋宗教信仰文化可持续发展的重要途径。为此，首先，应保持原汁原味的宗教信仰文化旅游资源，尽量做到修旧如故；其次，坚持适度开发、有限利用，科学监测区域旅游承载力；再者，借助宗教生态旅游来宣传资源保护和生态环境的可持续发展思想，充分发挥宗教生态旅游的生态保护功能、生态教育功能和科学普及功能。

第八章　浙江海防文化资源

　　浙江位于中国东部沿海，地处中国南北交通要冲，隔海与日本、朝鲜相望，是明清以来抗击倭寇及西方殖民者的海防门户，在中国海防史上有着重要地位，是国家整体海防链条上的重要一环。自明代以来，浙江军民在抗御外敌入侵的战斗中，英勇奋战，为保卫海疆做出了重大贡献，留下了宝贵的海防文化遗产。

第一节　海防文化概述

　　从人类有了军事实践活动的那一天起，大海就与战争联系在一起，可以说，有政权就有了海防。当然，那时候的海防活动主要是对付本国敌对势力、海盗或其他民族的入侵。

　　海防问题所涉内容复杂，其研究范畴也相当宽泛。随着人们对海洋价值认识的提高及《联合国海洋法公约》的生效，现代意义上的海防包括了海域内外的军事与非军事活动，如维护外海经济利益、海上管理、涉海法规建设等等，都是海防研究的范围。具体来说，海防是为保卫国家主权、领土完整和安全，捍卫国家管辖海域的权利，维护国家合法的海洋权益，防御敌人从海上入侵以及在沿海地区、岛屿、领海、内水、毗连区、专属经济区及整个管辖海域乃至整个海疆所采取的一切防御措施。

一、海防文化的内涵

　　依照马克思主义的观点，战争是人类的一种交往形式，对于野蛮民族来说，甚至是主要的交往形式。人类的交往和文化之间存在极为密切的关系，在一定意义上可以说文化是因交往而产生、因交往而保存、因交往而发展的。没有交往，人类的社会性无从体现，社会分工无由贯彻，社会联系无从建立，社会文化也就成了无源之水、无本之木。假如没有交往，人类业已形成的文化无法在横向上获得扩散，也无法在纵向上获得流传；同样各种人类群体以自身所生存的环境为依托而形成的不同模式的文化无法相互交融、彼此激发，因而人类文化的全面发展也无法实现。但由于交往，不同类型的人类文化之间也可能产生冲突，在极端情况下，这种冲突可能导致文化的毁灭。

中华民族是最早走向海洋的民族之一，在开发利用海洋上有着悠久的历史。在明代以前的大多数年代，中国海疆无大忧患，故封建政府对经营海防并不在意。直至明代中后期，中国海疆的安全遭到了前所未有的威胁，封建政府开始自觉思考海防问题，海防成为了国家防务体系中的重要组成部分。从文化角度研究海防，视海防为一种特殊的交往形式，对文化史、军事史、海洋史研究与发展海洋经济，均有着非常重要的现实意义和深远的历史意义。

军事上对海防的定义，是指国家为保卫主权、领土完整和安全，维护海洋权益，防备外敌入侵，在沿海地区和海疆进行的防卫和管理活动的统称。《辞海》阐释说："海防，国家为保卫主权、领土完整和安全，维护海洋权益，防备外敌入侵和人员、物资非法进入，在沿海和海疆进行的防卫和管理活动的统称。"① 这一定义，不再把海防仅仅看做是一种军事行为。黄鸣奋对海防作了全面而详细地诠释，指出："就其本质而言，海防是为保卫国家安全而在沿海地区布置的防务。"并从文化角度研究海防，把海防视为一种特殊的交往形式，从而将海防的研究范畴细化为"海防环境"、"海防主体"、"海防手段"、"海防方式"、"海防内容"、"海防对象"六大部分②。

随着人们对海洋认识的全面提高，现代海防内涵日益复杂。一是海防的职能变化，海防的职能不再是单纯地防御敌国从海上对陆地的进犯，而是要从海上防卫敌国对周边海域的侵犯。二是海防的内涵拓展，海防不仅以军事斗争为基本形式，还包括政治、经济、文化、法律等方面。三是海防范围扩大，海防不仅要保卫沿海的陆地国土，而且还要保卫广阔的领海、领空和专属经济区、大陆架。四是海防的难度加大，过去保卫沿海陆地和领海离岸较近，海水较浅，相对容易；现在要在海洋国土外侧线防

---

① 辞海编辑委员会：《辞海》（中册），上海：上海辞书出版社，1999 年，第 2634 页。
② 黄鸣奋：《厦门海防文化》，厦门：鹭江出版社，1996 年，第 1—6 页。

御，离海岸线较远，海水较深，海况和气象及周围情况复杂，这样的防卫必然是全方位、远距离、天上与水面以及水下的多维防御。五是岛屿防御的任务加重，由于海岛的新价值诱发一些国家"占岛夺海"、"以岩礁为岛"，对海岛尤其是边缘岛、礁、暗滩、暗沙都需要加强防御。因此，我们所理解的现代意义上的海防，应该是指为防御从海上入侵的敌人，为保卫国家的主权领土完整、安全和海洋权益所采取的政治、经济、军事、文化、外交等方面的措施和斗争。

二、浙江海防研究的意义

自古以来，人类的活动便与海洋紧密相关。随着人类社会的发展，陆地可供开发的资源越来越少，世界各海洋大国之间在海洋经济、科技、资源、海权等方面的竞争日益激烈。2500 年前，古希腊著名的思想家狄米斯托克曾说过："谁控制了海洋，谁就控制了一切。"历史的发展证明了这一预言。公元前 5 世纪，希腊人在萨拉米海战中击败波斯人，进而确立了在爱琴海的统治地位。罗马人依靠强大的舰队打败迦太基人，在地中海地区称雄达数百年之久。15 世纪以后，西班牙、葡萄牙凭借强大的海上力量，各自建立了横跨欧、亚、非、美的殖民帝国。英国在沃尔特·雷利"谁控制了海洋，谁就控制了世界贸易；谁控制了世界贸易，最后也就控制了世界本身"思想指导下，通过海外征战，成为当时世界上最为强大的国家。20 世纪初，美国人接受了马汉的海权论思想，建立起强大的海军，推行炮舰政策，并经过第二次世界大战，一跃成为海上强国。

中国是一个陆地大国，但同时又是一个海洋大国，大陆海岸线 1.8 万千米，岛屿海岸线 1.4 万千米，主张管辖海域面积约 300 万平方千米。15世纪初，航海家郑和已认识到海防在国家安全方面的重要性："欲国家富强，不可置海洋于不顾。财富取之于海，危险亦来自海上。……一旦他国之君夺得海洋，华夏危矣。我国船队战无不胜，可用之扩大经商，制服异域，使其不敢觊觎南洋也。"[①] 史载："海之有防，历代不见于典册，有之自明代始，而海之严于防自明之嘉靖始。"[②] "古有边防而无海防，海之有

---

① 转引 [法] 弗郎索瓦·德雷诺著、赵喜鹏译：《海外华人》，北京：新华出版社，1982年，第86页。
② （清）蔡方炳：《广舆记·海防篇六》，《四库全书存目丛书》本。

防自明始。"① 可见，明以前，中国虽然开辟了著名的海上丝绸之路，海外贸易与对外文化交流频繁，但对海防的经营并不注重，故而不存在真正意义上的海防。直到明代，海防才真正成为国家防务体系中的重要组成部分，并形成一套较为成熟的海防体系②。对此，范中义指出："我国在沿海设防可追溯到很早。但明以前，除元朝有抵御外敌从海上入侵的作用外，其余多是对付本国的敌对势力或国内其他民族，而且限于个别地域，没有完整的防御体系。因此，这些不过是海防的萌芽，真正形成防御体系，则在明代。"③

浙江是一个海域大省，拥有海域面积 4.24 万平方千米，若包括我国主张管辖的大陆架及专属经济区，海域面积则达 26 万平方千米；大陆海岸线和海岛岸线则长达 6 500 千米，占全国海岸线总长的 20.3%。浙东位于中国东部沿海，地处中国南北交通要冲，隔海与日本、朝鲜相望，是明清以来抗击倭寇及西方殖民者的海防门户，在中国海防史上有着重要地位，在保卫海疆安全中发挥了重要作用。因此，对浙江海防进行深入探讨，不仅能廓清浙江海防的历史面貌和演变脉络，揭示中国海洋观的传统与变迁，而且有助于深入了解和把握明清时期中国海防的职能、总体战略规划、内在特质和实施效果等问题。同时，它对于进一步增强全民海防忧患意识，为新形势下更好地做好捍卫海洋领土主权、维护海防安全、发展海洋经济等提供借鉴。

第二节　浙江海防文化遗址

海防遗址作为浙江整个历史文化资源的重要组成部分，主要有抗倭、抗英、抗法、抗日为内容的海防遗址，其中以明清两代最为丰富，广泛地分布于宁波、舟山、台州和温州等沿海地区。

---

① （清）齐翀：《南澳志》卷八《海防》。《中国地方志集成》本，上海：上海书店出版社，2003 年。

② 考察浙江地方史料，我们可以发现，浙东区域一些明代沿海卫、所，即是建立在宋代寨营旧址之上的，如观海卫所在位置，宋代建有向头、鸣鹤两水军寨；松门卫，即宋代的黄岩管寨旧址。天启《海盐县图经》卷七《海防》亦载："南渡后，行都密迩，防海为亟，水军始设。"说明浙东区域宋代已有防海建制，只是远不如明代形成规模。

③ 范中义：《明代海防述略》，《历史研究》，1990 年 3 期，第 44–54 页。

一、浙江历史上的海上战争

浙东海岸线漫长，岛屿星罗棋布，战略地位重要。"浙江东南境濒海者，为杭、嘉、宁、绍、温、台六郡，凡一千三百余里。南连闽峤，北接苏、松。自平湖、海盐西南至钱塘江口，折而东南至定海、舟山，为内海之堂奥。自镇海而南，历宁波、温、台三府，直接闽境，东俯沧溟，皆外海。"① 自 14 世纪以来，先后经历了抗倭、抗英、抗法、抗日等重大战争，历史文化遗产十分丰富。

（一）浙江沿海的抗倭战争

"倭寇"一般是指 13～16 世纪间活跃于朝鲜半岛及中国大陆沿岸的日本海盗，初期主要由日本诸岛的武士、浪人和奸商等组成。明嘉靖中期后，福建、浙江、广东沿海一带的中国不法商人以及一些因海禁而断绝生计的渔民也加入其中，他们采用倭寇抢掠的方式，或与倭寇相勾结，为患于东南，因而也被归于"倭寇"之列。在"倭寇"猖獗时期，其活动范围曾远至东亚各地，甚至深入中国沿海一带的内陆地区。

从明朝建立到神宗万历八年（1580 年），尤其是明朝嘉靖年间，日本倭寇与走私商人、海盗相勾结，侵扰掳掠浙闽沿海。明人张瀚曾言："我明洪武初，倭奴数掠海上，寇山东、直隶、浙东、福建沿海郡邑，以伪吴张士诚据宁、绍、杭、苏、松、通、泰，暨方国珍据温、台等处，皆在海上。张、方既灭，诸贼强豪者悉航海，纠岛倭入寇。"②

嘉靖二十六年（1547 年），倭寇入侵浙、闽沿海，因当地守军互不相统，难以抵御，朝廷命朱纨为浙江巡抚，提督浙闽海防军务。他统一部署浙闽海防，征调战船 40 余艘布防于沿海，同时采用封锁手段，禁止商船下海，严立保甲制度，搜捕、严惩勾结倭寇的内贼，孤立倭寇。二十七年（1548 年）五月，朱纨遣都指挥卢镗、海道副使魏一恭率军围剿双屿港，擒获许氏海商集团首领许六、姚大总及大窝主顾良玉、倪良贵，力挫倭寇。然因损害了勾结倭寇的官僚、地主、商人的利益，于是他们相互勾结，联合闽浙在朝官吏诬陷朱纨，致朱纨罢职，忧愤自杀，卢镗亦被诬入

---

① （清）赵尔巽等：《清史稿》卷一三八《兵志九》。北京：中华书局，1976 年。
② （明）张瀚：《松窗梦语》卷三《东倭纪》，上海：上海古籍出版社，1986 年。

狱。三十一年（1552 年），明廷先后命王捲和张经总督浙、闽军务。他们重用俞大猷、汤克宽、卢镗等抗倭名将，积极编练水军，调集援军，水陆军密切配合，抗击倭寇。三十二年（1553 年）三月，王捲遣参将俞大猷、汤克宽等率舟师夜袭普陀山，先火攻，后肉搏，俘斩倭寇数百人。与此同时，沿海民众也积极投入抗倭斗争。次年，倭寇数百人在定海金家岙登陆，乡民杨一率众与倭寇激战于海涂，将其击退。三十四年（1555 年）四月，倭寇 4 000 余人从柘林（今上海奉贤南）突袭嘉兴，张经遣副总兵俞大猷和参将卢镗、汤克宽等率水陆两军联合抗击。五月初，倭寇进至王江泾（今嘉兴北），汤克宽率水师从中间出击，俞大猷和卢镗率军前后夹击，斩倭 1 900 余名，大获全胜，并乘胜追击，在苏州平望、陆泾坝又歼倭寇千余人。王江泾一役是明军抗倭以来最大的一次胜仗，被称为"自有倭患来，此为战功第一"①。

　　嘉靖三十五年（1556 年），倭寇入侵浙江日益猖獗，明廷命胡宗宪为浙江总督。他采用剿抚兼施的策略，计杀勾结倭寇的海盗首领徐海，诱降勾结倭寇的海盗巨贼汪直。当年秋，胡宗宪令浙江总兵俞大猷率军进剿平湖，歼倭 1 600 余人。三十八年（1559 年），参将戚继光针对沿海卫所废弛、军令难行、战斗力低的情况，在胡宗宪支持下，亲自去义乌等地招募矿夫、农民 3 000 多人，训练成为闻名的"戚家军"。同时，戚继光又督造战船 40 余艘，布防于浙江沿海的松门（今温岭东）、海门（今椒江市）二卫，这些战船在以后的海战中发挥了重大作用。

　　嘉靖四十年（1561 年），倭寇骚扰奉化、宁海，戚继光将所辖一部分守台州，一部分守海门，自己则亲率主力赶赴宁海。倭寇侦知戚军主力去宁海，台州空虚，遂分兵 3 路分别进攻桃渚、新河、沂头。四月二十四日，倭寇在新河城外大肆抢掠，当时城内精壮士兵大都出征在外，人心惶惶，戚继光夫人挺身而出，发动妇女守城。二十五日，在宁海的戚继光令胡守仁部、楼楠部驰援新河。二十六日，倭寇逼进新河城下。这时，援军赶到，双方展开激战，入夜，戚家军打败倭寇，残倭往铁岭方向逃窜。戚家军乘胜追击，将残倭打得落花流水。此役杀敌约 200 人，并保住了新河。戚继光在击败宁海之倭后，闻知进犯桃港的倭寇焚舟南窜，进犯精进寺，

　　① （清）谷应泰：《明史纪事本末》卷五五《沿海倭乱》，北京：中华书局，1976 年。

认为倭寇此举是企图乘虚侵犯台州府城，于是挥师南下，急行军先敌到达府城。二十七日中午，双方于花街展开激战，倭寇主力大败逃走。戚家军即分兵两路追击，斩敌300余人，夺回被掳民众5 000余人。二十八日，停泊于健跳沂头海面的倭寇登陆，并于五月初一日进至台州府城东北的大田镇，妄图劫掠府城。戚继光率1 500余人在大田岭设伏。敌闻知戚家军有备，于初三日沿间道窜至大田，欲进犯仙居，劫掠处州（今浙江丽水）。大田至仙居必经上峰山，山南是一狭长谷地，便于伏击敌人，于是，戚继光又先于敌人到达上峰岭，严阵以待。五月初五日，倭寇进入伏击圈，戚家军鸟铳齐发，倭寇猝不及防，当即有数百人缴械投降。余倭退至白水洋朱家大院后，被戚军围歼。这次战斗，戚家军以少胜多，共斩杀300余人，缴获兵器近1 500件，夺回被掳民众1 000余人。六日，戚军凯旋台州府城。五月十五日，戚家军又取得了藤岭战斗的胜利。五月二十日，又歼灭窜犯宁海以北团前、团后，占据长沙的倭寇。从四月下旬开始，戚家军以少敌众，在一个多月的时间里连续取得了新河、花街、上峰岭、藤岭、长沙等战役的胜利，消灭倭寇数千人，使进犯台州的倭寇遭到毁灭性的打击。次年，倭寇窜犯宁波、温州，戚家军与其他明军配合，全歼倭贼。

在历经双屿、沥港、大榭及台州之役后，浙江沿海在当时设立的卫、所、寨三级海防体制下，普遍筑城堡、海塘以御倭。现威远城、永昌堡等这些抗倭遗址、遗迹尚存。在慈溪观城镇的理倭岭一带，民间仍流传着"八月十六大潮汛，千万倭寇入死门，庞涓误闯马岭道，诸葛火烧遁甲兵"的民谣，真实反映了当年胡宗宪、戚继光等指挥浙东军民在理倭岭火烧倭寇800人的战斗史绩。特别是曾任宁、绍、台三府参将和总兵的戚继光，戎马生涯40年，创建戚家军，身经百战，屡建奇功。他的塑像至今仍矗立在象山。由于戚家军长期转战在三北（姚、慈、镇北部）一带，部队的战斗、行军和生活习惯在当地群众中产生深刻影响并广为流传。如当年戚家军吃过的咸饼，当地群众至今还称它为"光饼"；当年戚继光曾用杀一名倭寇、奖一粒蚕豆的办法鼓励战士英勇杀敌，当地群众至今还把蚕豆称作"倭豆"；当年戚继光设计的战时用于杀敌、平时用于生产的半月形尖刀，当地群众一直称之为"倭刀"；当年戚继光创制的用于海涂上追赶、捕杀倭寇的"泥马船"，后来成为沿海渔民从事海涂生产、养殖的工具，并一直沿用至今。图8-1为苍南蒲壮所城。

图 8 - 1　苍南蒲壮所城①

（二）浙江沿海的抗英战争

英国自 18 世纪起成为头号资本主义强国之后，便大肆向东方扩张，把地大物博的中国作为侵略的主要对象，其侵略矛头首先指向浙江。早在乾隆五十八年（1793 年），英国派马戛尔出使中国，就向清政府提出开放宁波、舟山为商埠的要求，为清廷所拒绝。道光二十年（1840 年）六月，英军舰船直扑定海。七月，定海失陷。但定海人民并没有被英军的烧杀掳掠所吓倒，他们冒着纷飞的战火，或坚壁清野，或在井中、河里下毒，切断英军的粮源、水源，奋起还击四出劫掠的英军，包祖才等还擒捕了在卫兵保护下出城测绘地形的英军上尉安突德。

道光二十一年（1841 年）二月，英军为了集中兵力进攻广州，从定海撤走。当时，清政府派遣定海镇总兵葛云飞、寿春镇总兵王锡朋、处州镇总兵郑国鸿率所部将士 3 000 人进驻定海。不久，又升定海县为定海厅，增拨陆路巡防营士兵 1 800 名，以加强定海的防御力量。同年九月，英军再犯定海。三总兵率定海守军誓死守，自九月底至十月初，血战 6 昼夜，重创敌军，最后因弹尽援绝，壮烈殉国。为维护"天朝"、"上国"的尊严，道光皇帝继派奕经为扬威将军，带兵到浙东组织反击。但因其愚昧无

---

① 明初，倭寇屡犯闽浙沿海，明太祖朱元璋命信国公汤和筑城防御，设金乡卫，下辖蒲门、壮士、沙园等千户所。蒲门所城洪武十七年（1384 年）兴筑，历时 3 年，于洪武二十年（1387 年）筑成，为"濒海筑城五十有九"之一。后壮士所并入蒲门，遂改称"蒲壮所"。图片来源：浙江省文物局（http://www.zjww.gov.cn），2006 年 2 月 8 日。

知，根据梦兆炮制所谓"五虎制敌"计划，结果全线溃败，奕经本人仓皇逃回杭州。从此，清政府不敢再组织抵抗。

随着英军的进一步入侵，浙东人民纷纷自发组织起来抗英。他们拿起刀矛、鸟枪、火铳乃至锄耙、鱼叉等原始武器，与用洋枪、洋炮武装起来的英国侵略者展开斗争：定海群众活捉随英军从广州到定海，并为英军筹粮的汉奸买办布定邦；詹成功率领定海水勇、乡勇，火攻停泊在定海洋面上的英军舰队；余姚农民和渔民计袭英舰"衣那"号，并围捕浮水逃跑的英军。在浙东抗英斗争中，以黑水党的抗英斗争最为著名。黑水党是下层群众自发组织的抗英团体，它最早出现在定海，后来迅速扩大到浙东各地。在英国重兵占据的宁波，黑水党在其首领徐保等率领下，或埋伏在城郊，伺机捕杀外出窜犯的英国强盗；或在甬江上乘"八桨小艇"，袭击往来的英军船舰；或化装成"洋人"，入城捉拿英国侵略者；或趁黑夜潜入敌人军营，捕杀英军官兵。仅宁波一地，黑水党在两个月内就擒斩英军官兵数百人，迫使英军于次年四月撤离宁波、镇海。五月，当英军进犯长江途经乍浦时，驻守乍浦的八旗兵也奋起反抗，坚守天尊庙，誓死与敌人搏斗，除43人突围和少数受伤被俘外，官佐7名和旗兵167名全部阵亡。

当年的抗英战场现尚存大量遗址、遗迹、遗物和后人建造的纪念物。在定海的北门梵宫池建有姚怀祥殉难处纪念碑，青垒头和竹山门一带有裕谦增兵定海时构筑的土城和炮台，晓峰岭上有新建的"舟山总兵纪念馆"和定海烈士陵园；在镇海学宫（现镇海中学内）的伴池有裕谦投水殉节处纪念碑，镇海口建有海防历史纪念馆；在宁波慈城附近的大宝山建有抗英阵亡将士纪念碑和朱贵祠等。

又，曾任两广总督的林则徐，因禁烟被革职后也曾在镇海"戴罪立功"。为了加强镇海要塞的防务，他大力仿制西洋炮船、西式武器，并与龚振麟创制车轮战船。后人在镇海中学的梓荫山上建造了"林则徐纪念堂"。

（三）浙江沿海的抗法战争

光绪十年（1884年）七月十二日，法国代理公使谢满禄向清政府发出最后通牒，要求中方从越南撤军并赔偿军费2.5亿法郎，同时扬言七日之内如不答应，法国将攻占中国东南沿海口岸。但在第二天即染指台湾，并一路北上，中国东南沿海成为战争前线，尤其是闽江口、基隆和位于长江出海口附近的浙东锁钥之地——宁波、绍兴、台州一带，更是首当其冲。

在这种情况下，清政府紧急颁布沿海戒严令，并任命薛福成为浙江宁绍台道，综理营务，会同提督欧阳利见等在宁波镇海一带加强戒备。

薛福成上任后，亲自到镇海、定海进行实地勘查，确定镇海为浙东战略防御重点，并采取加固镇海威远等炮台、强徙法国教士商民、联络上下加强团结等措施，积极做好战前准备工作。光绪十一年（1885 年）二月十二日，法远东舰队司令孤拔率舰 7 艘与清军水师 5 舰海上交战，清舰退至镇海口和石浦。二月二十五日夜，法舰入侵七里屿海面，并进攻招宝山炮台，清军奋起还击，重创法舰"纽回利"号。三月二日，法军夜袭镇海被击退后，又增兵复攻招宝山，清军"开济"、"南探"、"南瑞"三舰配合镇海威远炮台，在薛福成、吴杰等指挥下，命中"答纳克"号，并击伤孤拔。三月二十日，薛福成让统领钱玉兴令王立堂率敢死队将后膛火炮 8 门运到小港前哨阵地，深夜突袭敌舰，命中 5 发，法军伤亡惨重。后法军增兵，均被击退。四月十五日，中法停战，清军水师取得了镇海口抗法战争的胜利，使法舰北上京津的企图遭到破灭。

薛福成取胜后，为使全浙门户"永臻稳固"，决定加强镇海口的防卫力量。为此他与宁波知府宗源翰等一起，在商民中大力劝募捐款。在捐集到数十万两白银后，他派人往上海购置德国造最新式重炮 7 门，并在镇海口修建工事和炮台，为浙东海防建设作出了历史性的贡献。对此，他自己也引为自豪，在《笠山宏远炮台铭》中写道："笠山地形突出海滨，三面受敌，且据甬江口前路，势可兼顾诸台。今得此新炮，东御蛟门之口，西扼虎蹲游山之险，俾敌舰不敢肆泊内洋。苟练之勤，而用之精，虽铁甲可破也。抑我闻西洋诸国经营炮台，月异而岁不同，小有利病不惮变通，修改以极其精，其研究无穷期，故措置无败事。余愿与杜君（指杜冠英）及后之任事者共勉斯意，勿谓制胜之方已尽于此而自足也。"并祝愿浙东海防从此"千年如砥"。他所修建的这些炮台遗址、遗迹和威远城，以及金鸡山中法战争清军提督欧阳利见督师处的"万死一生"石碑、梓荫石刻、吴公记功碑等镇海口海防遗址已列为国家级重点文物保护单位。此外，薛福成还著有《海防十议》等军事文稿传于后人。图 8-2 为文庄公甲申浙东海防图。

图 8 - 2　文庄公甲申浙东海防图①

（四）浙江沿海的抗日战争

1940 年 7 月中旬，日军进犯青峙、小港，并在镇海登陆，攻占招宝山威远炮台。守军在 194 师师长兼宁波防守司令陈德法的指挥下，与 16 师48 团官兵配合，在镇海小港戚家山一带奋力抗敌 6 天，击毙、击伤日伪军1 000 余名，使日寇被迫撤退。这场战斗得到了当地人民的倾力支持，不少老百姓前来为受伤战士包扎伤口，妇女们为伤兵送蛋汤、喂稀饭，商家送来月饼、药品、毛巾等慰劳将士。有位老太太甚至将自己的寿材抬来给阵亡战士落殓。师长陈德法目睹此情此景，深受感动，当场题词："同仇敌忾，留取丹心照汗青；共同抗日，誓凭热血补金瓯。"

目前，招宝山后海塘下修筑的碉堡和在小港修筑的旋转炮台遗址尚存，遗址处立有"七一七戚家山抗日纪念碑"，石柱牌坊正中"戚家山"三字苍劲有力，系由曾任国防部长的张爱萍将军亲笔题写。

1944 年 8 月 25 日，为配合盟军登陆，舟山大鱼山岛的新四军浙东纵队海防大队，面对 600 余名日伪军的合围，从上午 8 时起浴血奋战，击退

----

①　据初步考证，《文庄公甲申浙东海防图》为中法战争中镇海之役取得胜利后所作，由浙江巡抚刘秉璋命人绘制。全套图均为绢本，共 13 幅，每一幅长为 106 厘米，宽为 77 厘米，均辅以文字说明。其中除 1 幅为题跋外，其余 12 幅分别为"设立电杆"、"分段筑堤"、"机器打桩"、"水陆勇丁挑石沉船"、"水陆藏雷"、"迁置教士"、"杜绝引水及撤灯去标"、"上元接仗获胜情形"、"再毁法船"、"放哨击敌"、"堕炮自伤"、"夜袭法船"，描绘了中法战争镇海之役，内容涉及军事布防、后勤保障、外交干涉、电报通讯、交战情形等各个层面，全面、直观地展示了此次战役的整个过程。目前，该图已被鉴定为国家一级文物，收藏于安徽省博物馆。图片来源：《画中自有史实在：从绘画看清代水师发展》，中国海军（http：//navy. 81. cn/content），2013 年 6 月 3 日。

敌人4次进攻，至下午3时，终因弹尽粮绝，寡不敌众，驻岛海防大队包括副大队长陈铁康、指导员严洪珠等42名指战员壮烈牺牲。这次气壮山河的大鱼山之战，当年就由新华社华中分社作为重要军事报道发往延安，在延安《解放日报》上发表。1988年7月，舟山人民为纪念这场战斗，在大鱼山岛战场之一的湖庄潭山岗上建造了一座8米高的革命烈士纪念碑。

二、浙江海防遗址分布

浙江海防遗址分布于浙江沿海各要津，至今保存较为完好的有镇海口海防遗址、温州永昌堡、台州府古城墙、戚继光浙东沿海抗倭遗存、象山古城海防遗址、定海保卫战主战场遗址、大陈岛海防遗址等。

（一）镇海口海防遗址

镇海口海防遗迹所在的镇海位于我国海岸线中段，北临杭州湾、长江口，南连闽、粤，为南北转运、补给地与海上交通要冲，战略地位极为重要，素有"海天雄镇"、"浙东门户"之称。南宋绍兴三年（1133年）设沿海制置司，由统制、统领率水军驻此扼守海道。明初朝廷派信国公汤和于此置定海卫。自明中叶以来，镇海军民先后经历了抗倭、抗英、抗法、抗日等闻名中外的战争，留存下十分丰富的海防文化遗产。镇海口海防遗迹包括甬江入海口南、北两处以金鸡山、招宝山麓为主要地段的30多处海防遗迹，主要有甬江两岸的威远城、月城、安远炮台、吴杰故居、吴公纪功碑亭、裕谦殉难处、俞大猷生祠碑记、明清碑刻、金鸡山炮台、靖远炮台、平远炮台、镇远炮台、宏远炮台、戚家山营垒、抗日"四绝台"等。

1. 威远城

威远城位于镇海区招宝山之巅，扼守镇海口，历来是海防重地。明嘉靖三十九年（1560年）春，为防御倭寇进犯镇海、宁波，都督卢镗与海道副使谭纶提议于甬江入口处的招宝山上筑城。工程由卢镗负责，劳力主要来自军人，经费取于渔税，历时3月余竣工，取名"威远"。城周长200丈，高2.2丈，厚1丈，雉堞167垛。辟东西二门，门上筑楼阁。城内建成屋40余间，后又置重2 500千克的铁发贡（铁炮）者4门于威远城左右。威远城建成后，倭寇慑于其威势，10余年未敢进犯。清康熙四年（1665年），为进一步加强海防，驻扎镇海的浙江水师总兵常进功将威远城周扩至 250 丈，又在原城高 2.2 丈的基础上加高 3 尺，并增加城墙厚度，增强威远城的自卫能力，后又在威远城外的东、西、北三面修筑炮台 3 座。每座炮台高、广各 40 尺，各置重 1 000 千克的铁发贡 2 门，并配以各种战守器械，使"厚集其势，不至孤而无辅"。经这次修建，城墙牢固度大为增加。1840 年，英国发动第一次鸦片战争，次年 10 月英军攻打镇海，威远城为英军炮火轰毁。1845 年，督办浙东善后事宜的巡道鹿泽长等募集资金，对威远城进行大修，并于城东门内建造营房 11 间，配以红衣炮 5 门、劈山炮 6 门、行营炮 3 门、得胜炮 9 门。在此后的中法战争和抗日战争中，威远城曾发挥过重要作用。

威远城是镇海口海防遗址的重要组成，具有极其重要的历史价值。1983 年、1984 年，政府拨款进行整修，基本恢复明代原貌。现威远城平面呈长方形，周长 502 米，正面墙高 7.4 米，有雉堞 74 垛。城门上"威远城"额为清道光十二年（1832 年）十一月知县郭淳章重修威远城时所书，内门联"海不扬波千古定，地无爱宝一山招"为明代建城时所题。1996 年，威远城随其他镇海口海防设施被纳入第四批全国重点文物保护单位、国家级文物保护单位。

2. 安远炮台

安远炮台位于招宝山麓，招宝山大桥一侧，与北仑金鸡山隔江相望。炮台始建于清光绪十年（1884 年），曾参与对法舰的炮击，为中法战争镇海口之役的重要历史遗存。当时镇海口共有"威远"、"靖远"、"镇远"、"定远"、"安远"、"天然"、"自然"、"南栏江"等 8 座炮台，其中威远炮台火力最强。"安远"当时是个小炮台，配有 80 磅弹重的阿姆司脱郎前膛钢炮 3 门。光绪十一年（1885 年）秋，中法战争结束后不久，为进一步加强镇海口防御力量，当时驻镇的抗法将领、提督欧阳利见与宁绍台道薛福成、宁镇营务处杜冠英等共同筹划扩建镇海口炮台，集白银 155 000 余两，在小港口笠山巅兴建规模巨大的宏远炮台，金鸡山东北垄建绥远炮台，甬江口南岸小金鸡山建平远炮台，并购置德国克虏伯炮厂新式巨型后膛钢炮 7 门，其中包括 24 厘米和 21 厘米口径的大炮 5 门。由于安远炮台规模较小，而新购置的 21 厘米口径的大炮重 13.5 吨，炮身长 13 米，因而无法在安远炮台安置。光绪十三年（1887 年）清政府动工扩建安远炮台，并于次年告竣。辛亥革命后，安远炮台归属镇海炮台总台管辖。1927 年，炮台总台改为要塞区。抗日战争前夕，要塞区对各炮台布局重作调整，安远炮台大炮被迁到青峙钳口门炮台山。抗日战争初期，该大炮在与日舰作战中曾发挥作用。

安远炮台遗迹现存台壁 1 座，炮台一侧有古炮 3 门，炮台平面基本保持圆形。台壁为黄泥、沙、石灰和糯米饭的混合物夯实而成，极为坚固。炮台占地 269 平方米，高 6 米，内径 16.5 米，壁厚约 2 米。台门朝西，拱高 5 米，宽 3 米。原有台顶盖、弹库、营房、胸墙等设施，现已被毁。炮台内原设前后炮门，前炮门朝东面海，后炮门朝西面江。台内置德造 21 厘米口径海岸大炮 1 门。炮中心千斤柱下有圆形旋转铁轨，火炮可沿铁轨 360 度旋转。炮台西北面有洞口一个，高 5 米，供人员进出。台壁现呈暗黄褐色，局部已变黑，但仍保持着坚硬的质地，台壁部分长有苔藓与藤科植被。

安远炮台是镇海口海防遗址的重要组成部分，它见证了近代中法战争的历史，现为国家级重点文物保护单位。

（二）永昌堡

永昌堡位于温州市龙湾区永昌镇，始建于明嘉靖三十七年（1558 年）十一月。当时倭寇猖獗，温州沿海备受骚扰之苦，而当地抗倭首领王沛、王德叔侄又在抗倭战斗中为国捐躯，于是邑人王叔果、王叔呆继承先辈遗志，会同族人捐金 7 000 两，历时 13 个月建成私家抗倭城堡。

永昌堡南北长 757 米，东西阔 449 米，基宽 3.8 米，城头宽 2.10 米，通高 5.6 米，总面积 339 893 平方米。城堡有东"环海"、北"通市"、西"镇山"，南"迎川"四座城楼，城外四周有护城河环绕，城内有 2 条南北走向的河流，上河宽 13 米，下河宽 8 米，河两岸用方块花岗岩斜筑，以利水陆交通、灌溉、淙洗。堡内原有田 100 多亩，危急时可生产自救。上河除了 2 座靠城桥外，筑有 5 座石拱桥，下河筑有 3 座石拱桥。其布局之合理，设施之完整，为江南古堡所罕见。城堡内基本上保持原始格局，堡内现存一级文物保护单位达 10 余处。

永昌堡是浙江省现存的抗倭城堡中惟一由民间自发兴建的一所私家抗倭城堡，不仅对研究明代沿海抗倭防御体系具有一定的历史价值，而且其独特的城寨结构、纵横的水系网络、格局完整的明清民居，以及堡内聚族而居的传统生活方式，对研究区域社会文化具有特殊的价值。如都堂第是永昌堡现存民居建筑中格局最为完整、保存较为完整的一处，在 1997 年进

行的永昌堡建筑遗产评估中，都堂第在所有的明清建筑中得分最高。2001 年
6 月，永昌堡被列入国务院公布的第五批全国重点文物保护单位，都堂第被
列为一级保护项目（图 8 - 3）。2002 年，被欧盟确定为资助修复的亚洲城市
项目之一，并纳入欧盟的城市援助计划，获得每年 50 万欧元的援助资金。

图 8 - 3　夜色永昌堡①

　　通过保护性修复工作，被誉为"江南第一古堡"的永昌堡现已成为温
州旅游业中继雁荡山、南溪江后又一张以文化领衔的名片。

　　（三）台州府古城墙

　　台州府古城墙又称"江南长城"，是目前江南保存最为完整的古城墙，
为国家级文物保护单位，具有极高的历史研究和旅游开发价值（图 8 - 4）。
古城墙南濒灵江，东临东湖，东南依巾子山，西北枕龙顾山，整体建筑依
山就势，雄伟壮观。城墙原长 6 000 米，现存 4 670 米。东晋元兴元年
（402 年），太守辛景凿堑于龙顾山，筑子城以抵御孙恩部，城墙始建。唐
武德四年（621 年），置台州府于临海，城墙随之扩展。北宋初，吴越纳土
归宋时曾毁其城。北宋大中祥符年间复建。庆历五年（1045 年），台州各
县分段修理，砖石并用。南宋熙宁四年（1072 年），太守钱暄开凿东湖，
易城湖西，城墙规模至此基本定型。淳熙三年（1175 年），知州赵汝愚整
修城墙，增开兴善门、镇宁门、丰泰门和括苍门 4 个新城门，并修建了崇
和、靖越、朝天 3 个旧城门，增筑月城（瓮城）。嘉靖三十六年（1557

---

　　①　图片来源：中国温州网（http：//photo. wenzhou. gov. cn），2008 年 12 月 23 日。

年），抗倭名将戚继光在临海 8 年，为防御倭患，与台州知府谭纶改造古城墙，创造性地修筑了 13 座二层空心敌台，以提高防御能力。此后，历代均有修缮，主体部分保存完好。

图 8-4　江南长城①

由于特殊的地理位置，台州府城除历经战事，屡有攻城毁城的记载外，因洪灾多发，古时就有"台固水国，倚城以为命"②的说法。因此，台州府城墙的修建不仅出于军事防御的需要，而且也是出于防洪的需要，防御与防洪相结合的特点鲜明地体现在城墙的形制和结构中。

2001 年 6 月，"台州府城墙"被国务院公布为第五批全国重点文物保护单位。2009 年，台州府城墙以加盟"中国明清城墙"组合的方式，申报中国世界文化遗产预备名录。2012 年 11 月，在北京举行的全国世界遗产工作会议公布了更新的《中国世界文化遗产预备名单》45 项，其中台州府

---

① 图片来源：百度百科（baike. baidu. com），2013 年 10 月 6 日。
② （明）李时渐辑：《三台文献录》，北京：中国文史出版社，2008 年，第 121 页。

城墙被列入国内 8 个"中国明清城墙"预备名单，位居第三。

（四）戚继光浙东抗倭遗存

明中叶以来，由于政治腐败，海防松弛，倭寇开始祸害东南。至嘉靖年间，倭患尤甚，给沿海人民带来了深重的灾难。嘉靖三十四年（1555年）秋，戚继光从山东调到浙东御倭前线，任浙江都司金书。次年被推荐为参将，镇守宁波、绍兴、台州三府，不久又改守台州、金华、严州三府，率军抗击来犯倭寇近 10 年，最终平息了浙江的倭寇之患。

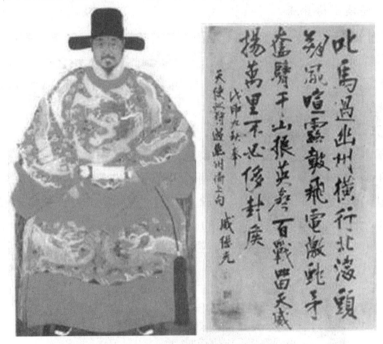

图 8 - 5　戚继光与其亲笔手迹①

戚继光在率领军民抗击倭寇的同时，重视修筑防御工程，从而在浙东沿海留下了大量与抗倭有关的历史遗存，据中国海洋大学曲金良教授统计，主要有：①慈溪的下梅林庙、方家河头大天井、龙山雁门邱王村的少保庙、沙井、苦战岭；②三门的戚令公去思碑、健跳的戚公祠；③临海的戚公祠、斩倭八百碑、埋倭桥、南塘戚公表功碑、戚继光记功碑、戚继光

---

① 图片来源：百度百科（http：//baike. dangzhi. com），2007 年 12 月 22 日。

桥；④温岭的南塘戚公奏捷实纪碑；⑤余姚的戚少保祠、王氏桥、戚家村；⑥奉化的戚公祠、戚公继光抗倭纪念碑；⑦黄岩的戚继光将军绝倭处碑；⑧宁波北仑沙蟹岭的戚家山、戚家山营垒；⑨椒江的海门卫城、晏清门、枫山钟亭、城隍庙戚家军屯兵处及戚公祠、椒江入海口箬鳎礁、界牌乡沙王村戚公亭及戚继光平倭纪念碑；⑩台州金清戚继光庙（3 座）；⑪平阳西湖湖心亭内戚继光纪念碑；⑫瑞安的戚继光平倭纪念碑等①。现选择一二，略作介绍。

1. 慈溪下梅林庙

位于龙山镇邱王村境内的石坛山南麓苦战岭。据《镇海县志》记载："明嘉靖间，少保胡宗宪率总兵戚继光平倭到此，里人德之建庙，即以公字梅林颜其额。"旁附祀戚继光。庙以胡宗宪字命名，是因为当时他的地位在戚继光之上。下梅林庙总体为中轴线布局，轴线上原有前殿、戏台，早年已拆，仅留基址。后进为大殿，砖木结构九开间硬山顶建筑，通面宽26.5 米，进深11.5 米。明间为抬梁式，正中原悬挂"保国平寇"匾额，梁架雕刻人物花鸟。大殿左右建有两间两弄厢房。下梅林庙建筑虽简朴无华，却折射出血雨腥风的岁月。1982 年 5 月，慈溪县人民政府将下梅林庙列为第一批文物保护单位（图 8 - 6）。

图 8 - 6　下梅林庙②

①　曲金良：《戚继光与中国历史海洋文化遗产——兼及历史文化遗产的开发与保护》，《中国海洋大学学报》（社会科学版），2004 年 2 期，第 18 - 20 页。

②　图片来源：慈溪博物馆（www. yueyao. com），2008 年 2 月 8 日。

2. 临海戚公祠

坐落在北固山北固门南，北靠古长城，西邻城隍庙，占地面积 9 803 平方米，总建筑面积 2 743 平方米，建筑群由戚公祠主院、冷兵器博物馆和嘉佑寺三部分组成，分入口牌坊、场景展示厅、纪念馆、阴阳井、冷兵器博物馆、嘉佑寺六大景观，形成以纪念景观轴、文化景观轴、纪念区、展示区、宗教区为内容的"两轴三区"，构成了联系北固门、戚公祠、嘉佑寺和城隍庙四个景区的环行步道系统。对冷兵器博物馆、抗倭场景展示厅等多个景观处进行装修、布展，展厅采用声、光、电等现代手法，再现戚继光当年抗倭场景。2011 年 12 月，台州府城·戚公祠被命名为浙江省第三批廉政文化教育基地。

（五）象山昌国卫

象山拥有海岸线 800 多千米，境内山海交错，岛礁、滩涂、水道、港湾众多，地形复杂，历来为海道要津、军务戍守重地。象山自古以来就是海防前线，在象山港口至南堡一线遗存的卫、所、烽堠、炮台等古代军事设施，是宁波地区海防遗址分布最为密集的地区，总数达 40 余处，大约占浙江省海防遗存总量的三分之二①。

昌国卫为明代四大海防名卫之一，距象山县西南八十里。洪武十七年（1384 年），始置卫于舟山昌国县城内。二十年（1387 年），迁至象山石浦东门岛。二十七年（1394 年），以东门岛悬海，薪水艰阻，供给不便，迁至距石浦十里的象山县西南后门山，此后昌国卫便在这一面海背山之地落户。同年，指挥使武胜亲自指挥修筑城池，城墙周长 3.5 千米，城高 2 丈 3 尺，广 1 丈。依当时建制，卫设最高指挥官指挥使 1 名、指挥同知 2 名，另有指挥佥事 4 人、镇抚司镇抚 2 人。驻地有左、右、中前、中后 4 所，卫城西北跨山，坐冲大海，极为险要，是当时浙东的抗倭重镇。昌国卫现仅北首临溪尚存部分残墙断壁，但西门街、卫前街、昌前街、北大街、左所庙、右所庙等地名，隐约透示着昔日卫城的规模。清人《昌国卫城怀古》诗曰："胜朝曾此驻元戎，举首南田在眼中。山海置防汤信国，风云际遇蒋泾公。屯粮果获千钟粟，佥事谁弯两石弓。十八指挥名氏杳，夕阳

---

① 《象山明清海防遗存全貌初现》，中国宁波网（http：//www.cnnb.com.cn），2008 年 3 月 7 日。

闲话白头翁。"

昌国卫领石浦守御前千户所、石浦守御后千户所、钱仓守御千户所和爵溪守御千户所4所。

石浦守御前千户所，距象山县西南百里。旧置于县南十里的石浦山，洪武二十年（1387年）改建于此，所城阻青山为城，周长近5里。永乐十五年（1417年）重修。嘉靖三十四年（1555年）复修葺。所城前临石浦关口，切近坛头、韭山，为翼蔽昌国的门户。

石浦守御后千户所，洪武二十年（1387年）置，与石浦旧城相对。石浦守御后千户所与石浦守御前千户所同为翼蔽昌国、宁波的门户。

钱仓守御千户所，距象山县西北三十里，洪武二十年建。其四面阻山，城周3里。永乐十四年（1416年）重修。嘉靖三十二年（1553年）增葺。所城东临大海，南为涂次烽堠，外接竿门、蒲门等处，西北连接大嵩，与大嵩巡检司互为犄角。图8-7为象山明清海防图。

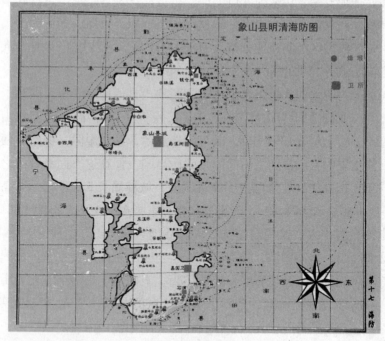

图8-7 象山明清海防图①

---

① 图片来源：《象山古代海防军事设施简述》，象山旅游网（http：//www.xstour.com），2012年5月24日。

爵溪守御千户所，距象山县西五十五里，洪武三十一年（1398 年）建。所城高 2.8 丈，广 3 丈，周长 3 里，为千户王恭所筑。其孤悬海口，直冲韭山，东逼大海，西并钱仓，南以游仙寨为外户，北以象山县为喉舌，为军事要地。永乐十五年（1417 年）重修，成化中增葺，嘉靖三十二年（1553 年）又缮治。清代，所城多次重修。20 世纪 70 年代，南城墙城门、城楼被拆除，今残存东、北两段城墙，长千余米。爵溪守御千户所今在县城城区的爵溪街道。明洪武三十年（1397 年），千户王恭筑所城，城东南负海，西北依山，高 2.8 丈，广 3 丈，周长 3 里，有千户以下官员 13 名，统兵 1 130 人。自清代起所城多次重修，到新中国成立之初，所城基本完整，自东向西，依山而筑，呈船形，故而有"船城"之称。今残存东、北两段城墙，长千余米，城上雉堞已毁。东城墙的顶部已修建为水泥马路，通海城门则完好如初；北城墙尚存局部，长约 600 余米，沿城的后山山脊蜿蜒而上，一般高 10 米，最高处 12 米，通宽 7 米，最宽处 14 米。北城墙因年久失修，坍塌残缺多处，但当年的雄伟气势犹在。

（六）定海保卫战主战场遗址

"定海保卫战"为中国近代史上抗击英军入侵的重要一役，竹山就是当年定海保卫战的主战场之一，是中国人民英勇抗击外来侵略的历史见证。

舟山鸦片战争遗址公园（原名竹山公园），位于舟山市定海城西晓峰岭隧道上，是一座以鸦片战争古战场为载体，以爱国主义教育为主题的纪念公园。遗址公园占地 10 余公顷，1992 年开始规划，1995 年 10 月起全面建设，1997 年 6 月建成开园，现有舟山鸦片战争纪念馆、"三总兵"纪念广场、百将题词碑林和抗英阵亡将士古墓群 4 个主要区域。

公园的整体布置具有浓厚的文化内涵。入口处广场周围由景墙、牌坊、雕塑、花坛等景物组成，广场东侧有 4 支伤痕累累的断桩，象征着定海保卫战中 144 个小时鏖战留下的创伤。沿石阶而上，有"百将题碑"碑林，镌刻着中央军委副主席张震、迟浩田、全国政协副主席洪学智等将军题词手迹。山顶为公园主体部分，建有傲骨亭、冲天巨剑、定海保卫战青铜浮雕、三总兵花岗岩雕塑，以及鸦片战争纪念馆、三忠祠、定远古炮台、纪念雕塑和阵亡将士墓等。其中鸦片战争纪念馆建于 1996 年，建筑面积 672 余平方米。展厅分国耻篇、抗争篇和回归篇 3 大部分，陈列 140 多幅历史照片、20 多幅展现当年场景的美术作品，以及数十件模型、武器、旗帜和服装等实物。展厅正中为大型"定海第二次保卫战"沙盘，两翼各摆设逼真的战船模型，加上陈列的古铁炮，全面展示了舟山军民奋勇抗英的历史画卷。展馆设计精致，形象直观，是浙江省第一家以鸦片战争为题材的纪念馆。三忠祠奉祀第二次鸦片战争中壮烈牺牲的"三总兵"，祠庙建筑面积626平方米，保存着大量的珍贵文物，如道光皇帝赏恤三总兵及阵亡将士诏令碑、三总兵和先期殉国的定海知县姚怀祥遗物、历代清帝御笔题词以及相关资料等。正堂供奉的三总兵塑像，神态凛然，令人肃然起敬（图8-8）。百将题碑位于舟山鸦片战争纪念馆近旁，由100座矗立的石碑组成，每座题碑高1.8米，宽1.1米。黑色的花岗岩石碑上将陆续刻上共和国百位将军为纪念鸦片战争定海保卫战中壮烈殉国的"三总兵"等将士的题词。如张震上将的题词是："勿忘国耻，奋发图强。"迟浩田上将的题词是："英名垂千古，忠魂照汗青。"曾在舟山战斗生活过的原解放军后勤学院政委曹思明将军的题词："抗英英烈，浩气长存。"

舟山鸦片战争古战场遗址于1996年3月被浙江省委、浙江省人民政府命名为浙江省爱国主义教育基地，1998年9月被浙江省国防教育委员会命名为浙江省国防教育基地。2001年6月，舟山鸦片战争纪念馆被中共中央宣传部公布为第二批全国爱国主义教育示范基地[1]。

图8-8 三忠祠[2]

① 参见《舟山鸦片战争纪念馆》，百度百科（baike.baidu.com），2014年1月2日。
② 图片来源：定海旅游网（http://www.zsdhtour.gov.cn），2009年11月14日。

（七）大陈岛海防遗址

大陈岛位于台州市椒江区东部，台州湾东南，台州列岛中南部，为台州列岛 106 个岛礁中的主岛，分上、下大陈，总面积 11.89 平方千米，地貌类型以丘陵山地为主。大陈岛以上、下大陈两个大岛为主体，周围各小岛基本上呈环状分布。岛屿海拔高度一般在 200 米以下，以下大陈岛的凤尾山最高，海拔 228.6 米，海岛总体地形为山顶部分较平坦，两岸多悬崖峭壁。

16 世纪中叶，大陈岛为海上抗倭战场之一，嘉靖三十四年（1555年），明军水师于大陈洋追剿倭寇，并擒获通倭大盗。今下大陈岛风门岭的烟墩遗址，即为当时留守明军所筑。清乾隆间，居民渐聚，浙江道特在岛上分设汛官，统领军、渔政务，是为大陈岛设治之始。

1949 年夏，浙江大陆解放，国民党军队残部退至大陈岛。1955 年 1 月，解放军攻克一江山岛，盘踞在岛上的国民党军队被迫撤往台湾。由于国民党曾苦心经营大陈防务，在岛上屯驻兵员万余，因而修建了大量战壕和碉堡，是当时国民党军队集结于沿海岛屿的最北据点（图 8-9）。现存遗址有象头吞水上碉堡群，构筑于港湾潮淹线，堡体隐蔽而坚固，现尚存10 余座；大吞里遗址，原台湾国民党"浙江省政府"、"江浙游击司令部"和"西方企业公司"等均设在此处。此外有屏风山碉堡群和地牢，五虎山、甲午岩等碉堡、坑道和隐蔽工事。

图 8-9　大吞里坑道遗址①

---

① 图片来源：《大陈岛》，互动百科（http：// www. baike. com），2013 年 4 月 9 日。

大陈岛是浙江沿海保存旧军事设施最多且最完整的岛屿，作为我国现代史重大事件发生地的实物遗存，具有特殊的历史价值①。

第三节　浙江海防文化资源价值

如前所述，严格意义上的浙东海防肇始于明而盛于清。明时倭寇猖獗，始设海防。至清代，随着西方国家入侵的加剧，浙江沿海成为抵御外侮的前沿，由此修筑了不少海防设施。浙江的海防设施多建在濒海山林之中，由于战争的洗礼，风霜雨雪的侵蚀及人为损坏，虽然所存总量不多，但仍不乏其学术研究价值、教育价值与旅游开发价值。

一、学术研究价值

海防遗址作为海洋文化的重要组成部分，除具备一般文化现象的性质、特征和价值外，还具有其自身独特的学术研究价值。

（一）浙江海防遗址为研究军史提供实物资料

明清浙江海防遗址的布局特点是：布防选址得当，整体性强。如浙江象山明代海防遗址，其卫、所、寨多分布在港湾易登陆处和人口稠密、经济发达处，一般背依大山，城垣依山势构筑，易守难攻，可阻挡倭寇长驱直入，保护沿海百姓的生命财产。同时，这些卫、所、寨均有所辖的烽火台。烽火台一般设在山巅或高坡上，视野开阔，一目了然，通过夜举烟火日举旗，能迅速传递信息，把整个海防设施有机地联系起来，共同组成"海防长城"。这些海防遗址，为我们今天研究明清时期防御外患、抗击外来侵略的历史提供了宝贵的实物史料。

（二）浙东海防遗址是研究明清军事建筑工程的实物资料

明清时期的海防遗址，如城垣、烽火台、炮台，一般就地取材，虽结构简易，但坚固耐用。如烽火台大多用石块砌筑，内为夯土，平面呈方形或长方形，立面为梯形，顶部有供燃火用的凹槽。又如位于镇海招宝山南麓的安远炮台，高5米，阔3米，其台壁用蒸熟糯米拌以黄土捣搅后垒砌

---

① 《大陈岛》，百度百科（http://baike.baidu.com），2014年2月27日。

而成，厚达 2 米，有"以柔克刚"之功能，是清代典型炮台之一。这些为我们研究明清海防设施的构筑材料、形制、设备状况以及当时的建筑技术、人们的建筑观念提供了第一手资料。

二、教育价值

文化与教育是相辅相成的有机体，离开文化的教育或离开教育的文化都是不存在的。文化赋予教育以内涵，赋予教育以品质，教育则通过自身的文化功能作用于文化，使文化得以升华。海防文化亦然。

（一）实施全民现代海权教育的基地

中国尽管是一个海洋大国，但长期以来实行的闭关锁国政策与"重陆轻海"观念，导致国民的海洋意识和海权意识落后于时代。在全球海洋政治地理形势正在发生急剧变化的当前，在面对全球人口、资源、环境危机的今天，提高全民的海洋意识具有特别重要的意义。

1982 年《联合国海洋法公约》的颁布，标志着国际海洋制度的革命，传统的海洋制度已为多元的海洋新程序取代。12 海里领海、200 海里专属经济区、大陆架制度和国际海底制度的确立扩大了沿海国家的海洋权益。今天，不仅 960 万平方千米的陆地国土是我们中华民族立足之地，而且广阔的海洋国土对中华民族的腾飞更具有战略意义。

当前，我国的海洋权益正受到严峻的挑战，一些海上邻国不仅在我国领海非法掠夺资源，而且对历来属于我国的岛屿和海域提出归属要求，海疆形势不容乐观。因此，我们在大力增强海防力量的同时，十分有必要利用这些海防遗产向国民进行海洋意识教育，以史为鉴，提高全民的现代海权意识①。

（二）进行爱国主义教育的基地

邓小平同志指出："我们要用历史教育青年，教育人民。""要懂得些中国历史，这是中国发展的一个精神动力。"② 这不仅指出了爱国主义在中国现代化建设的重要作用，而且也指明了历史题材对开展爱国主义教育的

---

① 张忍顺：《中国近代海防文化遗产及其价值》，载张伟主编《浙江海洋文化与经济（第三辑）》，北京：海洋出版社，2009 年，第 206－216 页。

② 邓小平：《邓小平文选（第三卷）》，北京：人民出版社，2004 年，第 358 页。

重要意义。

中国近代史是一部中华民族不畏强暴、前赴后继、浴血奋战、抗击外来侵略的历史，而浙东沿海带着斑斑伤痕的炮台、要塞遗存即是历史的见证。从明代抗倭，到近代以来的两次鸦片战争、中法战争、抗日战争，浙东沿海涌现了不少民族英雄，这些要塞和炮台铭记着他们的英名。现在，一些炮台、要塞已建成博物馆、纪念馆或遗址公园，一些当年率部抗击的名人故居或墓葬以及在海战中英勇杀敌的无名烈士墓也得到修葺，这些都是我们今天进行爱国主义教育的历史题材。如素有"海天雄镇"、"两浙咽喉"之称的镇海口，历来是兵家必争之地，自明中叶以来先后经历了抗倭、抗英、抗法、抗日等战争，南北两岸在不到 2 平方千米的范围内分布着各个时期的海防遗址 30 多处。目前，镇海口海防遗址已修葺一新，成为全国百家爱国主义教育示范基地、全国青少年教育基地、浙江省爱国主义教育基地、浙江省国防教育基地、浙江省妇女爱国主义教育基地，在爱国主义教育方面，发挥了十分积极的作用。

三、旅游价值

旅游是文化的形和体，文化是旅游的根和魂，以文化促进旅游开发，以旅游推动文化发展是浙东旅游建设的题中之意。海防遗址不仅本身具有丰富的海洋文化底蕴，而且又与其他的海洋文化景观，包括非物质性的文化景观相结合，成为高质量的旅游资源。由于海防的特殊要求，它的位置一般都选择在视野开阔的岛屿或山头上，蓝天白云，天风海涛，一览无余；远岛近礁，风帆巨轮，历历在目。遗址地与附近的自然景观往往有美妙的组合，形成优美的风景区。海防遗址如分布在经济与文化发达、交通服务便利、人口富裕稠密的地区，其旅游价值则更高。如海防遗址文化一直是招宝山旅游风景区开发的主要内容，作为介绍镇海口海防历史和海防遗址的专题纪念馆——镇海口海防历史纪念馆是镇海红色之旅的必游之地。

目前，依托遗产资源以开发旅游产品方兴未艾，海防遗产无疑是其中的重要组成。合理开发海防遗产，是遗产文化社会价值实现的重要途径，而对旅游者来说，更是一种文化之旅、教育之旅。浙江丰富的海防遗址文化，在未来的旅游开发中前景广阔。

第九章　浙江港口文化资源

　　2011 年 2 月，国务院正式批复《浙江海洋经济发展示范区规划》，浙江海洋经济发展示范区建设上升为国家战略。批复中指出，建设好浙江海洋经济发展示范区，关系到我国实施海洋发展战略和完善区域发展总体战略的全局。为了实现建设国际强港目标，当前，除了抓紧落实体现港口建设经济指标体系相关内容外，加强港口文化建设，以文化促进港口经济发展，增强港口前瞻性、科学性发展尤显重要。

第一节　浙江港口文化资源概述

　　港口的形成和发展促进了区域城市的兴起，而区域经济的发展、科学技术的进步、集疏运网络的完善又带动港口规模的扩大、港口功能的增多。港口作为一个特殊的经济实体，以一定的腹地为依托，以较为发达的港口经济为主导，连接着陆地文明和海洋文明。因此，港口文化是港口所在地区域文化的重要组成部分，它既是城市个性的体现，同时又促进区域经济的发展，成为区域发展的重要标志。

一、港口发展的基本规律

　　古代港口一般选址在河网纵横、水路交通便利、人口相对集中的内河合适地段，而后，随着社会经济的发展，港口开始向河口地段迁移。河口地区河流纵横交错，水运资源丰富，这种特有的优势不仅是水上运输发展的基础，而且也为近代经济的发展提供了条件，进而推动古河口港的形成和近代河口港的发展。河口地区也往往是近代经济发展最早的区域，因此近代经济发达的河口地区往往是对外贸易通商较为繁荣之地，河口港的兴起就是为了满足当时河口地区商贸货运的需求。这就是为什么宁波老港、营口港、天津港、广州港、泉州港等港口最早兴起的缘由。

随着现代经济的发展和港航技术的进步，早先发达的河口港的航道和泊位难以满足大型船舶全天候进出港靠泊的要求，有限的吞吐能力也不能满足其腹地经济贸易和货物运输发展的需求，传统的河口港反而成为建成现代国际枢纽港的制约因素。为了克服制约因素的影响，国内外曾经发达的河口港，或斥巨资进行内河水系的航道整治，加深航道和港口的水深，或将港口延伸或迁移到沿海深水处，使传统的河口港逐步演变为深水海岸港。从河口港到深水海岸港的发展，大大提升了港口的能级，扩大了港口为腹地经济发展的服务能力，增强了港口的市场竞争力。而随着国际、国内经贸发展和船舶大型化的进一步发展，位于大陆附近的海岛港口航道则可依托沿海港口城市，具有海陆两个方向上的空间利用优势，且海岛港口航道资源大多处于国际航线或沿海线上，可与海岸港口有不同的分工，并形成自身特色。因此，对于有近岸岛屿港口航道资源的沿海地区，港口发展最后将进入海岸海岛组合港阶段。

二、浙江主要港口及其文化发展概述

浙江港口资源丰富，开发历史悠久，沿海主要港口有宁波港、舟山港、温州港等，在长期的演进过程中，既见证了浙江的对外交流历史，同时又构成了浙江港口文化的区域特色。

（一）宁波港

宁波城市的形式与发展，与港口的开发和兴衰紧密相联。早在公元前4世纪，宁波就有古越国水军营建的要塞句章港，这是我国最古老的港口之一。春秋时期，越王勾践为报仇雪耻，在越国打造战船，训练水师，并于公元前468年率"死士八千，戈船三百"①，自会稽经海道北上琅琊图谋霸业。秦统一六国后，越民为避祸，遂驶船从海上南下至闽广台澎。元鼎六年（公元前111年），东越王馀善反叛朝廷，武帝派横海将军韩说率领军队，从句章乘船出海，于次年冬攻入东越。吴景帝永安七年（264年）四月，魏军从海道南下偷袭句章，被吴将孙越"缴得一船，获三十人"②。东晋安帝隆安三年（399年），琅琊人孙恩率部自海道南下至浙东沿海，入

① （汉）袁康：《越绝书》卷八《外传记地记》，上海：上海古籍出版社，1992年。
② （晋）陈寿：《三国志》卷四八《吴志三》，永安七年四月条，北京：中华书局，1982年。

大浃口（镇海口），溯甬江，攻下句章，句章县治迁往小溪（今鄞江桥）。这些军事行动，表征了历史时期句章港的军事战略地位，形成了相应的港口军事文化。这些大规模、远距离的航海活动，为以后明州港的建立和发展创造了条件。

在唐代，宁波已是"海外杂国、贾船交至"①的主要对外贸易港口，与扬州、广州并列为我国对外开埠的三大港口。宋代，宁波港又与广州、泉州并列为我国三大主要贸易港，成为"海上丝绸之路"、"瓷器之路"、"海上茶路"的起点和通道，越窑青瓷、中国茶叶就通过明州（宁波）口岸远销朝鲜、日本、东南亚以及阿拉伯等国家和地区。据日本学者统计，从804年到1349年，港口名称明载于史料，且通航日本的记录共有112次，其中宋代以前的25次中，宁波入港1次，出港7次；北宋的22次中，宁波入港7次，出港12次；南宋的42次中，宁波入港14次，出港13次；元代的23次中，宁波入港17次，出港6次②。

鸦片战争后，清政府被迫与英国签订了丧权辱国的《南京条约》，宁波港作为第一批条约口岸，被迫向西方列强开放。宁波正式开埠后，各国商人蜂拥而至，英、法等国采用夺取主权，建立据点，霸占海关、控制海口，垄断航运，推行洋化等一系列手段，全面控制宁波港的对外贸易和经济命脉。买办、通事、报关行业人员也纷纷聚集在宁波外滩，从事各种商务活动。按照当时的规定，五港开辟之后，其英商（包括其他外商）贸易之所，只准在五港口，不准赴他处港口，同时也不准华民在他处港口串通私相贸易。1850年，宁波江北岸一带被强行划为外国人居留地和商埠区，于是在三江口特别是江北岸外滩一带，领事馆、外商洋行、银行、报馆、教堂、巡捕房云集，成为西方列强控制宁波港的桥头堡。

江北岸外滩一带在19世纪末已呈现出一派兴旺景象，当时，旗昌、太古、三井等许多著名的洋行都在外滩设有分支机构。据统计，1890年在江北外滩的外国公司和洋行达到28家。在此前后，许多著名的中国金融、贸易、航运企业也纷纷进入江北。此后，随着温州、杭州等相继开埠，尤其是上海外滩崛起后，江北岸的对外、对内贸易受到强势挤压，大量宁波商

① （宋）胡榘修，方万里、罗浚纂：《宝庆四明志》卷六《叙赋下·市舶》，《宋元方志丛刊》本，北京：中华书局，1990年。
② ［日］榎本涉：《东亚海域与中日交流》，吉川弘文馆（东京），2007年，第30－39页。

人奔赴上海寻求发展，宁波口岸的贸易地位逐渐削弱，曾经繁华、热闹的外滩渐趋沉寂。1927 年，中国政府收回了江北岸外人居留地的行政管理权，江北外滩在岁月的洗礼中完整地记录了近代宁波港的历史变化，成为浙江省唯一现存能反映港口文化的外滩（图 9-1）。

图 9-1　宁波·江北 百年老外滩①

1973 年，根据周恩来总理 3 年改变中国港口面貌的指示精神，宁波开始建设镇海港区，宁波港由内河港走向河口港，千年古老港口实现了一次历史性的跨越。

1989 年，宁波港的北仑港区被国家确定为中国大陆重点开发建设的四个国际深水中转港之一。由北仑、镇海、宁波老港组成的宁波港的功能被定位在建成上海国际航运中心的国际远洋集装箱枢纽港和以上海为中心的国际性组合枢纽港，使宁波成为长江三角洲地区的重要口岸。随着港口功能定位的确定，宁波老市区、镇海区、北仑区组成了生产生活设施相互独立，又有机联系的统一体。2007 年，宁波港百里港区拥有生产性泊位 305

---

① 图片来源：宁波市江北区人民政府网站（http：// www. nbjiangbei. gov. cn），2013 年 12 月 18 日。

座，其中万吨级以上大型泊位 60 座，包括 33 座 5 万吨级以上至 25 万吨级的特大型深水泊位，是中国大陆大型和特大型深水泊位最多的港口。同年，北仑港区五期集装箱码头项目开始建设，规模为新建 1 个 10 万吨级、1 个 7 万吨级、2 个 5 万吨级和 1 个 2 万吨级集装箱泊位及相应配套设施，码头总长 1 625 米，设计年通过能力 250 万标箱。2013 年 11 月，北仑港区五期集装箱码头工程已按国家批准的建设规模、标准和要求全面建成，并通过竣工验收，正式交付使用（图 9 - 2）。

图 9 - 2　宁波港①

　　北仑港是宁波作为沿海港口城市的象征，拥有多座深水泊位组成的大型泊位群体，现已建设成为一个大型的、综合性的、具有国际中转功能的深水海港，有"东方鹿特丹"之称。北仑港域大部分水深在 50 米以上，航道最窄处宽度亦在 700 米以上。25 万吨级海轮可自由进出，30 万吨级可候潮出入。港口水域广阔，可供锚泊作业水面有 34 平方千米，可容万吨以上船只 300 艘同时锚泊。目前，北仑港的煤炭接卸能力已超过 1 000 万吨，原油和成品油吞吐能力已超过 3 000 万吨。北仑港区宽阔的深水锚地和优越的地理位置是开展国际集装箱、海上原油过驳、散杂货运输、化肥灌包中转的理想区域，可接卸第五、第六代集装箱船舶，进入了全球 10 个能接卸 30 万吨级

----

　　①　图片来源：宁波港股份有限公司北仑第二集装箱码头分公司（http：//www. nbsct. com. cn），2010 年 9 月 25 日。

货轮的深水大港行列。2013 年，全港年货物吞吐量完成 4.96 亿吨，继续位居中国大陆港口第三、世界前四位；集装箱吞吐量完成 1 677.4 万标准箱，箱量排名保持大陆港口第三位，仅次于上海港和深圳港①。

（二）舟山港

舟山地处我国东南沿海，长江口南侧，杭州湾外缘的东海洋面上，地理区位优势十分明显：背靠上海、杭州、宁波等大中城市群和长江三角洲等辽阔腹地，面向太平洋，具有较强的地缘优势；踞我国南北沿海航线与长江水道交汇枢纽，是长江流域和长江三角洲对外开放的海上门户和通道；与亚太新兴港口城市台湾基隆港、日本长崎港、韩国仁川港呈扇形辐射之势，相距均不超过 1 000 千米，发展对外贸易条件极为有利。

舟山港口开发历史悠久，春秋时，舟山属越国，称"甬东"，又喻称"海中洲"。秦朝，徐福奉命往东南沿海的蓬莱、方丈、瀛洲三岛寻找长生不老药，历尽艰辛来到舟山群岛，认定境内的岱山岛即为"蓬莱仙岛"。唐开元二十六年（738 年）舟山置县，以境内有翁山而命名为"翁山县"，隶属明州。唐大历六年（771 年），因袁晁率起义军攻占翁山而被撤废县治。北宋熙宁六年（1073 年）再次设县，更名"昌国县"。因舟山"东控日本，北接登、莱，南亘瓯、闽，西通吴会"② 这一特殊的地理位置，自唐代明州与日本间开辟了航线后，舟山就成为明州的外泊港，外来海船到此停泊候检，外出海船在此补给并候潮起航，成为海上"丝绸之路"的重要通道。

明洪武至隆庆元年（1368—1567 年），朝廷实施了长达 200 年的"海禁"，期间，进抵普陀山莲花洋面和沈家门停泊的朝贡船舶，均由官府负责接待，提供酒、水和粮食，并引入宁波港。明正德年间（1506—1521 年），海外各国在中国沿海进行的"私泊"贸易不断增加，至 16 世纪中叶，随着葡萄牙等欧洲殖民主义势力的东侵，以及我国对美洲的海外贸易和中日间的朝贡贸易，使舟山当时的贸易呈现出繁荣景象。当时六横岛上的双屿港成为亚、欧诸国商人云集的繁华商港，长住外商 3 000 余人，成

---

① 《我省宁波港 2013 年集装箱吞吐量居大陆港口第三位》，浙江省发展和改革委员会网站（http：//www.zjdpc.gov.cn），2014 年 1 月 16 日。

② （元）冯福京等：《昌国州图志》卷一《叙州·沿革》，《四库全书》文渊阁本。

为事实上的"自由港"。

清康熙年间（1662—1722 年），在广东等地官员的要求下，朝廷解除海禁，在江、浙、闽、粤四省设置江海关、浙海关、闽海关和粤海关，从事对外通商贸易，四口通商时期由此开始。舟山重新开放为外贸口岸，并设立负责管理贸易事务的"红毛馆"。

鸦片战争中，英军先后两次攻占定海，均与英国觊觎舟山的战略位置与通商要津有关。1842 年 8 月，中英签订《南京条约》，英国除获得广州、福州、厦门、宁波、上海五口通商，及割让香港与赔款等条款外，第十二条还特别规定："惟有定海县之舟山海岛、厦门厅之古浪屿小岛，仍归英兵暂为驻守；迫及所议洋银全数交清，而前议各海口均已开辟俾英人通商后，即将驻守二处军士退出，不复占据。"1846 年 3 月，在订立《退还舟山条款》时，还约定："英军退还舟山后，舟山等岛永不给与他国；舟山等岛若受他国侵略，英军应为保护无虞。"不难看出，英国即便被迫按约归还，但仍对舟山念念不忘。

从 18 世纪中叶起，舟山群岛随着英国东印度公司商船的驶入，开始受到西方文化的影响。鸦片战争后，随着宁波的开埠通商，其外港舟山成为对外交流的前沿和西方文化的一个重要输入地，被西方人称为"基督教教区"。根据陈训正、马瀛编纂民国《定海县志》（1923 年）第四册丙志《礼教志第十三》统计，当时定海县属各类宗教徒人数为：佛教 2 649 人，道教 749 人，洋教 2 948 人（包括天主教 2 281 人，耶稣教 667 人）。洋教徒竟超过了佛教徒，从一个侧面说明了当地社会受西方文化影响之深①。

舟山港拥有丰富的深水岸线资源和优越的建港自然条件，可建码头岸线有 1 538 千米，其中水深大于 10 米的深水岸线 183.2 千米，水深大于 20 米以上的深水岸线为 82.8 千米。1981 年 5 月，舟山口岸开放。1987 年 4 月，国务院批准舟山港对外开放。随着舟山港的开发建设，已逐步形成以水水中转为主要功能的综合性主要港口，拥有定海、沈家门、老塘山、高亭、衢山、泗礁、绿华山、洋山 8 个港区，共有生产性泊位 352 个，其中万吨级以上 11 个。目前，舟山港与日本、美国、俄罗斯、朝鲜、马来西

① 参见王文洪：《西方人眼中的舟山——从档案史籍看西方人对舟山群岛的认知》，载张伟主编《中国海洋文化学术研讨会论文集》，海洋出版社，2013 年，第 221－231 页。

亚、新加坡等国有外贸运输往来,并开通了国际集装箱班轮,港口货物主要有石油、煤炭、矿砂、木料、粮食等。2003 年全港完成货物吞吐量5 700 万吨,居全国沿海港口第九位。至 2013 年,港口货物吞吐累计完成3.14 亿吨,同比增长 7.86%,成功跨入 3 亿吨大港行列①。

(三)温州港

温州港地处浙江南部、东南沿海黄金海岸线中部,其北邻上海港、宁波—舟山港,南毗福州港、厦门港,东南与台湾的高雄港、基隆港隔海相望,是我国重要的枢纽港和 25 个主要港口之一。

温州港建港历史悠久,早在战国时期,温州就出现了原始港口的雏形。唐代,温州的海外贸易逐步兴起,并开辟了日本值嘉岛直达温州的贸易航线。五代时,中原战乱纷扰,温州成为吴越国重要港口之一,设有博易务,温州海外贸易日益兴盛。北宋时期随着造船业的兴盛和航海技术的提高,温州的海外贸易继续发展,至南宋绍兴初,在温州设立市舶务管理海外贸易,温州的海外贸易达到鼎盛。当时温州除了与东南沿海各港口之间有贸易往来之外,与东亚的日本列岛、朝鲜半岛诸国以及东南亚、南亚的交趾、占城、渤泥、三佛齐、真腊、印度、大食等国均有贸易往来。宁宗庆元初年(1195 年),"禁贾舶泊江阴及温、秀州"②,温州市舶务撤罢,温州的海外贸易一度陷于停顿。元至元二十一年(1284 年),在温州设立市舶司,温州成为元朝对外开放的七大港口之一,温州的海外贸易恢复了往日的繁盛景象。至元三十年(1293 年),整顿市舶机构,温州市舶司并入庆元市舶司,但温州的海外贸易并未完全断绝。

明清时期,长期实行海禁政策,虽然其间康熙二十四年(1685 年)温州海关分口的设立一度使温州的海外贸易有所复苏,但起色不大,温州的海外贸易基本处于停顿或半停顿状态。

1876 年,中英《烟台条约》签订,温州被辟为通商口岸。1877 年 2月,温州海关成立,8 月又改称瓯海关。随着温州港的对外开埠,基督教、天主教教会、教堂等纷纷在温州建立,西方近代文化涌入温州。新中国成

---

① 《2013 年我市港口货物吞吐量突破 3 亿吨》,中国舟山门户网站(www.zhoushan.gov.cn),2014 年 1 月 17 日。

② (宋)胡榘修、方万里、罗浚纂:《宝庆四明志》卷六《叙赋下·市舶》,《宋元方志丛刊》本,北京:中华书局,1990 年。

立后，随着洞头、一江山、披山、大陈、北麂、南麂等岛屿相继解放，温州沿海航线畅通。1957 年 2 月 21 日，国务院正式批准温州为准许外国籍船舶进出的 18 个沿海港口之一，成为当时浙江省唯一对外开放的港口。但因"大跃进"运动和当时的战备形势，在日后 7 年多的时间里，温州港并未接待过一艘外轮，直到 1964 年，温州港等沿海 17 个港口被批准对日轮开放，温州港才真正走上了对外开放之路。随着腹地综合运输体系的不断完善，2008 年 9 月 1 日，《温州港总体规划》获得交通运输部和浙江省政府的批准。

根据《温州港总体规划》，温州港划分为七个港区，包括状元岙港区、乐清湾港区、大小门岛港区等三大核心港区以及瓯江港区、瑞安港区、平阳港区、苍南港区等四个辅助港区。温州港将逐步成为赣东、闽北等地区对外交流的重要口岸，对内辐射浙西、皖南、闽北、赣东等广大地区，对外面向太平洋、日本、韩国和东南亚各国许多港口，都分布在以温州为中心的近海扇面上。温州港现已与德国、英国、意大利、俄罗斯、美国、阿联酋、日本、韩国、印度、新加坡、香港及台湾等国家和地区的 50 多个港口有航运业务和贸易往来。水路货运航线贯通中国南北沿海主要港口以及长江沿线等地，成为南北海运和诸多国际航线必经之路。

（四）浙江港口一体化发展

宁波、舟山两港是浙江省港口的两大支柱，也是上海国际航运中心南翼的重要组成部分。近年来，浙江省经济快速发展，对外开放进一步扩大，外贸物资运输量大幅增长，经过多年的发展建设，两港已逐步形成一定规模。宁波、舟山两港处于同一海域、使用统一的航道和锚地、拥有相同的经济腹地，在自然属性上本来就是一个港口，只是由于行政区划和管理体制的原因，被人为地分割成两个港口，使两港的发展遭遇"尴尬"。

正是在这一背景下，浙江省委、省政府在 2003 年明确提出整合两港资源、加快两港一体化建设，并明确了"统一规划、有序建设、市场运作、加强协调"的指导思想，2005 年更进一步确定了统一规划、统一品牌、统一建设、统一管理的"四统一"目标。宁波、舟山两港的一体化，不是一港加一港的简单算术式叠加，而将会有几何级数的变化，它既是浙江经济、社会发展的必然趋势，又是属于同一机体的自然组合（图 9-3）。

图 9-3 宁波—舟山港①

2006 年 1 月 1 日，宁波港和舟山港正式合并，新的港名"宁波—舟山港"正式启用，而原有的"宁波港"和"舟山港"名称从此退出历史的舞台。新成立的"宁波—舟山港管理委员会"具体负责协调管理。两港的合并创造了一个历史。2009 年 3 月 30 日，《宁波—舟山港总体规划》获交通运输部和浙江省政府联合批复，这意味着宁波—舟山港作为我国沿海主要港口和国家综合运输体系重要枢纽的地位得到明确。宁波—舟山港海域岸线总长 4 750 千米，其中大陆岸线长 1547 千米，列入《规划》的港口岸线总长 449.4 千米，其中大陆港口岸线 136.7 千米。《规划》明确宁波—舟山港是上海国际航运中心的重要组成部分，是长三角及长江沿线地区能源、原材料等大宗物资中转港，是发展临港工业和现代物流业的重要基础。

根据《规划》，宁波—舟山港共分为甬江、镇海、北仑、穿山、大榭、梅山、象山港、石浦、定海等 19 个港区，并明确各港区的功能定位和港口陆域。港口岸线的开发利用必须贯彻"统筹兼顾、远近结合、深水深用、合理开发、有效保护"的原则。在功能定位方面，《规划》指出宁波—舟山港具备装卸仓储、中转换装、运输组织、现代物流、临港工业、通信信息、综合服务、旅游和国家战略物资储备等多种功能。宁波—舟山港以能源、原材料等大宗物资中转和外贸集装箱运输为主，将逐步发展成为设施

---

① 图片来源：宁波市北仑区港航管理处（http://www.blgh.cn），2010 年 1 月 22 日。

先进、功能完善、管理高效、效益显著、资源节约、安全环保的现代化、多功能、综合性港口。通过两港的资源整合，将做到规划、建设、品牌、管理"四个统一"，其整体竞争力将大大提高，预计到2020年，宁波—舟山港的货物吞吐量将超过6.5亿吨，进入世界港口前三强。届时，宁波—舟山港将发展成为世界特大型港口和现代化的集装箱远洋干线港，跻身世界一流大港行列，成为国际港口界的品牌，并形成继往开来的一体化港口文化（见表9-1）。据统计，2008年，仅宁波港开通集装箱航线就达210多条，月航班数突破900班，港口货物吞吐量达3.6亿吨，集装箱吞吐量达1084.6万标箱，世界上100多个国家和地区的600多个港口纳入宁波港口"全球通"版图。2009年，宁波—舟山港货物吞吐量达到5.7亿吨，位居全球海港吞吐量第一，占全省全年海港货物吞吐量的81.4%，其中外贸货物吞吐量2.4亿吨，占全省海港的92.3%；完成集装箱吞吐量1043万标准箱（TEU），占全省海港的94%[1]。继2012年以7.2%的增速突破7亿吨后，宁波—舟山港于2013年再突破8亿吨，达到80 978万吨[2]。

表9-1 宁波—舟山港口组成及功能

港口	组成部分	主要功能
宁波－舟山港	宁波港	北仑、大榭、穿山、梅山、镇海、象山湾、石浦	长三角及长江流域外向型经济发展和以能源、原材料等大宗物资、外贸集装箱为主的中转运输，将具备运输组织、装卸储存、中转换装、工业开发、现代物流、战略储备、通信信息、保税及综合服务等功能，并成为宁波港口物流中心的基础平台
	舟山港	岱山岛、秀山岛、虾峙岛、六横岛、金塘岛、册子岛、大小洋山、马迹山、绿华山、大衢岛	长三角和沿线地区石油、铁矿石、煤炭、集装箱的中转运输和储存（储备）基地与全国沿海中部修造船基地，其发展方向是以水水中转和工业港为特色的综合性港口

① 《宁波—舟山港海港吞吐量冠全球 2009年达5.7亿吨》，浙江在线新闻网（http://zjnews. zjol. com. cn），2010年1月28日。

② 《2013年全国港口货物吞吐量前10榜单出炉 宁波—舟山港夺冠》，港口码头网（http://www. gkmts. ibicn. com），2014年1月24日。

此外，宁波港不但与舟山港合作，还与绍兴、台州、温州、金华等地合作，推进集装箱干支线和无水港建设，共同打造宁波、绍兴、舟山、台州港口水陆组合群。

第二节　港口文化资源与区域经济发展

港口文化是港口经济发展的重要支撑和助力，同时，通过发展文化创意产业、提高劳动力素质等途径也可以提升港口经济的发展质量。在现代港口经济发展过程中，港口文化对港口经济的推动作用，其效应日益显现。

一、港口文化与港口经济的关系

港口文化与港口经济之间存在着紧密的相互促进关系。马克思主义认为，经济与文化是一个辩证的统一体，经济是基础，最终起决定作用。文化是一定经济的反映，并反作用于经济，予经济以巨大的影响。经济、文化的相互影响与作用，推动着人类社会的不断发展。实践表明，港口文化、港口经济是一对相辅相成、相互作用的关系。

（一）港口经济是港口文化发展的基础

每一个时代的港口文化，总是与当时的港口经济发展是相关联的，港口经济的发展，必然会带动港口文化的发展。如宁波（明州）港的对外贸易在宋代已十分发达，北宋著名诗人梅尧臣在《送王司徒定海监酒税》诗中说："悠悠信风帆，杳杳向沧岛。商通远国多，酿过东夷少。"① 南宋张津《乾道四明图经》卷一《分野》中也说："南则闽、广，东则倭人，北则高句丽，商舶往来，货物丰衍。"梅应发的《开庆四明续志》卷八同样说道："倭人冒鲸波之险，舳舻相衔，以其物来售。"港口经济的发展，推动了明州港口文化的发展。当时宋代制订的《庆元条法事类》、《榷货总类》等贸易法规，已成为明州商人的行为规范。随着对外贸易的开展，基于经济上的利益，主张存恤外商、开放贸易的思想也相应产生。如北宋神宗年间，明州知州曾巩就主张立法对"因风失船"的飘流民"厚加抚存，

① （宋）梅尧臣：《宛陵集》卷二一，内府藏本。

令不失所"①。南宋宝庆年间,知府胡榘上奏指出:"本府僻处海滨,全靠海舶住泊,有司资回税之利,居民有贸易之饶。"② 积极主张对外贸易,保护商人合法利益。与此同时,与海外贸易的发展相适应,绍熙二年(1191年),明州兴建天妃宫,形成了浙东妈祖信仰的民俗。这些都是港口文化的重要体现。正是明州港口经济的发展,才形成了与之相适应的宋代港口文化,体现了港口的开放性、包容性与经济双赢性这一特性。图9-4为句章港疑似码头遗迹。

图9-4 句章港疑似码头遗迹③

(二)港口文化可以促进港口经济的发展

港口文化的发展基于港口经济的发展,而港口文化的进一步发展,反过来又能为港口经济的发展提供支撑,推动港口经济发展。

1. 推动港口经济可持续发展

港口经济要实现又快又好地可持续发展,既需要有先进的战略思想为指导,以创新的战略思维制定港口的发展战略,也需要充分发挥港口职工

---

① (宋)曾巩:《曾巩集》卷三二《存恤外国人请著为令札子》,北京:中华书局,1984年,第471-472页。

② (宋)胡榘修,方万里、罗浚纂:《宝庆四明志》卷六《叙赋下·市舶》,北京:中华书局,《宋元方志丛刊》本,1990年。

③ 据史料记载,甬江流域最早的港口是句章港,建于公元前473年,是勾践灭吴后,为发展水师,增辟通海门户所建。句章港是军港,并非贸易港。史书上记载句章港的军事行动很多,比如公元前111年,东越王反叛,汉武帝派将军从句章乘船出海,攻打东越。晋朝,句章港的航路已北至渤海湾,南及台湾、海南岛。

的创造力和活力，以保障发展战略的贯彻实施。因此，加强港口的文化建设具有十分重要的战略性意义。概括地说，至少具有以下两方面战略性意义：加强文化建设，可以推进港口经济全面协调、可持续发展；加强文化建设，能促进港口两个文明建设。因为港口的发展体现在综合实力上，文化力是一个重要方面。改革开放后，我国港口的对外交往日趋频繁，港口文化的潜在支撑作用日益显现。这是因为，港口的文化氛围是吸引眼球的展示窗口，港口企业的视觉识别系统，诸如港旗、港徽、港口企业标志设计展现，这是外商的第一感官；同时，双方在交往中的大量文本、图册都将散发和传递企业的文化理念。所谓文化理念，指企业目标、企业宗旨、核心价值观等，尤其是港口精神，更能鼓舞人、激励人，调动职工的积极性和创造力。此外，其安全理念也有利于促进和谐港口建设。安全文化以保护人在从事各项活动中的人身安全与身心健康为目的，港口的行业特点决定了其加强港口安全工作的重要性，只有实现安全，港口经济发展才有保障。青岛、广州的港口文化中都有安全理念，以此保障港口贸易、港航物流、临港工业的安全，从而促进了港口经济的发展。

2. 港口文化有利于增强港口企业的凝聚力

港口企业的主体是人，促使港口经济的发展，关键是调动职工的积极性和创造力。只有通过加强港口文化建设，才能使港口职工在先进的文化氛围中增强凝聚力，使经济发展在人本光芒下迸发出更大的活力。港口文化的核心价值是关心人，即关心职工，爱护职工，并把职工的积极性、主动性和创造性视为企业发展之本。只有这样，才能为港口职工的自我价值实现提供公平的机会，把他们的自我价值追求融入发展当中，保证港口发展有持久的活力和动力。也只有加强港口文化建设，将以人为本的思想融入港口发展的各个环节，以文化教育人、塑造人、激励人，立足于全面提高港口职工的思想素质、道德品质、行为规范等综合素质，从思想上、组织上、作风上、制度上入手，建设一支自觉奉献、勇于创新、拼搏进取、团结协作的港口企业职工队伍，才能推动港口经济发展。如大连港就通过主题教育、组织丰富多样的群众文化活动来凝聚职工，从而有力地推动了港口经济的发展①。

---

① 乐承耀：《港口文化与宁波港口经济》，载张伟主编《和谐共享海洋时代：港口与城市发展研究专辑》，北京：海洋出版社，2012年，第134－143页。

二、港口文化创意产业发展：以宁波为例

21 世纪是海洋世纪，随着海洋经济领域竞争的日趋激烈，港口开发建设至为关键，谁对海洋经济的认识更深刻，对港口文化建设更重视，谁就会在未来的海洋经济竞争中占得先机，增强经济发展的竞争力。宁波作为著名港口城市，在当代经济发展大趋势下，应充分利用自身优势，深入挖掘港口文化内涵，发展文化创意产业，以促进经济社会持续发展，全面提高城市竞争力。

如前所述，宁波城市的开拓与发展，与港口息息相关，其悠久的历史文化无不带上港口的烙印。在宁波城市特色塑造过程中，要充分体现和挖掘港口文化这一反映宁波城市特色的最本质的要素。在现代化城市建设中，要充分体现港口文化的浓厚氛围，培育港口文化创意特色产业。我们认为，宁波港口文化创意产业的发展应深入提炼港口文化内涵，依据《宁波市"十二五"时期文化发展规划》要求①，运用创意理念，重点打造"四大产业集群区"、"四大品牌"这一产业格局。

（一）港口文化创意产业集群

文化创意产业集群是以创意为龙头、以内容为核心，驱动产品的创造，创新产品的营销，并通过后续衍生产品的开发，形成上下联动、左右衔接、一次投入、多次产出的链条。通过发展文化创意产业群，促进集群式创新，从而培养众多关联企业的集体竞争优势，是提升城市竞争力的关键。

1. 中心城区创意设计产业区

中心城区要以大力发展数字内容产业、创意设计服务业为龙头，辐射带动文化业的创新发展，提升节庆会展业、文化旅游业等的发展水平。在老外滩区域，通过提供非盈利性公共服务平台，整合社会资源，搭配相关产业链，创建"1842 外滩"创意产业基地，同时积极利用周边城市展览

---

① 按照规划，今后五年，宁波市将着力实施"1235"工程，实现"文化大市"向"文化强市"的跨越。"1235"工程指的是打造河姆渡生态文化产业园区等 10 大文化发展集聚区，培育宁波国际港口文化节等 20 个重点文化品牌，建设宁波·中国港口博物馆等 30 个重点文化项目，以及扶持北仑海伦钢琴股份有限公司等 50 家重点文化企业。

馆、美术馆等文化设施，以及依托老外滩内的酒吧、演艺吧等文化休闲场所，打造外滩文化创意产业圈，引进和发展时尚生活创意集群；在甬江东南岸滨江区域打造创意设计集群，将文化功能与商业功能结合起来，以公建用地为主，可以设置商业设施、文化设施，或以工业为题材，反映工业变迁的博物馆等设施，来延续城市的商业文化，同时体现源远流长的港口文化。两岸区域相互呼应，打造宁波的甬江公建带，强化商业氛围，共同演绎甬江文化序列中近现代工业文化的经典篇章；在东钱湖区域打造文化创意生态区，引进国家级会议、展览和国际性文化主题论坛，发展时尚设计、艺术授权以及文化创意产业各类中介服务机构，开发绿色、休闲和文化创意体验类的文化精品和服务。

2. 东部港口文化创意产业核心区

以市场需求为出发点，着重培育与港口文化相关的文化旅游业、文化休闲娱乐业以及文化创意产业。在文化旅游业方面，进一步拓展与港口文化相关的工业旅游点和社会资源结合点，尽早落实北仑山邮轮服务中心的招商工作，争取将北仑纳入国际邮轮常规航线。在文化休闲娱乐业方面，依托凤凰山乐园、君临国际商业中心及美术馆、音乐馆、大剧院、博物馆等于一体的文化艺术中心建设，引入更多的时尚元素，打造以精品酒店、主题酒吧、特色餐饮、文艺表演场所为主体的特色街区，如"海员风情大道"等。在文化创意产业园建设方面，对闲置民居、废弃的厂房、仓库进行利用改造，与各类高校、科研机构、文化协会、艺术家个人或团队合作，打造一批融入港口文化元素的"创意小店"或"家居式"的中小型设计园区。在具体创意策划过程中，提炼洋沙山、城湾人家、梅港渔村、芝水滩等具有浓厚港口区域文化氛围的主题景点，将北仑古老文化与现代高技术的游乐器械融为一体，再辅之以丰富而风格各异的艺术表演，提供了一个独特的文化创意产业形态，成为游客喜闻乐见的文化活动基地和大众娱乐的精彩平台。

3. 南部体验式文化创意旅游区

在南部生态区，以发展互动、体验式文化旅游业为导向，打造历史与现实、自然和人文融为一体的特色文化创意产业。精心打造象山滨海影视产业集聚区，与国内外优秀专业影视公司和机构合作，形成制作要素与服务性产业要素相配套、人造内景与海洋自然外景相融合的特色影视拍摄基地，同时拓展和延伸发展动漫、游戏、音像、演艺、休闲、娱乐和服装、礼品及绿色食品等行业；规划建设宁海浙东民俗风情园，挖掘前童古镇的文化底蕴，将宁海当地民间收藏的几万件独具浙东风情的藏品在前童实地展示、演绎，挖掘整合十里红妆文化资源，重点建设十里红妆博物馆，全面展示港城独特的民俗、民情、民风，培育具有核心竞争力的文化创意体验区。

4. 北部港口文化创意体验区

以长江流域中华文明发祥、传承、创新与演进为主线，以河姆渡文化（河姆渡遗址博物馆、田螺山遗址博物馆，河姆渡遗址、古渡口遗址、古稻田遗址、古湖沼遗址和田螺山遗址）、越窑青瓷文化、海上丝绸之路文化、"宁波帮"儒商文化和当代改革开放创业文化等为脉络，采用数字技术等现代科技手段，通过实景、演艺、动漫、互动等形式，打造"河姆渡"文化创意游品牌；挖掘和整合大桥、湿地、农庄以及"东方商埠、时尚水都"等文化旅游元素，构筑大桥文化旅游产业链；同时，依托现有产业基础，重点培育建设以高新技术印刷、特色印刷和光盘复制业为主体的印刷复制基地。

（二）港口文化创意产业的品牌

实现品牌与文化创意的完美结合，这是文化创意产业发展所表现出来的一个重要的运行规律。因此，在宁波港口文化创意产业发展中必须树立强烈的品牌意识，提升品牌经营理念，创造性地进行品牌策划。

1. 博物馆品牌

港口博物馆是集历史展示、科学教育、学术交流、水下考古为一体的科学博物馆，不仅可以提升宁波的港口城市特色，而且可以提高市民的文化素养和宁波城市的文化品位。宁波港口博物馆品牌建设，首先需要突出海洋文化和港口文化特色内涵，以极富现代气息的手法体现滨海新城锐意创新的发展形象；其次，打破传统以"历史文物"为主的观念，树立"现代博物馆"的理念，将"物"的呈现与"理"（知识）的揭示、传统博物馆和现代科技馆有机结合，运用现代科技，成为集展示、收藏、教育、科技、旅游、学术研究于一体，传承港口历史、港口文化的馆藏基地（图9-5）①。

图9-5 宁波·中国港口博物馆鸟瞰图（效果图）②

2. 节庆品牌

国际港口文化节是以文化的凝聚力和辐射力提高港口和城市间的交流合作，使宁波向现代化国际港口城市迈进的有效途径。为了将宁波国际港口文化节打造成一项具有"港口特征、国际理念、文化内涵"的品牌性节庆活动，首先，国际港口文化节需起到统领港口文化各大要素的作用，不仅要整合北仑的港口文化相关要素，还要整合整个宁波港口文化的要素，让宁波港口文化的内涵得到集中体现和升华；其次，国际港口文化节要凸显宁波最具有本土风情的港口文化要素，加强相关民风民俗文化的策划和包装，吸收"中国开渔节"的成功经验，进一步强化社会公众的参与和体验；最后，国际港口文化节要注意旅游开发功能，推进港口文化与港口旅游的结合，进一步提高文化节的知名度，实现经济效益与社会效益的双赢③（图9-6）。

---

① 按照规划，港口博物馆由三个分馆组成：第一个是历史分馆，以宁波港的完整发展史为线索，展示"从原始的雏形港到古代国际港、近代重点港、当代大港"的历史脉络；第二个是港口分馆，是一个以宁波港为参照的港口专题科普馆，在表现形式上，将突破传统艺术馆和历史馆的模式，吸收自然馆和科技馆的运作方式，兼有收藏、展示、科普、互动等多重功能；第三个是航海分馆，通过对船舶、船旗、汽笛等专题表现和部分特殊用品的专题收藏，诠释丰富多彩的航海文化。

② 图片来源：宁波市规划局北仑分局（http：//ghj. bl. gov. cn），2011年5月13日。

③ 叶苗：《关于加快北仑港口文化建设的战略思考》，《中国港口》，2010年（《港口文化论文集》），第18-21页。

图9-6 宁波国际港口文化节海报设计①

3. 旅游品牌

世界著名的港口城市与旅游休闲往往互为影响、相辅相成。借鉴国内外港口旅游发展经验，宁波港口旅游必须通过产品和环境的特色化和个性化发展向中端旅游市场递进，进而培育、形成高端旅游市场②。首先，根据宁波港口资源条件和发展基础，港口旅游应重点推出"现代化工业大港景观游"、"象山渔港渔村渔文化休闲度假游"两大品牌；其次，结合地域文化，深化北仑港口历史文化与工业旅游产品，丰富象山渔港渔村渔业文化活动内容，精心设计旅游线路，拓展和提高大众型旅游产品类型，使大众旅游产品向中高端旅游产品递进；再次开发邮轮、游艇旅游产品、海岛休闲体验旅游产品和海底游乐项目，培育、形成高端旅游产品。在港口品牌旅游产品的支撑下，提高宁波港口旅游的知名度，塑造宁波"港通天下"的港口城市形象。

---

① 图片来源：北仑文化网（http://www.blwhw.com），2012年10月11日。
② 李瑞：《港口旅游发展研究进展与实证》，《经济地理》，2011年第1期，第149-154页。

4. 体育品牌

宁波是中国女排主场、八一双鹿男篮主场和国家乒乓球训练基地，也是国内乒超联赛海天俱乐部的主场。自2004年北仑区首创"中国女排主场"概念以来，先后举办的各类赛事共计70余场，在国内外产生了一定的知名度，这是宁波港口文化建设的一大亮点。为进一步推进宁波港口体育品牌塑造，首先，要继续承办各种体育赛事。加大宣传力度，吸引众多的体育爱好消费者参与，争取良好的门票效益和社会效益；同时争取赞助商的支持，采用冠名、广告、门票销售代理、为运动员提供食品和饮料赞助等形式筹措资金，使赞助和赛事相匹配，投入和回报成正比。其次，主动联络演出单位，出租场馆，为明星演唱会及本地大型演出提供场地服务。再次，走特色之路，打造出自己的品牌。以弘扬女排文化为主题，打造女排基地品牌，以女排基地的影响和辐射力，带动整个体育产业的发展。

（三）宁波港口文化创意产业发展对策

随着全球化进程的加快和世界范围产业结构的转型升级，许多港口城市在城市更新过程中，开始重新利用港口设施和空间，通过发展文化创意产业以增强港城的核心竞争力。作为向国际化大港口迈进的宁波港，发展文化创意产业这一战略性产业从而提升综合实力与竞争力，已刻不容缓。

1. 建立宁波港口文化创意产业发展协调机制

文化创意产业作为迅速崛起的新兴产业，在不同的发展阶段，政府需要发挥不同的引导、服务和协调作用。宁波应成立港口文化创意产业领导机构，组织由政府、高校、研究机构等相关部门人员组成的跨部门、跨行业的专门小组，结合宁波实际状况，借鉴国际港口文化创意产业发展的先进经验和做法，按照"规划指导、资源整合、政府推动、社会参与、市场运作"的原则，制定推进宁波港口文化创意产业发展的实施意见。同时，在加强原有港口文化产业相关部门建设的同时，强化助推港口文化创意产业的行业机构建设，如港口文化创意产业行业协会或促进会等，强化其在沟通各地港口文化创意产业信息、举办港口文化创意产业交流、调处港口文化创意产业行业内部矛盾等方面的作用。

2. 完善港口文化创意产业的特色化布局

借鉴国内外著名港口城市在文化创意产业发展上的做法和经验，结合《宁波市国民经济和社会发展第十二个五年规划纲要》、《宁波市文化产业"十二五"规划》、《宁波市"十二五"海洋经济发展规划》，进一步廓清宁波市港口文化创意产业的内涵和范围，完善宁波港口文化创意产业规划布局。规划布局要让人们感受到港口的发展过程，体现港口文化的氛围，培育港口文化特色：宁波城市建设不仅要在建筑造型、道路格局、城郭形象和局部景观上把港口文化特色加以体现，而且可结合甬江两岸的开发，在原轮船码头附近兴建海上丝绸之路博物馆、海上瓷茶博物馆，把与港口有关的风俗、民情和分散的文物古迹集于一堂，成为有较强地方特色的创意点，实现文化遗产在"保护中求发展，建设中求和谐"，使历史文化融入现代生活，促进城市精神的重塑和文化空间的营造，树立港口城市品牌形象、提升港口城市竞争力和实现城市可持续发展。

3. 建立创意产业发展的创新支撑体系

文化创意产业的生命力在于创新，要把提高创新能力作为推进宁波港口文化创意产业发展和城市竞争力提升的突破口。首先，通过财政、税收等政策，鼓励有关文化创意企业增加科技投入，围绕现代创意产业发展的核心技术，支持企业开展产学研合作，组建各种形式的战略联盟和企业集团，在关键领域形成具有自主知识产权的核心专利和技术标准。其次，在港口文化领域深入实施"科教兴市"战略，加强科技与文化的融合，广泛运用现代技术，提高港口文化创意产业的科技含量，推动港口文化创意产业的升级和改造，进而促进城市文化的发展和城市竞争力的提升。再次，根据文化创意产业的业态特征，建立健全宁波港口文化创意产业的人才机制。在宁波现有高校中开办文化创意产业相关专业，培养港口文化创意产业人才；帮助港口文化创意产业企业引进优秀人才，对港口文化创意产业企业引进优秀人才政府给予一定的资金补助；对于到宁波各港口创意产业园区自主创业的人才，政府在住房、落户、子女就学等方面给予相应的支持。

4. 实施"走出去"战略，推进产业市场拓展

一是将申办"世界海洋博览会"作为宁波港口文化消费、文化营销的

实现平台。通过"政府搭台、企业唱戏",举办以港口文化创意产业为主体的国际性展销洽谈活动、文化节、高层论坛、研讨会等,建立港口文化产品交易和出口"窗口",搭建港口文化创意交流平台,让宁波港口文化创意成果与国际市场有更多的结合机会和渠道。二是引导政府、银行对具备发展前景的港口文化创意自主创新产品或服务出口所需的流动资金贷款予以优先安排、重点支持,鼓励港口文化创意企业培育辐射国内外的港口文化创意产业营销网络体系。三是积极与国内外著名港口城市建立外部联系,尝试吸引这些国家文化创意企业进入宁波,形成与全球更广泛的文化创意经济联系网络,为宁波迈向国际港口文化创意都市提供强大动力。

第十章　浙江海洋文化资源的产业化发展

蓝色经济作为一种新的经济形态，已成为我国新的经济增长点。目前，依托海洋资源的一次、二次产业对海洋生态环境的压力已经凸显，海洋经济的可持续发展受到前所未有的挑战，海洋文化产业无疑将成为突破海洋经济发展瓶颈的重要支点。随着科技的进步、社会的发展，海洋文化产业将向资本密集、技术密集的方向发展，成为海洋经济的重要支撑，成为拉动沿海地区经济增长的重要产业。对此，有学者预测，"十二五"期间，"海洋文化产业将呈现滨海旅游业、新闻出版业、广电影视业、体育与休闲文化产业、庆典会展业五龙竞进的局面，海洋文化产业预计能达到大约12%的增速，到'十二五'末总产值可逼近一万亿元。"①

第一节　海洋文化资源产业化发展的背景与意义

海洋问题研究是当前一个炙手可热的研究领域，海洋文化研究在全球化和生存关怀的语境中具有特殊意义和价值②。在海洋开发领域，海洋文化产业是极具发展潜力和发展前景的朝阳产业，加强浙江海洋文化产业化研究，可以为当前实施的"海上浙江"发展战略、"浙江海洋经济示范区规划"建设提供理论支持，为制定浙江海洋文化产业的发展战略及政策措施提供参考，应引起政府部门和业界的高度关注。

（一）海洋文化与海洋文化产业

海洋文化是人类长期与海洋互动过程中逐渐发展起来的各种精神的、物质的、行为的和社会的生活内涵。作为人类文化的重要构成部分，海洋

---

① 梁嘉琳：《两部委有望共推海洋文化产业》，《经济参考报》，2011年10月31日，第7版。
② 孔苏颜：《福建海洋文化产业发展的SWOT分析及对策》，《厦门特区党校学报》，2012年第2期，第76-80页。

文化"就是人类认识、把握、开发、利用海洋，调整人与海洋的关系，在开发利用海洋的社会实践过程中形成的精神成果和物质成果的总和"①。海洋文化内涵主要包括海洋渔业文化、海洋盐业文化、海洋交通文化、海洋民俗文化、海洋神话传说、海洋民间信仰、海洋军事文化、海洋饮食文化、海上移民文化、海洋名人文化、海洋文学艺术、海洋旅游文化等。

海洋文化产业属于文化产业中的一个特殊领域。结合海洋文化及文化产业②的内涵，我们将海洋文化产业界定为：为满足社会公众的精神、物质需求，以海洋文化资源为依托，从事涉海文化产品生产和提供涉海文化服务的产业，具体包括滨海旅游业、涉海休闲渔业、涉海休闲体育业、涉海会展业、涉海历史文化和民俗文化业、涉海工艺品业、涉海新闻出版业、涉海艺术业、涉海影视业等。

（二）海洋文化产业发展的背景

海洋经济是"海洋世纪"经济发展的主题，海洋文化产业作为海洋经济的重要组成部分已经显现出巨大的发展潜力，并成为拉动沿海地区经济增长的重要产业。

由于海洋文化产业是知识含量很高的文化产品和服务形式，资源投入少，科技含量高、环境污染少，强调文化、经济、生态可持续发展，因而成为许多海洋大国所关注的朝阳产业③。以海洋旅游产业为例，据世界旅游组织公布，从1992年旅游业开始超过石油业而成为世界第一大产业，海洋旅游成为世界旅游业中发展最为迅速的一类旅游业。如在美国，仅从事游钓业的游船就有200万艘，每年可以为美国创造500亿美元的社会产值④。在旅游外汇收入排名前25名的国家和地区中，沿海国家（地区）就

① 曲金良：《发展海洋事业与加强海洋文化研究》，《青岛海洋大学学报》（社科版），1997年第2期，第1－3页。

② 文化部2003年9月4日发布的《关于支持和促进文化产业发展的若干意见》从政府管理角度界定了文化产业的内涵：文化产业"是指从事文化产品生产和提供文化服务的经营性行业。文化产业是与文化事业相对应的概念，两者都是社会主义文化建设的重要组成部分"。《意见》还特别指出"目前，文化产业已形成演出业、影视业、音像业、文化娱乐业、文化旅游业、网络文化业、图书报刊业、文物和艺术品业以及艺术培训业等行业门类。社会主义文化产业要求把社会效益放在首位，努力通过市场实现文化产品和文化服务的经济价值。"

③ 王颖：《山东海洋文化产业研究》，山东大学博士生毕业论文，2007年，第1页。

④ 徐质斌、牛福增：《海洋经济学教程》，北京：经济科学出版社，2003年，第6页。

有 23 个，占国际旅游总收入的 96%，其中海洋旅游总收入占到约 60% 以上。在西班牙、希腊以及澳大利亚、新加坡等国，海洋旅游产业已经成为国民经济的支柱产业。

中国是海洋大国，在数千年的历史发展进程中，中华民族不仅创造了灿烂的大陆文化，也创造了辉煌的海洋文化。云谲波诡的大海汪洋，变幻莫测的海上风云，光怪陆离的海底世界，无不吸引着人们不断去探索、探寻、探险。从河姆渡人最原始态的海洋捕捞，到唐宋时期声名远扬的"海上丝绸之路"；从郑和下西洋时的庞大船队，到世界第一跨海大桥——杭州湾大桥的全线贯通，都充分展示出中华民族认识、开发、利用海洋的智慧与能力。但由于"重陆轻海"、"陆主海从"的传统观念长期存在，人们的海洋意识十分淡薄，海洋强国的概念也长期未受到重视，直到 30 多年前，中国才彻底向世界敞开大门。进入"海洋世纪"，中国对海洋的开发利用进入了一个崭新的阶段，党中央、国务院高度重视海洋经济的发展。2003 年，国务院《全国海洋经济发展规划纲要》第一次明确提出了"逐步把我国建设成为海洋强国"的目标。在 2006 年的中央经济工作会议上，胡锦涛总书记提出要"增强海洋意识，做好海洋规划，完善体制机制，加强各项基础工作，从政策和资金上扶持海洋经济发展"，而党的十七大更作出了"发展海洋产业"的战略部署。在这一背景下，沿海省市纷纷制订海洋经济发展规划，掀起了发展海洋经济的热潮，如广西建立北部湾经济区，海南建设国际旅游岛，福建打造海西经济区，江苏实施沿海地区发展，天津推进滨海新区开发，辽宁加快沿海经济带发展，浙江海洋经济示范区建设规划，这些都已纳入国家沿海区域发展战略。

（三）浙江海洋文化资源产业发展的意义

浙江是资源小省，又是经济大省，在资源极为有限的条件下，2011 年取得了生产总值为 32 000 亿元，人均生产总值为 58 665 元（按年平均汇率折算为 9083 美元），城镇居民人均可支配收入 30 971 元，农村居民人均纯收入 13 071 元的好成绩。但随着工业化和城市化的不断推进，浙江经济社会的发展与资源、环境的矛盾日益突出，发展空间受到严重制约。海洋资源是浙江最大的资源优势之一，是实现浙江经济社会可持续发展的重要依托，也是浙江未来发展的重要战略空间所在。作为海洋资源大省，浙江拥有海域面积约 26 万平方千米，相当于陆域面积的 2.56 倍；大陆海岸线和海岛岸线长达 6 500 千米，占全国海岸线总长的 20.3%；500 平方米以上的海岛 2 878 个，为全国第一。浙江规划可建万吨级以上泊位的深水岸线 506 千米；舟山渔场是全球四大渔场之一，可捕捞量全国第一；可开发的海洋能居全国首位，潮汐能、波浪能、洋流能、温差能丰富；东海石油资源也主要分布在浙江海域，发展海洋经济潜力巨大。

浙江也是海洋文化大省。早在 7000—8000 年前的新石器时代晚期，浙江沿海先民已经能够制造和利用舟楫从事海上航行，并把文化传播到域外。此后，浙江沿海居民更是在这块辽阔的海域上挥洒着自己的智慧与汗水，创造出一个又一个奇迹，从河姆渡人的海洋捕捞，到成为著名的"海上丝绸之路"启泊地，再到舟山跨海大桥的建成通车，都充分展示了浙江人民认识与利用海洋的能力。浙江海洋文化内涵丰富，底蕴深厚，气度恢宏，境界高远，风格豪放，有别于其他地域文化而成为一道独特的文化景观，具有鲜明的地域特色和资源竞争力（表 10 – 1）。

表 10 – 1　浙江省海洋文化资源调查汇总表

物 质 资 源			非 物 质 资 源		
序 号	项目名称	数 量	序 号	项目名称	数 量
1	公园娱乐设施	478	1	民风民俗	699
2	自然景观区	250	2	民间传统艺术	877
3	文化场馆	237	3	现代海洋艺术	392
4	文物遗存	1 657	4	沿海宗教及民间信仰	139
5	宗教及民间信仰活动场所	1 570	5	民间技能	547
6	历史文化名地	353	6	民间文学	1 492
说明：			7	现代节庆会展	157
本汇总简表数据根据各市区县海洋与渔业局统			8	沿海历史及文化名人	1 549
计材料汇总。			9	沿海著名历史事件	1 507

资料来源：杨宁主编《浙江省沿海地区海洋文化资源调查与研究》，海洋出版社，2012 年，第 23 页。

文化对社会发展具有决定性意义，任何发展目标与发展环境都与文化环境息息相关，而文化产业在经济转型升级中更是起着不可替代的作用：它能够助推转型升级，促进经济发展由传统产业向现代产业转化，由低端价值向高端价值提升，由挤占市场需求向创造市场需求转化，由资源消耗型向知识密集型转化，由依托现有优势向创造新的优势转化。

海洋世纪最重要的一个问题是观念和意识问题，归根结底，就是一个海洋文化问题[1]。海洋文化和海洋经济相辅相成、相互促进，以海洋人文资源和自然资源为内涵基础，结合现代科技与信息技术的海洋文化产业，具有高附加值和生态环保的特点，拥有巨大的发展潜力。面对新世纪海洋经济蓬勃发展的历史性契机和浙江海洋经济发展上升为国家战略的机遇，深入挖掘并充分利用浙江丰厚的海洋文化资源，积极发展以涉海影视业、动漫游戏业、出版发行业、滨海演艺业、滨海文化旅游、休闲渔业、海洋节庆、海洋民俗、滨海娱乐业、海洋工艺品业等为主体的海洋文化产业，具有重大战略意义。具体而言：

（一）有助于更好地保护海洋环境

由于目前海洋开发过分依赖资源和资本投入的驱动，使海洋经济发展存在着对物化资源的巨大消耗和对环境的极大破坏，特别是一些高消耗重污染的项目对沿海地区和周边海洋造成极大的危害，严重妨碍了有关海洋产业的发展。因此，在发展海洋经济过程中如何保护好海洋环境，使其可持续发挥作用，无疑是个充满矛盾又亟需破解的难题。而大力发展海洋文化产业则不失为既发展海洋经济又保护好海洋环境的一条有效途径，因为海洋文化产业利用的是可循环再用的海洋文化资源，它对海洋环境不会造成过度破坏。

（二）有利于提高海洋软实力

当前，不论国与国之间的海洋竞争，还是地区与地区之间的竞争，其最终都是文化之间的竞争。在海洋竞争中，只有充分挖掘、开发和利用好自己所拥有的海洋文化资源，形成一股海洋文化冲击力，才能在海洋竞争中拥有更多更强的话语权，产生更大的文化和经济效应。而这一切的实现，离不开海洋文化产业发展，因为只有通过海洋文化产品的生产，海洋文化资源才能实现其价值向现实转化，才能产生其价值效应，特别是其所形成的思想价值观念。

---

[1] 刘桂春：《我国海洋文化的地理特征及其意义探讨》，《海洋开发与管理》，2005 年第 3 期。

（三）有利于扩大文化消费，促进经济增长

随着当今国民生活水平的日益提高，文化需求的不断扩大，文化消费已成为国民消费的重要组成部分。而发展文化产业则是扩大文化消费、促进经济增长的重要途径，也是加快转变经济发展方式的重要内容。作为文化产业的有机构成，海洋文化产业拥有其丰富的产业内容，诸如海洋民俗文化、海洋民间信仰文化、海洋景观文化、海洋商贸文化、海洋港口文化等，这些文化内容的存在，将使得发展海洋文化产业能够为扩大文化消费、促进经济增长做出应有的贡献。

第二节　浙江发展海洋文化资源产业的 SWOT 分析

SWOT 分析法（也称 TOWS 分析法、道斯矩阵）即态势分析法，它是哈佛商学院的 K. J 安德鲁斯于 1971 年在其《公司战略概念》一书中首次提出，经常被用于企业战略制定、竞争对手分析等场合，后来则扩展应用到社会经济管理的各个层面①。SWOT 分析法重点是对企业（产业）发展进行内外部环境分析，包括的优势（Strengths）、劣势（Weaknesses）、机会（Opportunities）和威胁（Threats）。SWOT 分析方法也可用于分析区域文化产业所具有的竞争优势和劣势，以及面临的机会和威胁。

（一）浙江海洋文化资源产业发展的优势（Strengths）分析

从整体上看，浙江沿海地区除了具有丰厚的海洋文化资源外，还具备多方面的发展海洋文化产业的优势。

1. 国民经济的快速发展为海洋文化产业发展提供了支持

随着改革开放进程的加快和社会主义市场经济体制的逐步建立，浙江经济迅速崛起并得到快速发展。根据国际经济测算，当人均国内生产总值超过了 3 000 美元时，经济将进入一个新的发展阶段，社会消费结构将向着发展型、享受型升级，人们将对物质以外的精神需求提出更高的要求。据统计数据显示，2011 年浙江城镇居民人均娱乐教育文化消费支出为 2

① Mikko Kurttila, Mauno Pesonen, Jyrki Kangas. Utilizing the analytic hierarchy process（AHP）in SWOT analysis-a hubrid method and its application to forest-certification case. Forest Policy and Economics, 2000（1）: 41 −52.

856 元。截至 2009 年 12 月末，每百户城镇居民家庭钢琴和中高档乐器拥有量分别比上年末增长 8.4% 和 26.5%，年均增长 10.7%，比城镇居民消费性支出增速快 0.5 个百分点。浙江城镇居民文化娱乐服务方面的支出从 2005 年的 465 元增加到 2011 年的 933 元，增长 1.0 倍。其中参观游览人均支出 78 元，比 2005 年增长 1.1 倍；团体旅游人均消费 670 元，增长 1.0 倍；其他文娱活动、健身活动和文娱用品修理服务费也分别增加 95.2%、78.1% 和 68.2%。遍布全省的文化休闲游览、实景演出、主题公园等新的文化消费方式也得到长足发展。这表明浙江省居民文化消费在不断增加的同时还有潜力可挖。

表 10-2　2000—2011 年浙江城镇居民人均收入、消费性支出、文教娱乐支出情况

单位：元

年度		2000	2005	2006	2007	2008	2009	2010	2011
可支配收入		9 279	16 294	18 265	20 574	22 727	24 611	27 359	30 971
消费性支出		7 020	12 254	13 349	14 091	15 158	16 683	17 858	20 437
教育文化娱乐服务支出		917	1 850	1 946	2 158	2 196	2 295	2 586	2 816
其中	文化娱乐用品	367	412	449	465	438	471	530	551
	文化娱乐服务	128	465	445	495	579	643	822	933
	教育	490	973	1 053	1 198	1 179	1 181	1 234	1 333

资料来源：国家统计局浙江调查总队《浙江城镇居民文化消费研究》，国家统计局浙江调查总队网站（http://zjso.stats.gov.cn），2012 年 9 月 13 日。

2. 海洋经济规模不断扩大，三次产业结构渐趋合理

经过多年的开发，浙江的海洋经济已逐渐成为支撑经济发展的一个重要增长极。2010 年，全省海洋及相关产业总产出 12 350 亿元，海洋及相关产业增加值 3 775 亿元。海洋经济占国内生产总值的比重由 2004 年的 12.6% 提高到 2010 年的 13.6%，比全国平均水平高 3.9 个百分点，海洋经济在浙江省国民经济中已经占据重要地位，发挥着重要作用。2010 年，浙江省海洋经济第一、第二、第三产业增加值分别为 287 亿元、1 599 亿元和 1 889 亿元，三次产业结构为 7.6∶42.4∶50.0。与 2004 年海洋经济三次产业结构对比，海洋第一产业增加值所占比重下降 4.8 个百分点；第二产业

增加值比重上升 0.1 个百分点；第三产业增加值比重上升 4.7 个百分点。2012 年，浙江省实现海洋生产总值近 5 000 亿元，占全省国内生产总值的 14% 以上，占全国海洋生产总值的十分之一左右（见图 10 – 1）。

随着海洋经济的发展以及海洋科技、信息技术对传统产业的改造，浙江省海洋产业类型日趋多样，海洋传统产业在不断发展的同时，涌现出了一批科技含量高、发展潜力大的海洋新兴产业。目前，全省已形成了涵盖 13 类海洋主要产业的产业体系，海洋传统产业与日益增值扩大的海洋新兴产业共同支撑着浙江海洋经济的持续发展①。

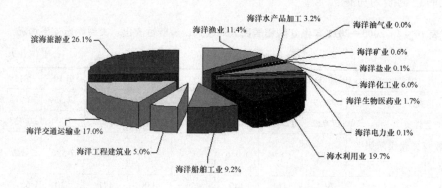

图 10 – 1　2010 年浙江省主要海洋增加值构成

3. 相关政策的出台为海洋文化产业发展提供了保障

文化产业在中国是一个幼稚产业，发展海洋文化产业需要政府的积极引导和政策的强力扶持，在全社会形成合力。从 20 世纪 90 年代开始，浙江省委、省政府就提出建设"文化大省"、"海上浙江"、"海洋经济强省"的战略决策，并出台了系列促进文化产业与海洋经济发展的政策，为海洋文化产业发展提供了良好的政策保障（表 10 – 3）。

---

① 参见浙江省统计局《浙江海洋经济研究》，浙江省统计局网站（http：//www. zj. stats. gov. cn），2012 年 2 月 6 日；《2013 年浙江海洋经济发展现状浅析》，《中国行业咨询网》（http：//www. china-consulting. cn），2014 年 1 月 6 日。

表 10-3　近 10 年来浙江主要文化产业与海洋政策一览表

时间	海洋政策	时间	文化产业政策
2001	《浙江省海洋功能区划》	2000	《浙江省文化大省建设纲要》
2003	《关于建设海洋经济强省的若干意见》	2001	《关于建设文化大省的若干文化经济政策》
2005	《浙江省海洋经济强省建设规划纲要》、《浙江省渔业管理条例》	2002	《关于深化文化体制改革，加快文化产业发展的若干意见》
2006	《浙江省海域使用管理办法》	2005	《关于全面推进文化体制改革综合试点工作的若干意见》、《关于加快建设文化大省的决定》、《浙江省文化建设"四个一批"规划》
2011	《浙江海洋经济发展示范区规划》、《浙江海洋经济发展试点工作方案》	2006	《浙江省文化产业项目投资指南》
		2008	《浙江省推动文化大发展大繁荣纲要（2008—2012）》

资料来源：根据相关资料整理而成。

4. 区位优越，交通优势明显

浙江处于我国"T"字形经济带和长三角世界级城市群的核心区，是长三角地区与海峡两岸的联结纽带。随着长江三角洲一体化进程的加快和上海国际经济、金融、贸易、航运中心地位的逐步确立，浙江临近上海的区位优势将进一步显现。

近年来，浙江省围绕海洋经济发展逐步完善了"接陆连海、贯通海岸、延伸内陆"的大交通网架（图 10-2）。"接陆连海"，即温州半岛工程、杭州湾跨海大桥工程和舟山跨海大桥工程"三大对接工程"建设，是构成连接大陆和海洋的重要纽带；"贯通海岸"，即在已有沪杭甬高速公路、铁路和甬—台—温高速公路基础上，加快甬台温第二公路通道和甬—台—温—福沿海铁路干线建设；"延伸内陆"，即加快省内路网连接，增加省际公路、铁路通道，改善内河航道，拓展宁波—舟山枢纽港以及温州、台州、嘉兴沿海港口和沿海城市通往内陆腹地的物流走廊，提高综合集疏运能力。

图 10 - 2　杭州湾跨海大桥①

（二）浙江海洋文化资源产业发展的劣势（Weaknesses）分析

浙江海洋文化资源产业优势比较明显，但同时我们也不可忽略海洋经济质量效率不高、产品单调以及人才匮乏等问题制约着产业发展进程。

1. 海洋经济质量效率不高

尽管浙江海洋经济发展取得了长足进步，但较之广东、山东、上海、福建等省份，海洋生产总值占国内生产总值比重仍偏低，与海洋资源大省不符（表 10 - 4)②。海洋产业整体上附加值率偏低，呈粗放增长态势，集约化利用率不高，致使可利用海域、岸线等资源急剧减少，可持续发展的压力增大。如深水岸线最为丰富的舟山市，已使用和规划使用的岸线占总量的 73.5%。资源的消耗量与海洋经济的总量和增长质量之间不成比例。

表 10 - 4　浙江海洋经济与其他沿海省市比较

地区	海洋生产总值/亿元	占国内生产总值比重/%
浙江	1 856.5	11.8
广东	4 113.9	15.7
上海	3 988.2	38.5
山东	3 679.3	16.7

---

① 图片来源：新华网（http://www.zj.xinhuanet.com），2008 年 3 月 21 日。
② 周世峰：《海洋开发战略研究》，杭州：浙江大学出版社，2009 年，第 55 页。

地区	海洋生产总值/亿元	占国内生产总值比重/%
福建	1 743.1	22.9
辽宁	1 478.9	16.0
天津	1 369	33.9
江苏	1 287	5.9
河北	1 092.1	9.4

数据来源:《中国海洋统计年鉴》(2007 年),海洋出版社,2008 年。

2. 文化体制改革相对滞后

浙江省的文化体制改革虽然在某些环节上取得了进展[①],但整体推进难度较大,制约和阻碍着文化产业的发展。浙江国有文化企业随着文化体制改革的深入也逐步进入市场化运作,但内部体制改革还未完全到位,对市场的适应性还有待加强;民营文化企业发展较快,但民营文化企业散、小状况较为严重,文化竞争力偏弱。同时,财政扶持、金融政策和资金支持的不够,也导致文化企业规模难以扩张。

3. 海洋文化产品结构单调,文化企业规模小

在浙江海洋文化产业发展过程中,由于受短期利益的驱使,一些开发单位缺乏对海洋文化内涵、景观审美特征、地域文化背景进行综合考虑,导致文化产品结构比较单一,缺少集参与性、娱乐性、知识性于一体的多元化精品。同时,浙江的海洋文化企业普遍存在"小、弱、散、差"的状况,规模化、集团化、综合化经营程度低,规模经济不显著,企业组织结构不合理,产业内部竞争过度,对外则竞争乏力,从而导致浙江海洋文化企业的总体竞争力不强。据统计,2004 年,舟山市平均每个文化产业单位仅有从业人员7.8 人;个体经营户所占份额较高,2004 年个体经营户占25.2%,2006 年占 24.5%。

4. 海洋文化产业意识淡薄,产业人才匮乏

虽然浙江省海洋文化资源丰富,产业价值高,但由于"重陆轻海"、

---

① 林昌建:《2010 年浙江发展报告(文化卷)》,杭州:杭州出版社,2010 年,第 30 – 31 页。

"海陆分离"的思想在相当程度上存在，对发展海洋文化产业的重要性认识不到位。如在浙江省制定的《浙江省推动文化大发展大繁荣纲要（2008—2012）》、《关于建设海洋经济强省的若干意见》等一系列战略决策中，很少有专门涉及海洋文化产业的内容，仅有的也只是滨海旅游业；专家、学者以及政府领导对海洋经济的理解很大程度上限于港口经济、海洋渔业资源、海水淡化处理、海洋药物开发、海岸工程、海洋化工等内容。同时，浙江海洋文化产业经营人才匮乏，从业人员整体素质不高，尤其缺少能融合文化资本运营、文化艺术商务代理、网络及多媒体文化服务等多种知识的优秀人才和文化与经营复合型人才，这在一定程度上阻碍了海洋文化产业向新兴领域发展。

（三）浙江海洋文化资源产业发展的机会（Opportunities）分析

当前，充分利用海洋文化资源，大力推进海洋文化产业发展已经得到沿海省市的重视，各地紧密结合国家文化产业发展战略的政策，转变观念，发挥优势，挖掘潜力，出台了许多既有本地特色，又符合海洋文化资源产业化发展规律的措施，为海洋文化资源产业化发展提供了机遇。

1. 发展文化产业与浙江海洋经济发展规划相继上升为国家战略

2009 年国务院原则通过《文化产业振兴规划》，进一步明确了新时期文化产业发展的基本原则、工作重点，为我国文化产业的发展提供了工作指针和政策导向。这是继钢铁、汽车、纺织等十大产业振兴规划出台后的又一个重要的产业振兴规划，标志着文化产业已经上升为国家的战略性产业。2011 年，《国民经济和社会发展第十二个五年规划纲要》及党的十七届六中全会通过的《中共中央关于深化文化体制改革推动社会主义文化大发展大繁荣若干重大问题的决定》发布，明确提出"推动文化产业成为国民经济支柱性产业"、"构建现代文化产业体系"等重大任务。文化产业成为国家战略先导型支柱产业，政策有望持续倾斜，财税、金融扶持等实质性政策有望陆续跟进。2011 年 2 月国务院批复《浙江海洋经济发展示范区规划》，浙江海洋经济发展示范区建设上升为国家战略。《浙江海洋经济发展示范区规划》明确了"一个中心、四个示范"的战略定位，即要建设成为我国重要的大宗商品国际物流中心，海洋海岛开发开放改革示范区、现代海洋产业发展示范区、海陆协调发展示范区、海洋生态文明和清洁能源示范区。规划明确指出："加强海洋文化研究、海洋科技和海洋主题博物馆建设，保护涉海文化古迹，传承海洋艺术，扶持发展海洋文化产业。"①

鉴于我国文化产业与浙江海洋经济发展规划已上升为国家发展战略的一个重要组成部分，成为中国特色社会主义建设的重大实践，作为海洋文化大省的浙江必须积极采取响应战略，深入挖掘与整合海洋文化资源，大力推进海洋文化产业发展。

2. 发展海洋经济已成为推动全球经济发展的新热点

迈入 21 世纪，海洋经济迎来新一轮发展机遇期。随着陆域非再生资源消耗殆尽，发展经济的陆地空间越来越小，海洋越来越成为拓展发展空间、寻求经济增长点的主战场。开发海洋资源和发展海洋经济已经成为当今世界推动经济发展的新热点。随着经济全球化和区域经济一体化进程的加快，长三角区域将全面融入全球经济。因此，充分发挥海洋大通道作用，积极利用国际国内两种资源、两个市场，既是长三角、浙江省经济快速发展的客观需要，也是浙江省海洋文化产业持续发展的客观要求。为充分发挥海洋资源优势，浙江省不失时机地把发展海洋经济作为经济社会发展的重点。随着浙江"海上浙江"、"文化强省"、"海洋强省"战略的全面推进，开发海洋文化资源、发展海洋文化产业，已逐渐成为全省上下的一种共识，必将有效推动浙江海洋文化产业的持续、快速发展。

3. 区域海洋文化产业市场不断拓展

浙江省地处长江三角洲区域南端，而长三角区域是我国经济最为活跃的地区，据统计，长三角区域占全国国土面积的 2.1%，全国人口的 10.4%，但 2008 年前三季度长三角地区创造出的地区生产总值 47 072 亿元，占全国国内生产总值的比重为 23.3%。同时，2008 年长三角城市居民人均可支配收入达到 22 110 元，首次突破 2 万元，居民消费支出 14 456元。不断增强的居民消费能力推动这一区域形成了庞大的文化产业消费市场，也为区域海洋文化产业发展提供了难得的市场机遇（图 10-3）。

（四）浙江海洋文化资源产业发展的威胁（Threats）分析

作为一个特殊的行业，浙江海洋文化产业存在巨大机遇已在社会各界

① 浙江省人民政府、浙江省发改委：《浙江海洋经济发展示范区规划》，2011 年 2 月。

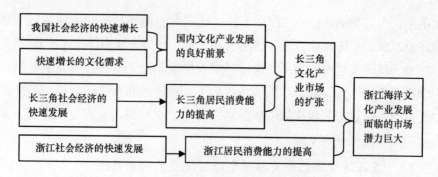

图 10 – 3　浙江海洋文化产业市场机遇分析

中形成共识，但其存在的威胁因素亦不容忽视。

1. 国际产业环境给海洋文化产业发展带来了挑战

中国加入世贸组织后，国外文化企业以各种姿态抢占中国市场，稚气未脱的中国文化产业面临着诸多难题。就浙江海洋文化产业发展来看，突出表现在以下方面：其一，浙江海洋文化产业的发展规模和整体实力较弱，难以与国际文化集团竞争。其二，浙江诸多海洋文化遗产正面临着生存危机。原汁原味的海洋文化是我们参与国际竞争的优势所在，而"原味"的海洋文化遗产保护却是我们的"软肋"。其三，浙江海洋文化产业结构不尽合理，文化资源配置的国际化程度较低，同时存在着功能雷同、产品单一、重复建设、资源浪费、效益低下等结构性矛盾和问题，难以在激烈的市场竞争中取胜。

2. 海洋经济战略引发区域之间竞争日趋激烈

我国是一个海洋大国，自 20 世纪后期起，沿海各省市陆续开始开发海洋资源，海洋经济得到了较快发展。进入新的世纪，沿海各省市纷纷制订海洋经济发展战略，掀起了发展海洋经济的浪潮。如上海从黄浦江时代进入海洋时代，洋山深水港、东海大桥、芦潮港、海港新城等大型工程相继开工建设；天津滨海新区建设被列入国家"十一五"规划，投资 2000 亿；福建提出建设海峡西岸经济区，以福建为主体、涵盖周边区域，面向台湾海峡，发展海峡西岸经济综合体等（表 10 – 5）。这些使得区域之间的竞争日趋激烈。

表 10 - 5 "海洋中国"竞争格局

省区市	海洋经济战略
辽宁	"海上辽宁"
河北	"环渤海"、"沿海经济隆起带"
天津	滨海新区开发
山东	"海上山东"、山东半岛蓝色经济区、黄河三角洲高效生态经济区
江苏	"海上苏东"
上海	"海上上海"
浙江	"海上浙江"、"浙江海洋经济发展带"
福建	海峡西岸经济区
广东	海洋经济强省
海南	海洋强省
广西	"蓝色计划"

资料来源：根据相关资料整理而成。

3. 文化壁垒阻碍海洋文化产业发展进程

由于行政隶属关系，以及区域政策环境的不平等，海洋文化产业发展各自为政的现象普遍存在，文化领域的地域壁垒、行业壁垒、所有制壁垒等难以在短期内消除。这种各级政府、各个部门和各类文化企业之间难以协调的状况严重影响着统一区域市场的形成，影响着海洋文化资源的合理整合，导致一些基础设施建设等因各地缺乏协调而进展缓慢，海洋文化产业的整体水平难以有效提高。

4. 海洋文化产品替代性强，同质化竞争激烈

目前，我国海洋文化产业市场在不断扩大，海洋文化产品的数量迅速增多，它们之间的可替代性产品也日益增多，这将会导致文化消费者对该产品的需求减少，从而影响其市场份额，在市场竞争中处于不利境地。海洋文化产品的可模仿性相对较强，尤其是对于海洋旅游文化产业来说，如果文化产品不具有足以区别于其他同类文化产品的特殊性，产品的可替代性就更大。由于自然资源的较高相似性，"蓝天、碧海、阳光、沙滩"成为了不少滨海旅游景区共同的特色，如仅称之为"黄金海岸"的金沙滩景区就有青岛薛家岛金沙滩、日照金沙滩、大连金沙滩、珠海金沙滩，这很

容易造成同质化竞争。再如海滨度假区一般都是依靠优越的环境修建宾馆和娱乐设施，往往互相模仿，难以使消费者感到与其他同类产品有明显区别，导致市场竞争力不强。因此，浙江海洋文化产品要在未来市场竞争中处于有利地位，首先要减少产品的可替代性，而这一关键就在于产品的不断创新。

（五）浙江海洋文化产业发展 SWOT 分析结论

通过分析浙江省海洋文化产业发展的优势、劣势、机遇、挑战，形成不同的战略组合，得到 SWOT 分析矩阵（表 10－6）。

表 10－6　浙江省海洋文化发展的 SWOT 分析矩阵

内部因素 战略选择 外部因素	优势（S） 海洋文化资源丰富 区位优势、交通优势 经济基础好、发展势头强劲	劣势（W） 企业规模小、产业层次偏低 海洋文化产业发展意识不强 产业人才短缺
机遇（O）	SO 战略——发展优势 利用机会	WO 战略——利用机会 克服不足
国家文化产业发展机遇 浙江海洋经济示范区规划 文化消费成为新消费热点	开发新型海洋文化产品 调整海洋文化产品结构 延伸文化产业链条	发挥文化产业集群优势 完善多元文化投入产出新机制 确定海洋文化产业形象，树立文化品牌
威胁（T）	ST 战略——利用优势 避免威胁	WT 战略——克服劣势 扬长避短
区域竞争激烈 文化产业环境复杂	提升海洋文化产业发展意识 发挥比较优势，走特色之路	通过文化企业努力，变内部劣势为优势 通过政府相关措施，变外部威胁为机会

从 SWOT 分析矩阵中可以看出，浙江海洋文化产业具有优势与劣势并存、机会与威胁同在的特点。如何保持和进一步发挥优势来弥补劣势，如何捕捉机遇并消除威胁，这需要从战略高度层面来思考未来浙江海洋文化产业的发展。

第三节　浙江海洋文化资源产业
可持续发展的基本构架

根据浙江区域海洋文化资源状况，浙江省应遵循整合资源、形成合力、突出特色、循序渐进、注重实效的原则，与全省整体发展规划相适应，与全省陆域文化产业发展相对接，与全省海洋经济发展带规划相协调，以"一带、三区、八大产业"为总体发展框架，逐步构建起区域特色鲜明、结构合理、发展协调、效益显著的文化产业总体格局。

（一）一带，即浙江海洋文化产业带

当前，浙江应基于1 840千米的海岸线和4 793千米的海岛岸线，依托重点港口形成的海上交通长廊、同三高速公路等沿海公路形成的公路轴线，甬台温（萧甬、温福）高铁构建的铁路轴线和以萧山、栎社国际机场为主形成的空中交通走廊，构建浙江海洋文化产业带。浙江海洋文化产业带将沿海7市有机串联起来，从而发挥点—轴系统和点—面体系的优势，使沿海各地海洋文化产业有序、协调发展。浙江海洋文化产业带的打造，突出以宁波—舟山为龙头，以嘉兴、温州、台州等沿海城市为骨干，充分发挥浙江沿海区域海洋文化资源丰富的优势，彰显海洋文化特色，大力发展与海洋文化有关的文化创意、文化会展、动漫游戏、数字出版、数字传输、新型文化用品及设备等新兴文化业态，打造海洋文化品牌。推动文化与科技的融合，充分运用现代科技手段改造传统文化产业，发展新型文化业态。

（二）三区，即甬舟海洋文化产业区、温台海洋文化产业区、杭州湾海洋文化产业区

1. 甬舟海洋文化产业区

本区包括宁波市的滨海地区和舟山市的海岛及邻近海域，拥有港、渔、景、涂等优势资源。宁波、舟山区域海洋开发基础较好，海洋产业初具规模，海洋经济比较发达。

2. 温台海洋文化产业区

本区包括温州市、台州市的滨海地区和海岛及邻近海域，深水岸线、风景旅游和滩涂资源丰富。温州港是我国沿海枢纽港之一，台州港是浙东沿海的重要港口。本区体制、机制活力强，民营经济发达，海洋经济发展基础较好。

3. 杭州湾海洋文化产业区

本区包括杭州湾北岸的嘉兴市部分地区、南岸的绍兴市部分地区以及

杭州市的临杭州湾区域。本区滩涂资源丰富，海洋经济发展基础较好，海洋开发程度较高。

见表10－7。

表10－7　浙江海洋文化资源产业空间布局与产业分布

	海洋文化产业区名称	依托城镇	内外连接路径和通道	重要海洋文化资源	文化产业类型
浙江海洋文化产业带	甬舟海洋文化产业区	宁波、舟山、嵊泗、岱山、石浦、宁海	内：舟山大陆连岛工程、海上航线 外：东海大桥、甬台温沿海大通道、宁波栎社国际机场、舟山机场	海洋宗教信仰文化、海洋渔业文化、海上丝绸之路、港口文化、海盐文化、海洋历史文化、海洋商业文化、海洋军事文化	海洋节庆产业、滨海体育休闲业、海洋旅游业、滨海影视业、海洋工艺美术业
	温台海洋文化产业区	温州市、洞头、平阳、椒江、温岭石塘、临海、三门、玉环	内：温州洞头半岛工程 外：甬台温沿海大通道、温州机场、路桥机场	海防文化、宗教文化、海商文化、海盐文化	滨海休闲产业、海洋旅游业、海洋文化创意业、海洋工艺美术业
	杭州湾海洋文化产业区	杭州市、嘉兴市、绍兴市、海宁、海盐、平湖	内：杭州湾大桥、杭州湾大通道 外：沪杭甬高速—甬台温沿海大通道、杭州萧山国际机场	滨海休闲文化、海潮文化、滨海生态文化	海洋高端休闲产业、滨海旅游观光业、滨海生态文化产业

（三）八大产业，即海洋旅游业、海洋节庆会展业、海洋休闲娱乐业、滨海影视制作业、滨海文化演艺业、海洋体育业、海洋工艺美术业、海洋文化创意业

根据国家统计局印发的《文化及相关产业分类》，从浙江海洋文化产业发展实际出发，确定本区域海洋文化产业重点发展的八个产业，努力构建"布局合理、特色鲜明、市场繁荣、管理规范、运转高效"，具有较强竞争力的现代海洋文化产业体系。

1. 海洋旅游业

海洋旅游的独特魅力正吸引着来自五湖四海的人们投入海洋的怀抱：享受阳光、沙滩、海水和新鲜空气等大自然的赐予；品海鲜、买海货，领略海洋文化，体验海洋风情；海上冲浪、海底潜水、凭水畅游、扬帆远行，体验海洋的变幻与神奇。目前，全世界旅游外汇收入排名前25位的国家和地区中，沿海国家和地区有23个。在许多沿海国家和地区，海洋旅游业已经成为国民经济的重要产业或支柱产业。浙江需要挖掘与整合浙江沿海的渔、佛、城、岛、商、山等多姿多彩的海洋文化，重点打造一批省内著名、国内闻名的文化旅游品牌，培育和发展包括滨海旅游观光、购物、休闲、娱乐、演艺、美食为一体的文化旅游产业，并集合多方力量，加快旅游产品的升级和改造。

2. 海洋节庆会展业

整合区域节庆会展资源，使地区之间、节庆之间产生良性互动、互补和协作，提升节庆会展业的竞争力和影响力。这方面，可参照杭州西湖休闲博览会等重大展会活动的做法，以现有国际沙雕节、中国开渔节、徐霞客开游节、中国海洋文化节、钱塘江观潮节等一大批知名节庆活动为基础，借助杭州、宁波等节庆会展名城的影响力与完善的软硬件设施，打破行政区划的割据障碍，努力将浙江以海岛文化、舟楫文化、渔业文化、港口文化、民俗文化、海鲜文化、宗教信仰文化等为主要内涵的节庆活动加以整合、提炼，将其打造成国际著名的旅游节庆会展品牌。

3. 海洋休闲娱乐业

随着休闲业的发展，海洋休闲的空间从滨海和海岛地区进一步扩大到海上船中，休闲方式也从传统的消磨时光和康体疗养发展到海上的各种游乐性活动。浙江需要加快建设浙江沿海的综合休闲娱乐中心，大力发展集娱乐、休闲、旅游、健身于一体的综合性娱乐设施，重点打造九龙山旅游度假区、杭州湾湿地公园、阳光海湾休闲度假区（奉化）等一批大型休闲娱乐项目。

4. 滨海影视制作业

采用合资合作、项目合作等多种形式，结合综合电影院线建设，提升浙江滨海市影视演出场馆的数量和档次；鼓励和吸引社会资本投资于影视剧制作业，力争培育在全省、全国具有竞争力和影响力的影视剧制作公司，实现电影、电视剧生产制作的新突破；积极推进影视剧的数字化进程；同时，从影视发展的产业链来看，要立足于影视剧摄制，逐步向前、后产业链延伸。

5. 滨海文化演艺业

首先，以滨海文化资源为依托，深入挖掘底蕴深厚的浙江文化，打造更具影响力的大型演艺项目和知名演艺品牌，实现滨海演艺项目的大型化、精品化、国际化、市场化，构建浙江演艺产业集群。其次，加快推进文化体制改革和机制创新，推动艺术院团、演出场所与演出市场的对接，支持健康的群众性演艺活动和经营性演出活动，优化演艺结构，引导演艺业的连锁化、规模化、品牌化发展；构建现代演出体系，大力发展文化经纪、演出策划、咨询评估、市场调查、票务代理等演出中介机构，规范经营行为，提高文化演艺产品和服务的市场化程度。

6. 海洋体育业

海洋体育产业是海洋产业体系中不可缺少的组成部分。浙江应充分利用滨海地区的优势资源，大力开展民俗体育赛事，如补渔网、套绳靠岸、"泥滑"等百姓喜闻乐见的项目，依托各种海上比赛赛事发展海洋休闲体育产业。加快发展多类型、多品种、多档次的海上休闲体育项目，形成表演性、参与性、水上休闲、水上体育运动等系列化项目。举办趣味性沙排比赛、沙滩足球赛、沙地车赛、水上行走比赛等融专业性、趣味性、竞技性、娱乐性于一体的大型室外趣味竞技项目，吸引群众广泛参与。建设大型室内恒温水上运动设施，开展水上冲浪、水上行走及表演性项目，弥补季节限制，促进海洋休闲体育业的发展。进一步规范培训机构，设立大型水上体育项目培训机构，针对不同水上运动项目开展专业培训工作，形成繁荣有序的休闲体育培训市场。

7. 海洋工艺美术业

浙江海洋工艺美术需要坚持"两手抓、两手都要硬"的方针。一方面要继续走好艺术路，鼓励办好象山德和根艺美术馆等，加强艺术交流和研讨，不断提升艺术水平；另一方面要扶持懂得文化产业、擅长市场营销的专业人才从事产业开发，搞好艺术品的市场运作，做强做大这一产业。同时，积极寻求艺术与市场两者之间的利益结合点，尝试通过艺术监制等办法把两者有机结合，让艺术家和企业家实现双赢。除象山竹（木）根雕产业外，舟山的渔民画、船模、贝雕等民间工艺也是发展海洋工艺美术产业的珍贵资源。

8. 海洋文化创意业

加速推进文化创意产业的发展，突出文化创意中的蓝色经济特色和海洋文化元素，大力开发具有市场潜力的海洋文化创意产品，通过集群式发展，逐步形成以宁波—舟山为中心，温州、嘉兴、绍兴、杭州、台州协同发展的浙江海洋文化创意产业集聚区，带动整个浙江文化创意产业的全面发展。当前，最需关注的是应采取一系列有力措施，鼓励发展海洋文学作品、影视剧创作、绘画（如渔民画）、动漫制作、广告策划、工艺品设计等创意产业，吸引和支持优秀创意人才到浙江滨海发展；对以浙江海洋文化资源为创造内容的创意成果给予特别优惠的政策支持和奖励；造就培养实力强大的浙江滨海作家群、书画家群、演艺家群，提升浙江海洋的文化创意水平。

第四节　浙江海洋文化资源产业化发展的保障措施

当前，浙江海洋文化产业发展面临千载难逢的历史机遇，我们应坚持以科学发展为主题，坚持转变发展方式为主线，从全局和战略高度重视发展海洋文化产业，把体制机制优势、产业经济优势和海洋资源优势有机结合起来，科学开发海洋文化资源，合理布局海洋文化产业，积极制定相关政策，创新体制机制，增加政府投入，推动沿海地区经济社会与海洋资源、生态、环境可持续发展，全面推动海洋文化产业科技创新能力与核心竞争力的提升。

（一）发挥政府在产业发展中的主导作用

《文化产业振兴规划》的发布，标志着我国以政府主导为特征的产业推动模式基本确立[①]。结合国外经验和浙江海洋文化产业的特点，现阶段

---

① 丁俊杰：《发挥政府对文化产业的推动作用》，《人民日报》，2009年11月17日，第7版。

在推动海洋文化产业发展中应注意：首先，政府应充分发挥其在海洋文化产业发展中的协调功能，积极推进海洋文化产业发展与其他产业门类的协调，包括不同区域之间海洋文化产业发展的协调，不同部门之间的协调。其次，要建立一套完整系统的保障海洋文化产业健康发展的法律体系，如制订出台文化产业促进法、文化资源保护法、文化投资法、文化市场管理法等等。第三，要创造宽松的社会环境，鼓励金融机构加大对海洋文化产业的信贷支持，如对文化生产企业给予政策规定的利率优惠等；进一步放宽文化市场准入条件，消除民资和外资进入文化领域的体制性障碍，引导社会力量参与国有文化事业单位改革、投资发展海洋文化产业；颁布鼓励浙江非公有制经济发展海洋文化产业的政策条文，在行政审批、土地使用、市场管理等各个方面制定一系列优惠措施，尽力营造良好的文化生态，推动浙江海洋文化产业健康有序发展。

（二）加强海洋文化资源的搜集与整理，积极推进海洋文化资源的保护

海洋文化资源是进行海洋文化教育，满足人民群众文化生活需要的重要载体。改革开放以来，浙江沿海各地在保护开发海洋文化资源上做了大量工作，但不可否认的是，也有一些口耳相传的民间资源由于没有及时抢救而失传，或面临着失传；一些老艺人因为没有传人，年轻人又不愿意学习，其技艺面临后继乏人的现象；一些重要的海洋文化遗址资源因城市、交通的发展而遭到破坏。因此，为了保存珍贵的海洋文化资源，需要采取以下举措：

第一，在充分调研的基础上，有组织有计划地安排专业人员对海洋文化资料进行抢救、整理、研究、出版。海洋文化资料的抢救工作需要投入大量的人力、物力、资金，单靠几个热心人是不够的，必须由宣传部、文管局等相关部门牵头，组织高校、文史馆等科研人员以及社会力量来进行采集、整理；同时启动浙江海洋文化资源抢救工程，并在整理民间各类传说、历代海洋文学作品的基础上，进一步深化海洋文化的研究，挖掘浙江海洋文化的历史遗产，推进海洋文化的传播，加强海洋文化的宣传力度，并建设地区性的海洋文化网站，展示浙江海洋文化的历史与成就。

第二，摸清海洋文化资源的家底。为了有效地保护浙江海洋文化资

源，有必要加以全面地普查，弄清楚这些文化资源的数量和现状，切实制定有效的保护措施，确定其保护等级，争取各方面的支持，并对一些适合旅游、展览的资源，进行有序、适度的开发。如宁波市就可以加快对庆安会馆遗址、永丰库遗迹、上林湖越窑遗址、三江口的开发，同时进行不同级别文化遗产项目的申请工作。

第三，保护、传承海洋非物质文化遗产。为了使海洋非物质文化遗产传承后继有人，不但要在物质保障上下工夫，由政府提供资金支持，或争取民间资本的扶持，而且要在制度、体制上下工夫，使海洋非物质文化遗产的传承有制度上的保障，让非物质文化遗产的传承人可以有计划地招收学生或徒弟。另外，要加强宣传和教育，在内容、形式等方面进行创新，并与现代的传播形式相结合，使海洋非物质文化遗产得到人民群众的广泛认同和支持。

（三）陆海统筹，科学制定区域海洋文化产业发展战略性规划

《全国海洋经济发展"十二五"规划》中明确提出，要"坚持陆海统筹，科学规划，实施可持续发展战略"。陆海统筹是在陆地与海洋两个不同的地理单元之间建立一种协调的关系和发展模式，要求更注重区域比较优势和资源特色，围绕沿海社会和经济的发展，建立统一、协调的规划体系和政策体系。

当前，浙江应围绕《国家"十二五"规划纲要（2011）》和国务院批复的《文化产业振兴规划（2009）》、《浙江海洋经济发展示范区规划（2011）》精神，制定浙江海洋文化产业发展专项规划，将发展区域海洋文化产业的理念、目标、战略定位、具体对策、路径选择、配套政策、重点项目和实施方法等充分体现出来。具体而言，浙江海洋文化产业发展规划应着力于三个方面：一是要给予产业高定位，把发展海洋文化产业作为浙江省经济增长新方式，使海洋文化产业成为新的经济增长点，同时使海洋文化产业的发展成为浙江省建设"海洋强省"、"文化强省"的一大推力；二是要注意产业特色化，重视对浙江省沿海区域海洋文化特色的挖掘，在相关项目中凸显浙江省海洋文化特色；三是要注意产业发展的可持续性，设置好浙江海洋文化产业的管理机制，要在产业人才和资金上具有可操作的制度设计。

（四）加强区域合作，拓展海洋文化产业的发展空间

在文化产业体系构建的过程中，受各地文化资源禀赋、经济基础和地理位置等因素的影响，文化产业发展呈现出区域性非均衡发展的特点，从而对文化产业的全面推进和协调发展形成阻力。因此，打破地域性约束，释放区域海洋文化经济的内在活力，实现区域海洋文化产业体系的系统化建设，已成为浙江海洋文化产业发展进程中的一项重要任务。当前，应借助长三角区域一体化全面推进、国家支持上海建设国际金融中心和国际航运中心的有利时机，加速推进海洋文化产业的区域深层次合作，推动生产要素的跨地区高效流动和资源的优化整合，以推动海洋文化产业市场的开拓、开发成本的降低和区域品牌的塑造。根据区域合作的规律和文化产业的特殊性，我们认为，应把战略项目合作作为海洋文化产业区域合作的战略重点。

1. 海洋文化资源项目整合方面的合作

在这方面，江浙沪三省市需要建立整合文化资源的机构，应把视野放大到长三角区域海洋文化资源的整合，通过摸清底数、统一规划、统一协调，打破行政和行业壁垒，建立起有效的海洋文化资源整合机制，生产要素重组和创造机制，统筹跨区域、融合性文化资源项目的投资与开发，将潜在的文化资源优势切实转化为现实的产业发展优势和竞争优势。

2. 海洋文化产业园区建设项目的合作

长三角海洋文化产业园区建设项目的合作，首先应集中精力推进经营上的合作，包括跨区域经营、跨区域投资等。其次，利用区位优势和比较优势，着力建设东海海洋文化产业带，使之成为国内、国际著名的产业园区（基地）。再者，本着高起点、高标准的原则，通过成立区域性海洋文化产业园区协作联盟，进行信息交流和资源协作，分享文化产业园区建设理念的研究成果，完善软环境，形成区域间、不同领域间的互相支持。

3. 区域文化企业发展项目的合作

长三角需要通过区域体制共建，合力推进区域之间海洋文化经济要素的合理流动与有效组合，鼓励企业组建跨区域经营的现代文化企业。为此，长三角文化企业项目合作的重点应是，相互开放文化市场，采取相似或统一的优惠政策，鼓励、支持各类文化企业的发展，共同打造一个培育

创意、鼓励创新、方便创业的制度环境和文化氛围。通过促进文化要素的有序流动,以合资、合作、联营、控股、并购等方式,积极有效地吸引各类社会资金,在长三角区域内形成一批重点文化产业及若干个上规模的文化产业集团和具有较强竞争力的特色文化企业。

(五) 实施人才培育工程,建造智力支持环境

人才是产业持续发展的动力,对于文化产业而言更是如此。这是因为,文化产品主要源于人的创意和智慧,能否通过合理的人才培养、管理和使用机制,最大限度地发挥人的创造才能,激发人的创造活力,对于增强文化产品的市场竞争力,实现文化产业的可持续发展,具有十分重要的意义。

1. 构建以高校为主体的多层次人才培养模式

"文化产业的发展需要千百万创造性人才,这正是高等院校的责任所在。无疑,高等院校的科研与教学要努力探索和把握社会发展的脉搏,紧跟时代前进的步伐,成为中国文化产业发展的强大推进器和人才培养的最佳孵化器。"[1] 在浙高校应围绕浙江文化产业发展对文化经营管理人才量的需求和对人才的各种结构、层次的需求,承担起培养文化产业经营管理人才的艰巨任务。我们认为,可以依托浙江大学、宁波大学、浙江海洋学院等高校筹办文化产业学院,设立文化产业专业,开设海洋文化产业课程,培养文化产业方面的本科生、研究生等不同层次的策划、管理人才;依托浙江国际海运职业技术学院、宁波城市职业技术学院等高职院校培养海洋文化产业的一线经营服务人员。

2. 结合需求,引进优秀文化人才

文化产业人才培养是一项长期工作,要在较短的时间里改善浙江海洋文化产业人才队伍的结构,行之有效的方法就是要尽快引进一批高素质的优秀人才。首先,引进优秀的海外文化产业人才。引进一批优秀的海外人才配置到海洋文化产业队伍中,一方面可以发挥这些人才作为领军人物的作用;另一方面也可以让他们把文化产业发展的前沿管理理念、创意思

---

[1] 纪宝成:《高校应成为中国文化产业发展的强大基地》,《中国文化报》,2004 年 2 月 26 日。

路、运营模式等新知识、新观念来影响和带动现有的人才队伍，使浙江海洋文化产业的人才水平和素质在较短时间内尽快得以提升。其次，因地制宜、内引外联，有计划地引进国内外有一定知名度的各类高素质海洋文化产业经营管理人才。允许有特殊才能的海洋文化专业人才和经营管理人才，以其所拥有的文化品牌、创作成果和科研技术成果等无形资产占有文化企业的股份，参与收益分配。

3. 创新机制，科学配置，运用市场机制留住海洋文化产业人才

首先，要创新分配机制，激励人才脱颖而出。分配差距的适当拉开既是对人才价值的肯定，同时也是吸引人才的有效手段。浙江省各级政府要创新人才分配激励机制，实行"绩效优先"的分配方法，这样，既可以使他们的经济价值得到充分体现，又可以允许和鼓励以智力形式作价入股参与收益分配、实行股权制、年薪制等分配制度，逐步建立"市场机制调节，部门自主分配，政府监控指导"的新型机制，允许特殊人才兼职兼薪。其次，要为人才施展才华创造机会。在分类确定核心岗位和一般岗位的基础上，明确岗位目标和责任，按需设岗、竞争上岗，严格考核，动态管理，在文化企事业单位构建能进能出、能上能下的用人机制。可以推行项目负责制，赋予文化优秀人才更大的权利和责任，让他们拥有更大的成就事业的舞台，促进优秀人才脱颖而出。

（六）加强海洋文化宣传，提升全民海洋意识

国家海洋局原局长孙志辉曾经表示，海洋经济、科技、资源、海权力量的竞争，实质上是海洋文化的竞争①。不同的海洋思维、海洋意识、海洋观念等海洋文化因素，决定着竞争的成败。海洋意识，即人们对海洋世界的总的看法和根本观点，它反映着人们对海洋的认识。树立海洋意识是大力发展海洋经济的先决条件，提高海洋意识是一项非常艰巨的任务，需要持之以恒，长期进行。

1. 提高海洋文化的传播能力

传播力决定影响力，当今时代，谁的传播手段先进、传播能力强大，

---

① 陆敏：《国家海洋局局长：海洋文化竞争决定海洋竞争的成败》，中国广播网（http://www.cnr.cn），2009年5月17日。

谁的文化理念和价值观念就能广为推广，文化产品也就更具影响力。因此，应充分利用传统媒体特别是新兴媒体，拓展传播渠道，丰富传播手段，提升海洋文化的传播能力；应充分发挥各类海洋文化节庆活动的传播作用，通过举办海洋节庆、海洋文化论坛等活动，组织高水平的海洋文化交流，增进民众对浙江海洋文化的了解，使海洋文化深入民心。网络也是一条很重要的传播路径，可以建立以海洋文化为专题的网站，这样做，既有利于信息交流，也有利于海洋知识的传播，使越来越多的人通过网络的力量感受海洋文化的魅力。

2. 提高海洋意识教育

首先，开展海洋文化进入寻常百姓家的活动，这是普及海洋文化、加强海洋意识的有效途径。要通过传媒、校园教育等多种方式，向广大群众宣传、推广海洋意识在当今世界发展中的重要性。其次，加强对青少年一代的海洋文化教育，让他们形成一种系统、自觉和长久的海洋文化思想意识，为浙江实现海洋经济强省打下扎实的人文基础。

3. 完善海洋文化载体的建设，营造重视海洋氛围

进一步完善浙江沿海系列博物馆群、海洋类节庆活动以及论坛等海洋文化载体的建设，营造浓烈的海洋文化氛围。文化载体不只是文物、图片陈列、收藏与展示，更重要的是它的文化导向，让观众了解其价值而受到启迪。随着人们对历史、知识和精神的需求更高，博物馆、节庆的发展正在朝专业化、现代化、信息化和产业化方向迈进，其社会影响面会越来越广泛，在宣传、推介海洋文化方面的作用也将日益显示。

21世纪是"海洋世纪"，海洋经济已成为当代经济发展的主题，海洋文化产业作为海洋经济的重要组成部分已经显现出其巨大的发展潜力，并成为拉动沿海地区经济增长的重要产业①。广东海洋大学海洋文化研究所张开城教授曾指出："'十二五'期间，海洋文化产业将呈现滨海旅游业、新闻出版业、广电影视业、体育与休闲文化产业、庆典会展业五龙竞进的局面，海洋文化产业预计能达到大约12%的增速，到'十二五'末总产值

---

① 马丽卿：《海洋旅游产业理论及实践创新》，杭州：浙江科学技术出版社，2006年，第3页。

可逼近一万亿元"①。

目前，海洋文化产业在浙江海洋经济中所占的比重相对较小，还是一个相对薄弱的领域，如何加快发展海洋文化产业仍是一个大课题，需要在对海洋文化产业进行具体研究与实践的基础上作出科学的决策。令人备受鼓舞的是，浙江省各级政府部门高度重视海洋文化及其产业化发展，正在加大推动力度，切实把海洋文化建设融入物质文明、精神文明建设的全过程；面向海洋、走向海洋、发展海洋经济的观念已成为浙江人的共识。我们有充分的理由相信，浙江海洋文化产业的前景会更好。

---

① 据统计，按文化产业同心圆分类法的窄口径计算，2010 年中国海洋文化产业增加值约为3255. 3 亿元。2010 年中国海洋文化产业宽口径统计增加值约为8093. 3 亿元（含滨海旅游业）。见梁嘉琳：《两部委有望共推海洋文化产业》，《经济参考报》，2011 年 10 月 31 日，第 7 版。

参考文献

一、原典文献

（汉）司马迁：《史记》，北京：中华书局，1973 年

（汉）袁康：《越绝书》，上海：上海古籍出版社，1992 年

（晋）陈寿：《三国志》，北京：中华书局，1982 年

（唐）杜牧：《樊川文集》，《四库全书》文渊阁本

（唐）李吉甫：《元和郡县图志》，北京：中华书局，1983 年

（唐）李华：《李遐叔文集》，《四库全书》文渊阁本

（宋）范成大：《吴郡志》，《宋元方志丛刊》本，北京：中华书局，1990 年

（宋）张津：《乾道四明图经》卷八，《宋元方志丛刊》本，北京：中华书局，1990 年

（宋）胡榘修、方万里、罗浚纂：《宝庆四明志》，《宋元方志丛刊》本，北京：中华书局，1990 年

（元）脱脱：《宋史》，北京：中华书局，1985 年

（元）程端学：《积斋集》卷四《灵济庙事迹记》，《四库全书》文渊阁本

（明）梦觉道人：《三刻拍案惊奇》，北京：华夏出版社，1912 年

（明）陈子龙等：《皇明经世文编》，上海：上海古籍出版社，1996 年

（明）王士性：《广志绎》，北京：中华书局，1981 年

（明）宗谊：《愚囊汇编》，《四明丛书》本

（明）张瀚：《松窗梦语》，上海：上海古籍出版社，1986 年

（明）李时渐：《三台文献录》，北京：中国文史出版社，2008 年

（清）厉鹗：《东城杂记》，《四库全书》文渊阁本

（清）于万川修：《光绪镇海县志》，上海：上海古籍出版社，1995 年

（清）嵇曾筠、沈翼机等：《浙江通志》，北京：中华书局，2001 年

（清）蔡方炳：《广舆记》，《四库全书存目丛书》本

（清）齐翀：《南澳志》，《中国地方志集成》本，上海：上海书店出版社，2003 年

（清）谷应泰：《明史纪事本末》，北京：中华书局，1976 年

（民国）陈汉章：《民国象山县志》，台湾成文出版社有限公司，1974 年

二、今人论著

［德］黑格尔著，王造时译：《历史哲学》，上海：上海书店出版社，1999 年

宋正海：《东方蓝色文化——中国海洋文化传统》，广州：广东教育出版社，1995 年

杨国桢：《明清中国沿海社会与海外移民》，北京：高等教育出版社，1997 年

董玉明：《海洋旅游》，青岛：中国海洋大学出版社，2002 年

广东炎黄文化研究会编：《岭峤春秋·海洋文化论集》，北京：海洋出版社，2003 年

曲金良：《海洋文化概论》，青岛：青岛海洋大学出版社，1999 年

杨宁：《浙江省沿海地区海洋文化资源调查与研究》，北京：海洋出版社，2012 年

叶鸿达：《海洋浙江》，杭州：杭州出版社，2005 年

李加林：《浙江海洋文化景观研究》，北京：海洋出版社，2011 年

周世锋：《. 海洋开发战略研究》，杭州：浙江大学出版社，2009 年

钟敬文：《民间文化讲演集》，南宁：广西民族出版社，1998 年

陈勤建：《文艺民俗学导论》，上海：上海文艺出版社，1991 年

陶立璠：《民俗学》，北京：学苑出版社，2003 年

钟敬文：《民俗学概论》，上海：上海文艺出版社，2002 年

李志庭：《浙江通史》（隋唐五代卷），杭州：浙江人民出版社，2005 年

王娟：《民俗学概论》，北京：北京大学出版社，2002 年

叶涛、吴存浩：《民俗学导论》，济南：山东教育出版社，2002 年

柳和勇、方牧：《东亚岛屿文化》，北京：作家出版社，2006 年

浙江民俗学会编：《浙江风俗简志》，杭州：浙江人民出版社，1986 年

周时奋：《宁波老俗》，宁波：宁波出版社，2008 年

［日］铃木满男主编：《浙江民俗研究》，杭州：浙江人民出版社，1992 年

舟山市民间文学集成办公室编：《浙江省民间文学集成·舟山市故事卷》，北京：中国
　　民间文艺出版社，1989 年

宁波市文化广电新闻出版局编：《宁波市非物质文化遗产大观·北仑卷》，宁波：宁波
　　出版社，2012 年

姜彬、金涛：《东海岛屿文化与民俗》，上海：上海文艺出版社，2005 年

伍鹏：《浙江海洋信仰文化与旅游开发研究》，北京：海洋出版社，2011 年

柳和勇：《舟山群岛海洋文化论》，北京：海洋出版社，2006 年

鄞县地方志编纂委员会：《鄞县志》，北京：中华书局，1996 年

黄鸣奋：《厦门海防文化》，厦门：鹭江出版社，1996 年

林吕建：《2010 年浙江发展报告（文化卷）》，杭州出版社，2010 年

张伟：《中国海洋文化学术研讨会论文集》，北京：海洋出版社，2013 年

张伟：《和谐共享海洋时代——港口与城市发展研究专辑》，北京：海洋出版社，
　　2012 年

张伟：《浙江海洋文化与经济（第三辑）》，北京：海洋出版社，2009 年

马丽卿：《海洋旅游产业理论及实践创新》，杭州：浙江科学技术出版社，2006 年

苏勇军：《浙江海洋文化产业发展研究》，北京：海洋出版社，2011 年

三、主要参考、引用论文

杨国桢：《论海洋人文社会科学的概念磨合》，《厦门大学学报》（哲学社会科学版），
　　2000 年第 1 期

曲金良：《发展海洋事业与加强海洋文化研究》，《青岛海洋大学学报》（社会科学版），
　　1997 年第 2 期

金涛：《舟山渔民风俗初探》，《民俗研究》，1986 年第 2 期

王苧萱：《中国海洋人文历史景观的分类》，《海洋开发与管理》，2007 年第 5 期

高怡、袁书琪：《海洋文化旅游资源特征、涵义及分类体系》，《海洋开发与管理》，
　　2008 年第 4 期

翁源昌：《论舟山海鲜饮食文化形成发展之因素》，《浙江国际海运职业技术学院学
　　报》，2007 年第 3 期

周彬等：《渔文化旅游资源开发潜力评价研究——以浙江省象山县为例》，《长江流域
　　资源与环境》，2011 年第 2 期

王莹：《旅游市场旅游消费的不断变化对区域旅游产生的影响》，《地域研究与开发》，
　　1995 年第 2 期

周国忠：《基于协同论、"点—轴系统"理论的浙江海洋旅游发展研究》，《生态经济》，
　　2006 年第 7 期

金涛：《独特的海上渔民生产习俗——舟山渔民风俗调查》，《民间文艺季刊》，1987 年
　　第 4 期

武峰：《浙江盐业民俗初探——以舟山与宁波两地为考察中心》，《浙江海洋学院学报》
　　（人文科学版），2008 年第 4 期

金英：《舟山诸岛的出生礼仪》，《浙江海洋学院学报》（人文科学版），2005 年第 2 期

周志锋：《海洋文化视野下的浙江谚语》，《汉字文化》，2008 年第 6 期

毛久燕：《舟山布袋木偶戏的流传、发展及演出特点》，《浙江海洋学院学报》（人文科
　　学版），2007 年第 2 期

罗江峰：《舟山渔民画传承与发展研究》，《浙江师范大学学报》（社会科学版），2009
　　年第 1 期

陈荣富：《论浙江佛教在中国佛教史上的地位》，《杭州大学学报》（哲学社会科学版），

1998 年第 4 期

程俊：《论舟山观音信仰的文化嬗变》，《浙江海洋学院学报》（人文科学版），2003 年
　第 4 期

陈焕文：《妈祖信仰及其在宁波的影响》，《宁波大学学报》（教育科学版），1993 年第
　1 期

姜群英：《汤和信俗：七月十五汤和节》，《浙江档案》，2008 年第 9 期

李永乐等：《澳大利亚可持续旅游发展举措及其启示》，《改革与战略》，2007 年第 3 期

范中义：《明代海防述略》，《历史研究》，1990 年 3 期

曲金良：《戚继光与中国历史海洋文化遗产——兼及历史文化遗产的开发与保护》，
　《中国海洋大学学报》（社会科学版），2004 年 2 期

隋潇：《浅析海洋文化与区域发展》，《理论学习》，2010 年第 5 期

孙梅生、蔡体谅：《浙东的海防战争与海防文化》，《宁波通讯》，2007 年第 9 期

叶苗：《关于加快北仑港口文化建设的战略思考》，《中国港口》（《港口文化论文集》
　专辑），2010 年

李瑞：《港口旅游发展研究进展与实证》，《经济地理》，2011 年第 1 期

孔苏颜：《福建海洋文化产业发展的 SWOT 分析及对策》，《厦门特区党校学报》，2012
　年第 2 期

刘桂春：《我国海洋文化的地理特征及其意义探讨》，《海洋开发与管理》，2005 年第
　3 期

后　　记

本书系浙江省哲学社会科学重点研究基地——浙江省海洋文化与经济研究中心重点资助项目"浙江海洋文化资源的开发与利用（项目编号：09JDHY002Z）"研究成果，同时在研究过程中，也得到宁波大学中国史学科"浙江海洋文化资源综合研究（编号：XKW11D2049）"的项目经费资助。书稿由宁波大学张伟教授、苏勇军副教授共同撰写完成。

本书从选题、构思、写作、修改到书稿付梓，历时 4 载。回顾这 4 年的研究、撰写过程，我们深感研究工作之艰辛，也从中感到学力之不足。本课题的研究，不仅要求全面掌握浙江省海洋文化资源，而且需要在此基础上解决如何开发与利用问题。然而，这对我们来说，无疑是极具挑战性的。首先，就目前对浙江海洋文化资源的研究状况而言，尚处于起步阶段，缺乏系统的研究，可资利用的高质量研究成果并不多；其次，浙江海洋文化资源十分丰富、内容庞杂；同时因历史积淀而成，其中既含有超时代的民族文化精华，也充斥着迷信、落后的思想成分，这样，如何厘清浙江海洋文化资源，如何"取其精华、剔其糟粕"也是一大难题；再者，对海洋文化与资源开发的研究是一个跨学科综合性研究，囿于专业所限，加之初涉海洋文化研究领域，我们的积累不够厚实，要做到融会贯通，自然成为一大难题。因此，要编纂出一部综合性的著作，期间的困难可想而知。但尽管面临种种的难题，我们还是竭尽所能，努力完成研究任务。在内容取舍上，我们尽量将海洋文化资源及其分类阐析清楚，尽可能将浙江海洋文化资源的主体纳入其中，同时对浙江海洋文化资源的开发与利用现状加以实事求是的总结，并对未来的利用与保护提出建议与对策；在资料采集上，我们尽量多利用第一手资料，尽可能吸收前人的研究成果，在相关资料不足的情况下，则借助于网络资料，并予以考订利用。

我们深知，浙江海洋文化资源的开发利用研究是一项长期的任务，且意义重大，浙江的文化强省、海洋强省建设均与之密切相关，许多问题尚有待于深入研究。因此，本书稿只能说是我们在前人研究基础上的一部分研究成果，衷心希望本书的问世，能起到抛砖引玉的作用，引起大家共同关注这一领域的研究。

值此出版之际，我们衷心感谢浙江省海洋文化与经济研究中心、宁波大学中国史学科对本项目研究的支持，同时对海洋出版社编辑人员为此而付出的工作表示由衷的感谢。

由于我们学力有限，书中难免有错误或不当之处，敬请广大读者批评指正。

作 者

2014 年 4 月